G. A. Saizew

Algebraische Probleme der mathematischen und theoretischen Physik

STUDIEN ZUR ALGEBRA UND IHRE ANWENDUNGEN

Im Auftrag des
Zentralinstituts für Mathematik und Mechanik
der Akademie der Wissenschaften der DDR
herausgegeben von L. Budach und H.-J. Hoehnke

Band 2

G. A. SAIZEW

ALGEBRAISCHE PROBLEME DER MATHEMATISCHEN UND THEORETISCHEN PHYSIK

G. A. SAIZEW

Algebraische Probleme der mathematischen und theoretischen Physik

In deutscher Sprache herausgegeben von
H.-J. HOEHNKE
Zentralinstitut für Mathematik und Mechanik
der Akademie der Wissenschaften der DDR

AKADEMIE-VERLAG · BERLIN
1979

Г. А. Зайцев
Алгебраические проблемы
математической и теоретической физики

Deutsche Übersetzung
Dipl.-Math. M. Hoehnke

Zentralinstitut für Mathematik und Mechanik, 108 Berlin, Mohrenstraße 39
Erschienen im Akademie-Verlag, DDR-108 Berlin, Leipziger Str. 3—4

Lizenznummer: 202 · 100/438/79
Gesamtherstellung: VEB Druckerei „Thomas Müntzer", 582 Bad Langensalza
Bestellnummer: 762 245 6 (2174/2) · LSV 1115
Printed in GDR
DDR 32,— M

Vorwort zur deutschsprachigen Ausgabe

Im Prozeß der Entwicklung der Wissenschaft ereignen sich mitunter in solchen Augenblicken Umbrüche, in denen eine Gegenüberstellung von Resultaten aus verschiedenen Wissensgebieten überraschende Perspektiven für ein neues Herangehen an Schlüsselprobleme der exakten Naturwissenschaft eröffnet. Daraus entstehen in den exakten Wissenschaften neue Richtungen, die in neue Wissenschaftszweige übergehen. Eine solche Situation liegt unserer Meinung nach gegenwärtig in dem Gebiet zwischen der theoretischen Physik und der allgemeinen Algebra vor. Die in diesem Gebiet bereits erzielten Resultate führen offensichtlich zur endgültigen Ausformung eines neuen Wissenschaftszweiges, der algebraischen Physik.

Die erste interinstitutionelle Konferenz über algebraische Physik in der Sowjetunion fand 1969 in Iwanowo statt. Auf ihr wurde der Begriff eines algebraischen Zustands eingeführt, der neben dem Begriff einer Algebra von Observablen die Basis für eine konsequente algebraische Reorganisation physikalischer Theorien liefert. Seither war klar, daß alle notwendigen Voraussetzungen für die Bildung der algebraischen Physik als selbständiger Wissenschaft vorhanden sind. Doch war es vorerst erforderlich, eine Reihe algebraischer Probleme der mathematischen und theoretischen Physik zu formulieren und zu lösen. Das vorliegende Buch stellt gleichfalls einen Versuch dar, in diese Richtung vorzudringen. Einzelne der in ihm behandelten Fragen wurden vom Autor in anderen Arbeiten genauer betrachtet. Ein Beispiel dafür bildet eine Arbeit über die relativistisch invariante Zweikomponententheorie der Teilchen; sie wurde der deutschen Ausgabe in referierender Form im 5. Teil hinzugefügt.

Ich drücke meinem verehrten Kollegen Dr. Hoehnke, dem wissenschaftlichen Redakteur der deutschen Übersetzung, meine Dankbarkeit für die große Mühe bei der Vorbereitung der deutschen Ausgabe des Buches aus. Mit ihm stimme ich darin überein, daß die Zeit gekommen ist, um mit der Vorbereitung eines Kurses „Algebraische Physik“ zu beginnen, in welchem von Beginn an die Grundlagen der theoretischen Physik in enger Verbindung mit einem algebraischen Apparat (der insbesondere Liesche Gruppen und Algebren heranzieht) bei streng deduktivem Aufbau einbezogen werden.

Sollten Kraft und Zeit ausreichen, so würde ich die begonnene Arbeit bis zur Schaffung eines solchen Kursus weiterführen. Doch ist die Aufgabe der Einrichtung eines derartigen Kursus im Grunde ein großes wissenschaftsmethodisches Problem, das keine eindeutige Lösung hat. Eine wichtige Rolle bei der Lösung dieses Problems fällt meinen deutschen Kollegen zu, die einen großen Beitrag zur Entwicklung der allgemeinen Algebra leisten.

Iwanowo, im Sommer 1978 G. A. Saizew

Das Buch ist meinen Lehrern
Prof. A. N. Saizew,
Prof. I. N. Godnew
und Akademiemitglied A. I. Malzew gewidmet.

Vorwort zur Originalausgabe

Die Methoden der allgemeinen Algebra spielen in abstrakten und tiefliegenden Teilgebieten der heutigen Mathematik eine große Rolle. Sie erlangten nun in letzter Zeit eine sehr wichtige angewandte Bedeutung. Mit ihrer Hilfe ist es möglich, allgemeine Gesetzmäßigkeiten komplizierter Systeme zu bestimmen, zu erforschen und erstaunlich starke Resultate in Fällen zu erzielen, in denen sich alte analytische Methoden entweder als außerordentlich umfangreich oder als gänzlich unzulänglich herausstellten.

Das vorliegende Buch entstand auf Grund von Ausarbeitungen wissenschaftlicher Vorträge und Vorlesungen über algebraische Probleme der mathematischen und theoretischen Physik, die der Verfasser im Verlauf einiger Jahre für Teilnehmer eines interinstitutionellen Seminars über mathematische Physik sowie für wissenschaftliche Mitarbeiter, Hochschullehrer, Aspiranten und Studenten einer Reihe von Hochschulen der Stadt Iwanowo gehalten hat.

In diesem Buch werden konsequent, aber in komprimierter Form allgemeine algebraische Begriffe und Methoden bereitgestellt, die eine wichtige physikalische Anwendung finden. Da es unmöglich ist, in einem Buch alle angewandten algebraischen Methoden auch nur zu streifen, beschränken wir uns auf die Darlegung von Grundlagen, die von allgemeinem Interesse sind und sich auch auf besondere wissenschaftliche Richtungen beziehen, die mit den Teilnehmern des Seminars über mathematische Physik in Iwanowo erarbeitet wurden. Das vorgelegte Material kann auch als Lehrbehelf für Aspiranten genutzt werden, die sich in der Richtung der algebraischen Probleme der theoretischen und mathematischen Physik spezialisieren.

Als Ausgangspunkt, der es gestattet, von einem einheitlichen Standpunkt aus die verschiedenen Teilgebiete der reinen und angewandten Algebra anzusehen, wird im Buch die kurz in Teil 1 betrachtete Universale Algebra gewählt. Hier werden algebraische Grundbegriffe und darauf aufbauend allgemeine algebraische Beziehungen eingeführt, die in vielen Theorien vorkommen und die Untersuchung von Beispielen konkreter algebraischer Systeme spezieller Form ermöglichen. Diese mit dem Vorhandensein einer gemeinsamen Grundlage bei verschiedenen Systemen verbundene Idee ist für das vorliegende Buch vergleichsweise zentral.

In Teil 2 werden die einfachsten in der mathematischen und theoretischen Physik eine grundlegende Rolle spielenden algebraischen Systeme eingeführt und untersucht. Besondere Aufmerksamkeit wird prinzipiellen Begriffen gewidmet, die mit den algebraischen Observablen für klassische und quantisierte Systeme und mit den algebraischen Zuständen verbunden sind. Dies eröffnet die Möglichkeit, auf rein algebraischem Wege eine „Theorie der physikalischen Theorien“ aufzubauen, deren Spezialfälle die klassische nichtstatistische und statistische Mechanik und die Quantenmechanik sind.

Viele Resultate dieses und der weiteren Teile sind neu und wurden zuvor nur in Zeitschriften-Artikeln kurz umrissen.

In Teil 3 wird ein Apparat zur Untersuchung invarianter (nicht von der Auswahl der Erzeugenden abhängiger) Eigenschaften beliebiger universaler Algebren erarbeitet. Am Schluß dieses Teiles wird dieser Apparat auf die Theorie der Algebren von Observablen mit Bindungen angewandt und in den folgenden Teilen systematisch zur Ableitung allgemeiner algebraischer Gesetzmäßigkeiten herangezogen.

Im Einklang mit Teil 2 spielt für die Physik die Theorie der zahlenwertigen assoziativen Algebren eine grundlegende Rolle. In Teil 4 wird die Struktur solcher Algebren untersucht und eine moderne Herleitung grundlegender Theoreme über Eigenschaften und irreduzible Darstellungen assoziativer Algebren gegeben. Die erhaltenen Resultate werden an den Beispielen der Alternionenalgebren mit der Cliffordschen Algebra als Spezialfall und der Basisalgebra der quantisierten Fermionen- und Bosonenfelder genau erläutert. Die hier betrachteten Ideen können als Grundlage für eine algebraische Umformulierung der Theorie der quantisierten Wellenfelder dienen.

Teil 5 ist der Untersuchung der Lieschen Algebren und Lieschen Gruppen gewidmet, die in der Physik eine außerordentlich wichtige Rolle spielen. Mittels des Apparats der Theorie der assoziativen Algebren werden hier alle grundlegenden Theoreme der Theorie der Lieschen Gruppen abgeleitet; verschiedene Anwendungen davon werden betrachtet. Im Einklang mit der grundlegenden Idee des Teils 1 werden im Buch als Standardmodelle zur Erläuterung allgemeiner Gesetzmäßigkeiten die Theorie der Spinoren höherer Stufen und ein algebraisches Modell der Quanten-Wellenfelder verwendet. Die erhaltenen Resultate werden auf die klassische Elektrodynamik und die zweikomponentige Quantentheorie relativistischer Teilchen vom Spin 1/2 angewandt.

In Teil 6 wird eine gruppentheoretische Beschreibung der speziellen Relativitätstheorie angegeben und die gruppen-invariante Charakterisierbarkeit physikalischer Systeme untersucht. Als Beispiele, in denen sich gegenwärtig konsequent eine rein algebraische Theorie aufbauen läßt, werden die gruppen-invariante Theorie der Coulombschen und Newtonschen Wechselwirkungen betrachtet. Dieser Teil schließt mit der algebraischen Herleitung des Spektrums des Wasserstoffatoms und der Ausnutzung algebraischer Methoden zur Spinorenparametrisierung in der Theorie der Coulombschen und Newtonschen Wechselwirkungen.

Früher wurden grundlegende physikalische Theorien größtenteils mittels eines analytischen Apparats ausgedrückt. Das veranlaßte seinerzeit Lagrange, die Mechanik, die konsequent in analytischer Sprache formuliert war, analytische Mechanik zu nennen. Analog erhielten Teile der Physik, in denen algebraische Begriffe und algebraische Methoden eine grundlegende Rolle spielten, die Bezeichnung algebraische Physik. In der Monographie werden zahlreiche grundlegende Begriffe und Ideen der algebraischen Physik betrachtet; sie kann daher als Einführung in dieses sich rasch entwickelnde Wissenschaftsgebiet dienen.

Die Literaturhinweise enthalten in erster Linie eine Analyse von Arbeiten, die auf die Vorbereitung des Buches wesentlich eingewirkt haben, sowie ergänzende Literatur, die von Aspiranten zur Ablegung eines Kandidatenexamens über algebraische Fragen der theoretischen und mathematischen Physik genutzt werden kann.

Der Verfasser ist vielen seiner Kollegen und Schüler für vielseitige und detaillierte Überlegungen zu den im Buch betrachteten Fragen aufrichtig zu Dank verpflichtet.

Inhalt

1. Allgemeine algebraische Begriffe und die Untersuchung allgemeiner Gesetzmäßigkeiten am Beispiel konkreter algebraischer Systeme 1
1.1. Über abstrakte mathematische Schemata 1
1.2. Gruppoide, Halbgruppen und Gruppen 1
1.3. Grundlagen der allgemeinen Theorie der universalen Algebren 2
1.4. Isomorphe Abbildungen, Automorphismen und Homomorphismen universaler Algebren 4
1.5. Repräsentation universaler Algebren mittels unabhängiger Erzeugender und definierender Relationen. Invariante Eigenschaften von Algebren 5

2. Einfachste algebraische Systeme der mathematischen Physik 7
2.1. Assoziative, Liesche und Jordansche Ringe 7
2.2. Der Ring der Observablen in der klassischen Mechanik und in der Quantenmechanik 8
2.3. Körper und Schiefkörper und lineare Räume über diesen. Verallgemeinerte Funktionen 10
2.4. Die Halbgruppe der Endomorphismen eines Vektorraumes 12
2.5. Der Verband der Teilräume eines Vektorraumes und der Verband der Teilalgebren einer universalen Algebra 13
2.6. Algebren über dem Körper der reellen Zahlen. Matrizenalgebren 15
2.7. Algebren von Observablen und deren Abhängigkeit von der Wahl des Erzeugendensystems und von der Form der Poissonschen Klammern 19
2.8. Zahlenwertige Algebren und die algebraische Beschreibung physikalischer Systeme 25
2.9. Die Logik physikalischer Systeme und dynamischer Aufgaben und invariante algebraische Beziehungen zwischen Zahlenwerten 28
2.10. Algebraische Aussagenlogik und Theorie physikalischer Theorien 30

3. Verbandoide und deren Anwendung auf die Untersuchung invarianter Eigenschaften von Algebren 41
3.1. Der allgemeine Begriff eines Verbandoids als eines verbandsgeordneten Gruppoids 41
3.2. Liesche, assoziative, Jordansche, Lie-assoziative und Lie-Jordansche Verbandoide 43
3.3. Liesch-erzeugte Algebren von Observablen 44
3.4. Algebren von Observablen mit Bindungen und die parametrische Form der Bewegungsgleichungen 46

4. **Konstruktion zahlenwertiger assoziativer Algebren** . . . 50
4.1. Ein grundlegendes Theorem über zahlenwertige assoziative Algebren . . . 50
4.2. Konstruktion zahlenwertiger assoziativer Algebren . . . 51
4.3. Einfache zahlenwertige assoziative Algebren . . . 52
4.4. Irreduzible Darstellungen einfacher zahlenwertiger Algebren . . . 54
4.5. Die Algebra der Alternionen, die Cliffordsche Algebra und die Basisalgebra der reellen Spinoren als zahlenwertige assoziative Algebren . . . 56
4.6. Die assoziative Algebra der Quantenfelder und Veranschaulichung grundlegender Theoreme . . . 58

5. **Liesche Algebren und Liesche Gruppen** . . . 63
5.1. Ein grundlegendes Theorem über den Zusammenhang zwischen Lieschen Algebren und Lieschen Gruppen . . . 63
5.2. Die Theorie der Lieschen Gruppen . . . 67
5.3. Liesche Gruppen und zahlenwertige assoziative Algebren . . . 70
5.4. Der algebraische Apparat der Tensorrechnung und die Spinorgruppe . . . 73
5.5. Anwendungen auf die klassische Elektrodynamik . . . 79
5.6. Reelle Spinoren und zweikomponentige relativistisch invariante Theorie der Teilchen vom Spin 1/2 . . . 83

6. **Gruppeninvariante Bestimmung physikalischer Systeme** . . . 91
6.1. Die Poincarésche Gruppe und die spezielle Relativitätstheorie . . . 91
6.2. Zahlenwertige Liesche Algebren und Invarianten algebraischer Zustände . . . 96
6.3. Gruppeninvariante Bestimmung der Energie, des Impulses, des Massenmittelpunktes und des Eigenmoments abgeschlossener physikalischer Systeme . . . 98
6.4. Die Gruppe C_{15} und die durch sie bestimmten invarianten Eigenschaften der nichtrelativistischen Coulombschen und Newtonschen Wechselwirkungen zweier Teilchen . . . 102
6.5. Algebraische Methode der Bestimmung des Spektrums des Wasserstoffatoms 105
6.6. Die Spinorenparametrisierung in der Gruppentheorie der nichtrelativistischen Coulombschen und Newtonschen Wechselwirkungen . . . 109

Nachwort zur deutschsprachigen Ausgabe . . . 119

Literaturhinweise . . . 133

Literaturverzeichnis . . . 141

Symbolverzeichnis . . . 148

Sachverzeichnis . . . 149

1. Allgemeine algebraische Begriffe und die Untersuchung allgemeiner Gesetzmäßigkeiten am Beispiel konkreter algebraischer Systeme

1.1. Über abstrakte mathematische Schemata

Beim Studium der allgemeinen Eigenschaften mehr oder minder komplizierter mathematischer Theorien, die in der angewandten Mathematik und der theoretischen Physik auftreten, trifft man auf einfache abstrakte mathematische Schemata. (Man nennt diese auch Strukturen – siehe die Literaturhinweise am Ende des Buches.) Die fundamentale Idee der modernen Mathematik besteht darin, in ihr zu grundlegenden abstrakten mathematischen Schemata überzugehen und in diesen mathematische Beziehungen selbständig, d. h. unabhängig von ihren konkreten Realisierungen, zu untersuchen. Schließlich gelangt man so zu allgemeinen Vorstellungen, hinter denen sich die Details konkreter mathematischer Theorien verbergen.

Findet man bei der Erforschung konkreter mathematischer Disziplinen heraus, daß einige der untersuchten Objekte in solchen Beziehungen zu einander stehen, die für gewisse mathematische Schemata charakteristisch sind, so kann man dabei alle Theoreme ausnutzen, die sich auf das gegebene abstrakte Schema beziehen. Umgekehrt kann man diese oder andere mathematische Beziehungen zuerst nur an einer konkreten Realisierung untersuchen und die erhaltenen Resultate danach auf völlig andere Bereiche übertragen, in denen sich analog abstrakte mathematische Schemata vorfinden.

Der Unterschied zwischen Physik und Mathematik besteht in folgendem. Während die Mathematik Beziehungen zwischen Objekten untersucht und dabei von der Natur der Objekte abstrahiert, werden in der Physik die Natur der zu untersuchenden Objekte auf Grund von Beobachtungen geklärt und zwischen mathematischen Begriffen und den beobachtbaren Erscheinungen angenäherte Beziehungen hergestellt. In Anwendung auf physikalische Theorien kann die Grundidee der heutigen Mathematik als Ausgangsbasis für die Bildung einer gesonderten „Theorie der physikalischen Theorien" dienen und den Weg für die Auffindung von Gemeinsamkeiten verschiedener physikalischer Theorien freimachen.

1.2. Gruppoide, Halbgruppen und Gruppen

Wir betrachten einfache Beispiele abstrakter mathematischer Schemata, die vielen Teilgebieten der Algebra zugrunde liegen. Es sei G eine Menge, die aus einer endlichen oder unendlichen Anzahl von Elementen g bestehe. Eine *binäre algebraische Operation* ist eine (durch das Symbol $\circ$ bezeichnete) Vorschrift, die einem beliebigen geordneten

Paar (g_1, g_2) von Elementen $g_1, g_2 \in G$ (wobei $\in$ das Symbol für die Zugehörigkeit eines Elementes zu einer Menge ist) eindeutig ihr Produkt $g_3 \in G$ zuordnet:

$$g_1 \circ g_2 = g_3 \,. \tag{1.1}$$

Die Menge G zusammen mit der auf ihr gegebenen binären Operation $\circ$ heißt dann ein *Gruppoid*.

Das Zeichen $\circ$ kann durch ein beliebiges anderes Symbol ersetzt werden; insbesondere kann man (1.1) mit dem Multiplikationszeichen schreiben,

$$g_1 g_2 = g_3 \,.$$

Ein Gruppoid G heißt *Halbgruppe*, wenn für je drei Elemente g_1, g_2 und g_3 aus G das Assoziativgesetz

$$(g_1 g_2)\, g_3 = g_1 (g_2 g_3) \tag{1.2}$$

gilt.

Als Beispiel einer konkreten Realisierung einer Halbgruppe kann die Menge der quantenmechanischen Operatoren dienen, für welche die Operation der Multiplikation dem Assoziativgesetz (1.2) genügt.

Wir wollen jetzt annehmen, daß für alle Elemente der Halbgruppe G noch die folgenden zwei Operationen erklärt sind. Die sogenannte *nulläre Operation* ordnet jedem Element g aus G ein und dasselbe Element e aus G zu:

$$g^0 = e \,, \tag{1.3}$$

und sie genügt für beliebiges $g \in G$ der Bedingung

$$ge = eg = g \,. \tag{1.4}$$

Ein Element e mit dieser Eigenschaft heißt per definitionem das *Einselement* oder die *Eins* und wird mit 1 bezeichnet. (Insbesondere ist die Halbgruppe der quantenmechanischen Operatoren in dem oben angeführten Beispiel eine Halbgruppe mit Eins — ein *Monoid*.)

Die *unäre Operation* $(^{-1})$ ordnet jedem Element g aus G das sogenannte *inverse Element* g^{-1} zu, das der Bedingung

$$g^{-1} g = g g^{-1} = e \tag{1.5}$$

genügt.

Eine Menge G von Elementen zusammen mit einer binären, einer null- und einer unären Operation, die die Bedingungen (1.2)—(1.5) erfüllen, heißt eine *Gruppe*.

Der Begriff der Gruppe gehört zu den wichtigsten Begriffen der Algebra und der modernen mathematischen Physik.

1.3. Grundlagen der allgemeinen Theorie der universalen Algebren

Anstatt unabhängige Theorien verschiedener abstrakter algebraischer Schemata zu begründen, erweist es sich als zweckmäßig, von einer einheitlichen Theorie universaler Algebren auszugehen, aus der sich verschiedene konkrete Schemata als Spezialfälle ergeben. Das entspricht dem Einsatz einer gesonderten „Theorie mathematischer Theorien“.

Eine universale Algebra ist eine Menge G zusammen mit einem System Ω einer gewissen Anzahl n-stelliger Operationen ω auf G, so daß jede n-gliedrige Folge $(g_1, \ldots, g_n)$ von Elementen $g_1, \ldots, g_n$ aus G in ein eindeutig definiertes Element dieser Menge überführt wird, welches wir mit dem Symbol $(g_1 g_2 \ldots g_n \omega)$[1]) bezeichnen.

Teilalgebra H einer universalen Algebra G heißt eine solche Teilmenge H der Menge G, die bezüglich aller Operationen aus Ω abgeschlossen ist. Es sei zum Beispiel E eine beliebige Teilmenge der Menge G. Wenden wir auf die Elemente aus E beliebige Operationen aus Ω an, so bildet die so erhaltene Menge von Elementen eine Teilalgebra der Algebra G, die von der Menge E erzeugt und mit $\{E\}$ bezeichnet wird.

Die Teilmenge E heißt ein *Erzeugendensystem* der Teilalgebra $\{E\}$.

Die universalen Algebren G mit einem System Ω von Operationen zerfallen in sogenannte *primitive Klassen* oder *primitive Mengen*. Es seien w_1 und w_2 zwei Elemente der Algebra G, die aus Elementen $g_1, \ldots, g_k$ von G nach Ausführung irgendzweier Folgen von Operationen aus Ω erhalten wurden. Wenn bei beliebiger Wahl der Elemente $g_1, \ldots, g_k$ aus G die Beziehung

$$w_1(g_1, g_2, \ldots, g_k) = w_2(g_1, g_2, \ldots, g_k) \tag{1.6}$$

erfüllt ist, dann heißt die universale Algebra G eine *Algebra mit der Identität* (1.6). Eine primitive Klasse von universalen Algebren G heißt die Gesamtheit derjenigen Algebren, deren Elemente einem System Λ von Identitäten genügen.[2])

So wird zum Beispiel eine Gruppe zu einer universalen Algebra mit einer binären, einer unären und einer nullären Operation und mit (1.2)–(1.5) als System von Identitäten. Wenn für eine Gruppe zugleich die Identität

$$g_1 g_2 = g_2 g_1 \tag{1.7}$$

für alle g_1 und g_2 aus G erfüllt ist, so heißt diese *abelsch*.

In diesem Fall verwendet man für die binäre Operation $\circ$ gewöhnlich nicht die multiplikative, sondern die additive Schreibweise, so daß (1.7) folgende Gestalt erhält:

$$g_1 + g_2 = g_2 + g_1 \,. \tag{1.8}$$

Als Beispiel einer abelschen Gruppe dient die additive Gruppe der ganzrationalen Zahlen, mit der Null (0) als Einselement der Gruppe und mit $-g$ als inversem Element zur Zahl g. Ein Erzeugendensystem dieser Gruppe bildet die Zahl Eins (1), so daß man die Gruppe der ganzrationalen Zahlen mit $\{1\}$ bezeichnen kann. Wählt man als Teilmenge E die aus einer ganzrationalen Zahl n bestehende Menge, so wird $\{n\}$ die aus allen Vielfachen der Zahl n bestehende Untergruppe der Gruppe $\{1\}$.

Die allgemeine Theorie der universalen Algebren gestattet es nicht nur, unterschiedliche abstrakte algebraische Schemata einheitlich zu behandeln, sondern eröffnet, wie schon im Vorwort gesagt, die Möglichkeit, allgemeine Gesetzmäßigkeiten am Beispiel konkreter algebraischer Systeme zu untersuchen. In der Tat, wenn für ein konkretes algebraisches System Resultate erzielt wurden, so ermöglicht es das Studium der all-

[1]) Anstelle des Ausdrucks „n-stellig" wird oft auch die Wortverbindung „n-är" verwendet. Verschiedentlich werden auch „unendlichstellige" Operationen zugelassen.

[2]) Die durch eine gegebene Folge Ω von algebraischen Operationen und durch eine Menge Λ von Identitäten definierte primitive Klasse heißt auch die durch die Identitäten Λ definierte Mannigfaltigkeit (oder Varietät) von Algebren der Signatur Ω und wird mit (Ω, Λ) bezeichnet.

gemeinen Grundlagen verschiedener Systeme, analoge Resultate für andere algebraische Systeme aufzudecken.

In diesem Zusammenhang kann es sich als zweckmäßig erweisen, ein konkretes algebraisches System als Vorbild zur Untersuchung allgemeiner algebraischer Beziehungen, die man in vielen anderen Theorien vorfindet, zu wählen. Dies ist eine der zentralen Ideen dieses Buches.

In Analogie zur Theorie der universalen Algebren begann auch in der theoretischen und mathematischen Physik in den letzten Jahren der Prozeß der Absonderung allgemeiner mathematischer Grundlagen bei verschiedenen physikalischen Theorien.

1.4. Isomorphe Abbildungen, Automorphismen und Homomorphismen universaler Algebren

Zwei universale Algebren G und G', auf denen ein und dasselbe System Ω Operationen definiert ist, heißen zu einander *isomorph*, wenn eine solche umkehrbar eindeutige Abbildung der Algebra G auf die Algebra G' existiert, die jedem Element $g \in G$ ein Element $g' \in G'$ so zuordnet, daß für beliebige n-stellige Operationen $\omega \in \Omega$ und beliebige Elemente $g_1, g_2, \ldots, g_n \in G$

$$(g_1 g_2 \cdots g_n \omega)' = (g_1' g_2' \cdots g_n' \omega) \tag{1.9}$$

gilt. Da bei einer isomorphen Abbildung von G auf G' alle Eigenschaften einer Algebra, die in der Sprache der Operationen aus Ω formuliert wurden, erhalten bleiben, kann man isomorphe Algebren vom Standpunkt der abstrakten Mathematik, in der die Natur der Elemente von G keine Rolle spielt, als identisch betrachten.

Eine isomorphe Abbildung der Algebra G auf sich heißt *Automorphismus*. Als Multiplikation von Automorphismen bezeichnen wir den Prozeß ihrer Nacheinanderausführung. Bezüglich der so definierten Operation, der Multiplikation bilden dann alle Automorphismen der universalen Algebra G eine Gruppe G_A, wobei der identische Automorphismus das Einselement der Gruppe ist. Die Multiplikation von Automorphismen ist assoziativ, die inverse Abbildung eines Automorphismus auch wieder ein Automorphismus, so daß alle Gruppeneigenschaften erfüllt sind. Die Gruppe der Automorphismen gehört zu den wichtigen Charakteristika der universalen Algebra G.

Wir betrachten jetzt allgemeiner auch Abbildungen der Algebra G in die Algebra G' (d. h. nicht notwendig auf die gesamte Algebra G', was durch Ersetzen der Präposition „auf" durch die Präposition „in" ausgedrückt wird), welche die Bedingung (1.9) erfüllen, nur eindeutig und nicht unbedingt umkehrbar eindeutig sind. Solche Abbildungen nennt man *Homomorphismen*. Homomorphe Abbildungen der Algebra G in sich nennt man *Endomorphismen*; die Menge aller Endomorphismen einer Algebra bildet eine Halbgruppe bezüglich der Nacheinanderausführung von Abbildungen.

Es sei φ ein fixierter Homomorphismus einer universalen Algebra G in G'. Wir setzen

$$g\varphi = g' . \tag{1.10}$$

Wenn man solche Elemente $g, \tilde{g}, \ldots$ aus G als äquivalent betrachtet, die durch den Homomorphismus φ in ein und dasselbe Element g' aus G' übergehen, so wird damit eine Zerlegung der universalen Algebra G in *Klassen äquivalenter Elemente* definiert. Wir bezeichnen die in dieser Weise definierte Äquivalenzrelation auf G mit ϱ, so daß die

Äquivalenz von Elementen g und $\tilde{g}$ durch $g\varrho\tilde{g}$ beschrieben wird. Damit gilt für die n-stelligen Operationen ω

$$(g_1 \dots g_n\omega)\, \varrho (\tilde{g}_1 \dots \tilde{g}_n\omega)\,. \tag{1.11}$$

Da die homomorphe Abbildung φ gemäß (1.9) eine n-stellige Operation in eine n-stellige Operation über denjenigen Elementen überführt, die als Ergebnis der homomorphen Abbildung entstanden, so liegen beide Terme von (1.11) in ein und derselben Äquivalenzklasse.

Die Menge der Äquivalenzklassen der Algebra G bezüglich der Äquivalenzrelation ϱ heißt die *Faktoralgebra* der Algebra G nach der Äquivalenz ϱ und wird mit G/ϱ bezeichnet.

Umgekehrt sei in der Algebra G eine Äquivalenzrelation ϱ gegeben, die der Bedingung (1.11) genügt. Für Äquivalenzrelationen mit dieser Eigenschaft verwendet man gewöhnlich einen Spezialausdruck und nennt sie *Kongruenzen*. Aus (1.11) folgt, daß Äquivalenzklassen, die durch das Enthalten von Elementen der Form $(g_1g_2 \dots g_n\omega)$ definiert sind, nicht von der Auswahl von $g_1, g_2, \dots, g_n$ in ihren Klassen abhängen. Daher definiert eine Kongruenz eine homomorphe Abbildung von G auf G/ϱ.

Die oben festgestellte Korrespondenz zwischen Homomorphismen und Kongruenzen einer Algebra nennt man gewöhnlich den Homomorphiesatz für universale Algebren.

1.5. Repräsentation universaler Algebren mittels unabhängiger Erzeugender und definierender Relationen. Invariante Eigenschaften von Algebren

Es sei eine universale Algebra irgendeiner primitiven Klasse gegeben, so daß ihre Elemente Identitäten vom Typ (1.6) genügen, und es sei E eines ihrer Erzeugendensysteme. Ein Element aus E, das sich durch andere Elemente von E mittels einer Folge von Operationen aus Ω ausdrücken läßt, kann aus der Erzeugendenmenge ausgeschlossen werden. Daher werden wir ohne Einschränkung der Allgemeinheit voraussetzen, daß dies nicht möglich sei, d. h., daß alle Elemente aus E voneinander unabhängig sind. Wenn die unabhängigen Erzeugenden nicht untereinander durch irgendwelche Zusatzgleichungen verbunden sind, die sich aus den Identitäten Λ, welche die primitive Klasse charakterisieren, nicht ableiten lassen, so heißt E ein *System freier Erzeugender* und G in diesem Fall eine *freie universale Algebra der gegebenen primitiven Klasse.* Im allgemeinen können die unabhängigen Erzeugenden von E untereinander durch definierende Relationen verbunden sein. Dann läßt sich die Algebra G durch die Menge Ω von Operationen, die Identitätenmenge Λ, ein System E unabhängiger Erzeugender und definierende Gleichungen, die mittels der Operationen aus Ω konstruiert sind, angeben.

Beispielsweise ist jede Gruppe mit einer freien Erzeugenden isomorph zur additiven Gruppe der ganzrationalen Zahlen. In der Tat, verwendet man für die Gruppenmultiplikation das Additionszeichen und für die Erzeugende x das Symbol 1, so fällt $\{1\}$ mit der additiven Gruppe der ganzrationalen Zahlen zusammen. Wenn nun die Erzeugende x in multiplikativer Schreibweise der definierenden Gleichung

$$x^p = 1 \tag{1.12}$$

genügt, wobei p eine ganzrationale Zahl $\geqq 1$ ist, so zeigt sich, daß die Gruppe G aus p verschiedenen Elementen $1, x, \dots, x^{p-1}$ besteht, d. h., ihre Ordnung, per definitionem gleich der Anzahl paarweise verschiedener Elemente, ist p, also endlich. Als Beispiel einer Realisierung der letzteren Gruppe dient die Gruppe der Drehungen eines festen Körpers um eine fixierte Achse im Winkel ganzzahliger Vielfacher von $2\pi/p$.

Unabhängige Erzeugende der gleichen universalen Algebra G kann man auf verschiedene Weisen auswählen. Sind zum Beispiel E und E' zwei Erzeugendensysteme (mit im allgemeinen verschiedenen definierenden Relationen), so existieren Transformationen, mit deren Hilfe man Elemente von E' durch Elemente von E ausdrücken kann, und Umkehrtransformationen, welche die Elemente von E durch Elemente von E' ausdrücken. Wir bezeichnen die Menge aller dieser umkehrbaren Transformationen mit T_E.[1])

Die inneren und daher wichtigsten Eigenschaften einer universalen Algebra G sind diejenigen ihrer Eigenschaften, die nicht von der zufälligen Wahl einer Menge unabhängiger Erzeugender abhängen oder, mit anderen Worten, die invariant bezüglich der Transformationen aus T_E sind. Zu solchen Eigenschaften zählen die Eigenschaften der Gruppe der Automorphismen (oder der Halbgruppe der Endomorphismen) der Algebra G, die Eigenschaft einiger Teilmengen, Teilalgebra zu sein, die Eigenschaften der Gruppe der Automorphismen solcher Teilalgebren usw. Demgemäß ist die prinzipiell wichtigste Aufgabe bei der Untersuchung konkreter algebraischer Systeme die, Eigenschaften herauszufinden, welche bezüglich der Transformationen aus T_E invariant sind.

Abschließend sei bemerkt, daß die oben eingeführten universalen Algebren einen Spezialfall allgemeiner algebraischer Systeme bilden, in denen neben algebraischen Operationen Ω auch sogenannte *n-stellige Relationen* (oder *n-stellige Prädikate*) $P(g_1, \ldots, g_n)$ definiert sein können, die nur zwei Werte — W (wahr) oder F (falsch) — annehmen. Als Beispiel einer solchen binären Relation dient eine Ordnungsbeziehung, wobei für zwei beliebige Elemente g_1 und g_2 stets gesagt werden kann, daß entweder $g_1 \geqq g_2$ ist oder dies nicht gilt.

[1]) Die Bildung des Kompositums zweier beliebiger Transformationen braucht im allgemeinen Fall nicht zu existieren, so daß die Transformationen auch nicht eine Gruppe, sondern, wie Dr. H.-J. Hoehnke bemerkte, ein schlichtes Brandtsches Gruppoid bilden.

2. Einfachste algebraische Systeme der mathematischen Physik

2.1. Assoziative, Liesche und Jordansche Ringe

Unter einem *Ring* versteht man eine universale Algebra G, in der binäre Additions- und Multiplikationsoperationen $+$ und $\circ$ definiert sind, so daß folgendes gilt: Die Menge G bildet bezüglich der Addition eine abelsche Gruppe, bezüglich der Multiplikation ein Gruppoid, und beide Operationen sind miteinander durch die Distributivgesetze

$$\begin{aligned} g_3 \circ (g_1 + g_2) &= g_3 \circ g_1 + g_3 \circ g_2 , \\ (g_1 + g_2) \circ g_3 &= g_1 \circ g_3 + g_2 \circ g_3 \end{aligned} \tag{2.1}$$

verbunden.

Ein Ring G heißt *assoziativ*, wenn das multiplikative Gruppoid G eine Halbgruppe ist, d. h., wenn die Bedingung (1.2) der Assoziativität erfüllt ist. Ein Beispiel eines *Teilrings* H eines assoziativen Ringes G ist die Menge der Elemente h aus G, die mit jedem Element $g \in G$ vertauschbar sind, d. h., für welche gilt

$$hg = gh \quad (h \in H, g \in G) . \tag{2.2}$$

Der mittels (2.2) definierte Teilring H heißt das *Zentrum des Ringes* G.

Von einem assoziativen Ring G ausgehend, kann man Ringe anderen Typs konstruieren. Wir führen die (mit eckigen Klammern bezeichnete) Operation der *Lieschen Multiplikation* gemäß der Formel

$$[g_1, g_2] = k(g_1 g_2 - g_2 g_1) \tag{2.3}$$

ein, worin k irgendein fixiertes Element aus dem Zentrum des Ringes G ist. Dann folgt (der elementare Beweis bleibt dem Leser überlassen) aus (2.3) und der Assoziativitätsbedingung (1.2), für beliebige $g_1, g_2, g_3 \in G$

$$[g_1, g_2] = - [g_2, g_1] , \tag{2.4}$$

$$[g_1, [g_2, g_3]] + [g_2, [g_3, g_1]] + [g_3, [g_1, g_2]] = 0 . \tag{2.5}$$

Ein Ring, dessen Multiplikation die Bedingungen (2.4)—(2.5) erfüllt, heißt *Liesch*. Dabei ist die Liesche Multiplikation im allgemeinen nicht mit einer assoziativen Multiplikation verbunden.

Wir kehren zu einem assoziativen Ring G zurück und führen die *Jordansche Multiplikation* durch die Formel

$$g_1 \cdot g_2 = k(g_1 g_2 + g_2 g_1) \tag{2.6}$$

ein, worin k ein fixiertes Element aus dem Zentrum von G ist. Aus (2.6) und der Assoziativitätsbedingung folgt für beliebige $g_1, g_2 \in G$

$$g_1 \cdot g_2 = g_2 \cdot g_1 , \tag{2.7}$$

$$((g_1 \cdot g_1) \cdot g_2) \cdot g_1 = (g_1 \cdot g_1) \cdot (g_2 \cdot g_1) . \tag{2.8}$$

(Der Beweis dieser Bedingungen und der Distributivitätsbedingung (2.1) bleibt dem Leser überlassen.) Jeder Ring, dessen Multiplikation den Bedingungen (2.7)—(2.8) genügt, heißt *Jordansch*; ein solcher Ring ist stets kommutativ, doch im allgemeinen nicht assoziativ.

2.2. Der Ring der Observablen in der klassischen Mechanik und in der Quantenmechanik

Wir werden die oben eingeführten Begriffe an abgeschlossenen physikalischen Systemen illustrieren, wobei wir unsere Ausführungen auf den nichtrelativistischen Fall beschränken. In der klassischen Mechanik sind die Elemente $g_1, g_2, \ldots$ in einem gewissen Bereich als unendlich oft differenzierbare Funktionen der verallgemeinerten Koordinaten q^k und der verallgemeinerten Impulse p_k $(k = 1, 2, \ldots, N)$ gewählt[1]; diese Funktionen werden wir *Observable* nennen. Die gewöhnliche Multiplikation von Funktionen ist assoziativ; daher bilden die Observablen bezüglich dieser Multiplika-

[1]) Wir erinnern daran, daß die verallgemeinerten Impulse in der klassischen Mechanik wie folgt eingeführt werden. Es seien q^k die verallgemeinerten Koordinaten und $\dot{q}^k = \frac{\mathrm{d}q^k}{\mathrm{d}t}$ die verallgemeinerten Geschwindigkeiten. Dann definieren die kinetische und potentielle Energie T bzw. V die Lagrangesche Funktion $L = T - V = L(q, \dot{q})$, und die Bewegungsgleichungen erhalten die Form

$$\frac{\partial L}{\partial q^k} - \frac{\mathrm{d}}{\mathrm{d}t}\frac{\partial L}{\partial \dot{q}^k} = 0 .$$

Die verallgemeinerten Impulse sind gemäß $p_k(q, \dot{q}) = \frac{\partial L}{\partial \dot{q}^k}$ definiert. Wählt man als unabhängige Veränderliche nicht q^k und $\dot{q}^k$, sondern q^k, p_k und führt gemäß

$$H(p, q) = \Sigma\, p_k \dot{q}^k - L$$

die Hamilton-Funktion H ein, so gilt

$$\mathrm{d}H = \mathrm{d}(\Sigma\, p_k \dot{q}^k - L) = \Sigma\, (\dot{q}^k\, \mathrm{d}p_k - \dot{p}_k\, \mathrm{d}q^k) = \Sigma \left(\frac{\partial H}{\partial p_k}\mathrm{d}p_k + \frac{\partial H}{\partial q^k}\mathrm{d}q^k\right).$$

Daraus folgt, daß sich die Lagrangeschen Gleichungen durch die Bewegungsgleichungen in der Hamiltonschen Form:

$$\dot{q}_k = \frac{\partial H(p, q)}{\partial p_k}, \qquad \dot{p}_k = -\frac{\partial H(p, q)}{\partial q^k}$$

ersetzen lassen. In der Quantenmechanik werden q^k und p_k durch Hermitesche Operatoren dargestellt. Dabei nehmen die Bewegungsgleichungen im Hinblick auf (2.10) und (2.11) wie in der klassischen Mechanik die folgende Gestalt an:

$$\frac{\mathrm{d}q^k}{\mathrm{d}t} = [H, q^k] , \quad \frac{\mathrm{d}p_k}{\mathrm{d}t} = [H, p_k] .$$

tion einen assoziativen Ring G. Die Jordansche Multiplikation definieren wir durch die Formel

$$g_1 \cdot g_2 = \frac{1}{2}(g_1 g_2 + g_2 g_1) \,. \tag{2.9}$$

Hieraus folgt unter Berücksichtigung der Kommutativität der Multiplikationen von Funktionen, daß die Jordansche mit der gewöhnlichen Multiplikation zusammenfällt. Schließlich definieren wir das Liesche Produkt von Observablen mittels der Poissonschen Klammer

$$[g_1, g_2] = \sum_{k=1}^{N} \left(\frac{\partial g_1}{\partial p_k} \frac{\partial g_2}{\partial q^k} - \frac{\partial g_1}{\partial q^k} \frac{\partial g_2}{\partial p_k} \right). \tag{2.10}$$

Aus (2.10) folgt, daß die Identitäten (2.4) und (2.5) erfüllt sind. Da man Gleichung (2.5) in der Mechanik gewöhnlich Jacobische Identität nennt, wird diese Bezeichnung auch für allgemeine Liesche Ringe verwendet.

In der nichtrelativistischen Quantenmechanik heißne Observable $g_1, g_2, \ldots$ die Hermiteschen Operatoren und werden durch Operatoren q^k und p_k ausgedrückt, die den verallgemeinerten Koordinaten und Impulsen entsprechen. Die quantenmechanische Poissonsche Klammer, die die Liesche Multiplikation der Observablen charakterisiert, kann mittels Formel (2.3) analog definiert werden,

$$[g_1, g_2] = \frac{i}{\hbar}(g_1 g_2 - g_2 g_1) \,, \tag{2.11}$$

worin $\hbar$ die durch 2π geteilte Plancksche Konstante ist. Die imaginäre Einheit i geht ein, damit das Liesche Produkt der Observablen ein Hermitescher Operator, d. h. wieder eine Observable wird. Das Jordansche Produkt von Observablen ist durch Formel (2.9) definiert; in der Quantenmechanik ist es schon nicht mehr assoziativ. Da schließlich die gewöhnliche Multiplikation zweier Hermitescher Operatoren keinen Hermiteschen Operator ergibt, ist eine assoziative Multiplikation quantenmechanischer Observablen nicht definiert. Jedoch ist die assoziative Multiplikation von Operatoren ein wichtiger Hilfsbegriff zur Definition des Lieschen bzw. Jordanschen Produkts (2.11) bzw. (2.9) von Observablen.

Gemäß der Art, wie die algebraischen Multiplikationsoperationen für Observable definiert sind, wird die Angabe verschiedener Ringe von Observablen entsprechenden Typs durch die Angabe geeigneter Erzeugendenmengen bestimmt.

Wir führen jetzt *Ringe von Observablen* in die klassische und die Quantenmechanik ein, in denen gleichzeitig die Liesche und die Jordansche Multiplikation erklärt sind. Aus (2.9)–(2.11) folgt

$$[g_1 \cdot g_2, g_3] = g_1 \cdot [g_2, g_3] + g_2 \cdot [g_1, g_3] \,, \tag{2.12}$$

$$g_1 \cdot (g_2 \cdot g_3) - (g_1 \cdot g_2) \cdot g_3 = \frac{\hbar^2}{4}[g_2, [g_1, g_3]], \tag{2.13}$$

wobei es in der klassischen Mechanik wegen der Assoziativität der Jordanschen Multiplikation erforderlich ist, im rechten Teil von (2.13) $\hbar = 0$ anzunehmen. Ringe, in denen Liesche und Jordansche Multiplikation definiert und durch die Bedingungen (2.12)–(2.13) miteinander verbunden sind, werden *Lie-Jordansch* genannt.

Der Begriff der Lie-Jordanschen Ringe von Observablen liegt einer algebraischen Theorie zugrunde, die eine einheitliche Beschreibung von klassischen und Quantensystemen ermöglicht. Dabei erhält die Plancksche Konstante gemäß (2.13) einen deutlichen algebraischen Sinn; der Übergang zum Fall $\hbar = 0$ entspricht dem Übergang von einer primitiven Klasse zu einer anderen, und die gemeinsamen Eigenschaften von klassischen und Quantensystemen sind diejenigen Eigenschaften der universalen Algebra der Observablen, die nicht von der Identität (2.13) abhängen.

2.3. Körper und Schiefkörper und lineare Räume über diesen. Verallgemeinerte Funktionen

Als *Schiefkörper* wird ein assoziativer Ring bezeichnet, in welchem zu jedem von Null verschiedenen Element ein inverses Element existiert, so daß also das multiplikative Gruppoid eine Gruppe ist. Da die einstellige Operation der Bildung des inversen Elements für das Nullelement nicht definiert ist, so ist ein Schiefkörper eine universale Algebra, in welcher diese einstellige Operation nur eine partielle Operation ist. Als *Körper* wird ein Schiefkörper bezeichnet, in welchem die Multiplikation kommutativ ist.

Beispiele für Körper bilden Zahlkörper, die durch verschiedene Erzeugendenmengen von Zahlen erzeugt werden. Beispielsweise kann man jeder Gleichung n-ten Grades mit Zahlenkoeffizienten,

$$x^n + a_1 x^{n-1} + \dots + a_n = 0\,, \tag{2.14}$$

die bekanntlich n (ihrer Vielfachheit entsprechend gezählte) Wurzeln x_m aus dem Körper C der komplexen Zahlen besitzt, einen Koeffizientenkörper P_a mit den Erzeugenden a_m und einen Wurzelkörper P_x mit den Erzeugenden x_m zuordnen. Da die Koeffizienten a_m symmetrische Polynome in den Wurzeln x_m sind, ist der Körper P_a ein Unterkörper des Körpers P_x. Die Gruppe der Automorphismen des Körpers P_x, die jedes Element des Körpers P_a festlassen, heißt Galoissche Gruppe der Gleichung (2.14). Die Eigenschaften der Galoisschen Gruppe sind invariante Charakteristika (im Sinne von 1.5) der Körper P_a und P_x. Daher eröffnet die Untersuchung dieser Gruppe die Möglichkeit, tiefere Eigenschaften der Gleichung (2.14) aufzufinden.

Für die Physik spielt *der Körper der reellen Zahlen* eine grundlegende Rolle, dessen Elemente gewöhnlich mit Meßwerten aus der Erfahrung verglichen werden, aber auch *der Körper der komplexen Zahlen* und *der Schiefkörper der Quaternionen*. Der Schiefkörper Q der Quaternionen über dem Körper R der reellen Zahlen besteht aus Elementen der Form

$$q = p_1 + ip_2 + jp_3 + kp_4 \quad (p_1, p_2, p_3, p_4 \in R)\,, \tag{2.15}$$

wobei die Elemente i, j, k die *Quaternioneneinheiten* genannt und als mit den Elementen aus dem Körper R vertauschbar betrachtet werden. Sie sind miteinander durch die Beziehungen

$$\begin{gathered} i^2 = j^2 = k^2 = -1\,, \\ ij = -ji = k, \quad jk = -kj = i, \quad ki = -ik = j \end{gathered} \tag{2.16}$$

verbunden. Das inverse Element eines Elementes q ist $q^*/n^2(q)$, wobei

$$q^* = p_1 - p_2 i - p_3 j - p_4 k \tag{2.17}$$

die zu q *adjungierte Quaternion* und

$$n(q) = +\sqrt{q^*q} = +\sqrt{p_1^2 + p_2^2 + p_3^2 + p_4^2} \tag{2.18}$$

eine nichtnegative Zahl aus dem Körper R sind, die die Norm der Quaternion genannt wird. *Realteil* einer Quaternion heißt die reelle Zahl

$$\operatorname{Re} q = p_1 . \tag{2.19}$$

Um die angeführten Definitionen auf den Spezialfall, in welchem der Schiefkörper Q mit dem Körper der reellen bzw. komplexen Zahlen zusammenfällt, zu übertragen, ist es erforderlich, p_2, p_3, p_4 bzw. p_3, p_4 in den Formeln (2.15)–(2.19) gleich Null zu setzen.

Unter einem *Vektorraum* über Q versteht man eine universale Algebra G, in der eine binäre Additionsoperation definiert ist, welche den Axiomen für abelsche Gruppen genügt, sowie eine unendliche Anzahl einstelliger Operationen, die der rechtsseitigen Multiplikation von Elementen $\varphi \in G$ mit Elementen $q \in Q$ entsprechen, wobei gilt

$$(\varphi_1 + \varphi_2)\, q = \varphi_1 q + \varphi_2 q; \quad \varphi(q_1 + q_2) = \varphi q_1 + \varphi q_2; \quad (\varphi q_1)\, q_2 = \varphi(q_1 q_2) . \tag{2.20}$$

Unabhängige Erzeugende e_ϱ eines Vektorraums G nennt man seine *Basiselemente*; ein beliebiges Element $\varphi \in G$ kann in Form einer Linearkombination von Basiselementen und Koeffizienten φ^ϱ aus dem Schiefkörper Q dargestellt werden. Im weiteren werden wir (ohne speziell daran zu erinnern) die *verallgemeinerte Einsteinsche Summationskonvention* benutzen, die in Folgendem besteht. Wenn Indizes oder Symbole, nach denen die Summation oder Integration erfolgt, innerhalb einer Seite einer Gleichung oben oder unten stehen und in die andere Seite der Gleichung nicht eingehen, dann ist damit die Summierung über alle Werte dieser Indizes gemeint. Dabei wird man die verschiedenen Mengen, über die die Summierung erfolgt, voneinander mit entsprechenden Buchstaben unterscheiden, wie sie zur Bezeichnung der stummen Indizes oder Summationssymbole verwendet wurden. Mit Rücksicht auf diese Konvention läßt sich ein allgemeines Element eines Vektorraums G über einem Schiefkörper Q in der Form

$$\varphi = e_\varrho \varphi^\varrho \quad (\varphi \in G, \varphi^\varrho \in Q) \tag{2.21}$$

schreiben. In der Quantenmechanik werden wir unendlichdimensionale Vektoren, die den Zustand eines physikalischen Systems charakterisieren, in Übereinstimmung mit der Diracschen Bezeichnungsweise auch in der Form

$$\varphi = |\varphi\rangle = |e_\varrho\rangle\, \varphi^\varrho \tag{2.22}$$

schreiben.

Unter dem zu einem Vektorraum G *dualen Vektorraum* L versteht man die Menge der auf G definierten linearen Funktionen $f(\varphi) = \langle f \mid \varphi\rangle$, die im Schiefkörper Q liegen (so daß $\langle f \mid \varphi\rangle \in Q$ für beliebige $f \in L$, $\varphi \in G$) und folgende Bedingungen erfüllen:

$$\langle q_1 f_1 + q_2 f_2 \mid \varphi\rangle = q_1\langle f_1 \mid \varphi\rangle + q_2\langle f_2 \mid \varphi\rangle \quad (f_1, f_2 \in L) , \tag{2.23}$$

$$\langle f \mid \varphi_1 q_1 + \varphi_2 q_2\rangle = \langle f \mid \varphi_1\rangle\, q_1 + \langle f \mid \varphi_2\rangle\, q_2 \quad (\varphi_1, \varphi_2 \in G) . \tag{2.24}$$

Im endlichdimensionalen Fall kann man

$$f = f_\varrho^* e^\varrho \tag{2.25}$$

annehmen. Hier sind die f^*_ϱ Elemente aus dem Schiefkörper Q, und die Basiselemente e^ϱ bestimmt man aus der Formel

$$\langle e^{\varrho_1} \mid e_{\varrho_2} \rangle = \delta^{\varrho_1}_{\varrho_2}\,, \tag{2.26}$$

wobei $\delta^{\varrho_1}_{\varrho_2}$ das *Kroneckersymbol* ist, das für $\varrho_1 = \varrho_2$ gleich 1 und sonst gleich Null ist. Aus (2.21), (2.25) und (2.26) folgt

$$\langle f \mid \varphi \rangle = f^*_\varrho \varphi^\varrho\,. \tag{2.27}$$

Die angeführten Formeln kann man unter gewissen Vorbehalten auch auf den unendlichdimensionalen Fall übertragen. Es sei zum Beispiel G derjenige lineare Raum, der aus allen unendlich oft differenzierbaren Funktionen $\varphi(x)$ besteht, die außerhalb eines gewissen Intervalls verschwinden. Dann kann man $\varphi^x = \varphi(x)$, $f_x = f(x)\,\mathrm{d}x$ setzen, und (2.27) erhält die Form

$$\langle f \mid \varphi \rangle = f^*_x \varphi^x = \int_x f^*(x)\,\varphi(x)\,\mathrm{d}x\,. \tag{2.28}$$

Da sich die Elemente des dualen Raumes, $f \in L$, aus der Vorgabe von $\langle f \mid \varphi \rangle \in Q$ für alle Funktionen $\varphi(x)$ (die man gewöhnlich Grundfunktionen nennt) bestimmen lassen, können die in (2.28) eingehenden $f(x)$ nicht nur gewöhnliche, sondern auch sogenannte *verallgemeinerte Funktionen* sein. Wenn zum Beispiel f alle $\varphi(x)$ in $\langle f \mid \varphi \rangle = \varphi(x_0)$ überführt, so ist $f(x) = \delta(x - x_0)$, wo $\delta(x - x_0)$ die Diracsche δ-Funktion darstellt.

Die von uns dargelegte, mit Ideen von Sobolew und Schwartz zusammenhängende *erste algebraische Methode* der Einführung verallgemeinerter Funktionen kann in eine grundlegende, mathematisch strenge Theorie solcher Funktionen einbezogen werden (siehe die Literaturhinweise).

2.4. Die Halbgruppe der Endomorphismen eines Vektorraumes

Wir verwenden aus 2.1 die allgemeinen Definitionen für einen Vektorraum G als einen Spezialfall universaler Algebren.

Ein Endomorphismus u des Vektorraums G, d. h. eine homomorphe Abbildung von G in sich, führt die Basisvektoren e_ϱ in transformierte Vektoren

$$e'_\varrho = u(e_\varrho) = e_{\varrho_1} u^{\varrho_1}_\varrho \quad (u^\varrho_{\varrho_1} \in Q) \tag{2.29}$$

über. Da im Hinblick auf (1.9) alle n-stelligen Operationen bei Homomorphismen erhalten bleiben (im vorliegenden Fall betrifft dies die additive Gruppenoperation und die einstelligen Operationen der Multiplikation der Vektoren von rechts mit den Elementen aus Q), geht ein Vektor der allgemeinen Form (2.21) durch einen Endomorphismus u in

$$\varphi' = e_{\varrho_1} u^{\varrho_1}_\varrho \varphi^\varrho = e_\varrho (\varphi^\varrho)' \tag{2.30}$$

über, wobei $(\varphi^\varrho)' = u^\varrho_{\varrho_1} \varphi^{\varrho_1}$ ist. Man kann die Transformation $(\varphi^\varrho)' = u^\varrho_{\varrho_1} \varphi^{\varrho_1}$ auch in Matrizenform schreiben. Nimmt zum Beispiel der Index ϱ die diskreten Werte $1, 2, \ldots$ an, so hat man

$$\begin{pmatrix} (\varphi^1)' \\ (\varphi^2)' \\ \vdots \end{pmatrix} = \begin{pmatrix} u^1_1 & u^1_2 & \cdots \\ u^2_1 & u^2_2 & \cdots \\ \cdots & \cdots & \cdots \end{pmatrix} \begin{pmatrix} \varphi^1 \\ \varphi^2 \\ \vdots \end{pmatrix}, \tag{2.31}$$

so daß der obere Index von $u^{\varrho_2}_{\varrho_1}$ bei Verwendung der Schreibweise (2.31) die Nummer der Zeile in der Matrix $(u^{\varrho_2}_{\varrho_1})$ und der untere Index die Nummer der Spalte angibt. Aus (2.29) und (2.30) folgt, wenn man zuerst den Endomorphismus u und anschließend den Endomorphismus v anwendet, daß dann die Matrix des resultierenden Endomorphismus die Form

$$(vu)^{\varrho_1}_{\varrho_2} = v^{\varrho_1}_{\varrho} u^{\varrho}_{\varrho_2} \tag{2.32}$$

hat, die gerade das gewöhnliche Prinzip der Matrizenmultiplikation darstellt. Die Endomorphismen einer beliebigen universalen Algebra bilden eine multiplikative Halbgruppe. Daher ist die Multiplikation (2.32) assoziativ.

Besteht ein Vektorraum G aus Grundfunktionen $\varphi^x = \varphi(x)$, so kann man $u^x_{x_1} = u(x, x_1)\,dx_1$ setzen, und (2.30) erhält dann die Form

$$(\varphi^x)' = u^x_{x_1}\varphi^{x_1} = \int_{x_1} u(x, x_1)\,\varphi(x_1)\,dx_1\,. \tag{2.33}$$

Da ein Endomorphismus bereits dadurch festgelegt ist, in welche Grundfunktion eine beliebige Grundfunktion $\varphi^x = \varphi(x)$ übergeht, können im Funktional auf der rechten Seite von (2.33) die Größen $u(x, x_1)$ nicht nur gewöhnliche, sondern auch verallgemeinerte Funktionen sein. Dies führt zur *zweiten algebraischen Methode* der strengen Einführung verallgemeinerter Funktionen. Speziell für $u(x, x_1) = \delta(x - x_1)$ gilt $(\varphi^x)' = \varphi(x)$, d. h., die Diracsche δ-Funktion ist durch die Vorgabe des identischen Automorphismus des Raumes aller Grundfunktionen bestimmt. Die verallgemeinerten Funktionen, die durch die Grundfunktionen gemäß der ersten und zweiten algebraischen Methode definiert sind, werden wir *verallgemeinerte Funktionen erster Stufe* nennen.

Falls der zum Raum der Grundfunktionen duale Raum L selbst schon verallgemeinerte Funktionen $f(x)$ enthält, definieren die Endomorphismen des Raumes L

$$(f(x))' = \int_{x_1} v(x, x_1)\,f(x_1)\,dx_1 \tag{2.34}$$

verallgemeinerte Funktionen eines neuen Typs, die wir *verallgemeinerte Funktionen zweiter Stufe* nennen. Indem wir die Endomorphismen des die verallgemeinerten Funktionen v zweiter Stufe enthaltenden Vektorraumes betrachten, erhalten wir verallgemeinerte Funktionen dritter Stufe, usw. In dieser Weise eröffnen die algebraischen Methoden die Möglichkeit, von einem Vektorraum von Grundfunktionen ausgehend *verallgemeinerte Funktionen n-ter Stufe* streng zu definieren ($n = 1, 2, \ldots$).

2.5. Der Verband der Teilräume eines Vektorraumes und der Verband der Teilalgebren einer universalen Algebra

Gemäß 1.5 ist das Auffinden solcher inneren Eigenschaften, die nicht von der Wahl der Erzeugenden abhängen, eine prinzipiell wichtige Aufgabe der Untersuchung algebraischer Systeme. Wir werden zeigen, wie man diese Aufgabe für den Fall löst, daß die universale Algebra G ein Vektorraum über einem Schiefkörper oder einem Körper Q ist.

Wir wählen ein beliebiges System *linear unabhängiger* Vektoren $\varphi_1, \varphi_2, \ldots$ aus G. Lineare Unabhängigkeit bedeutet, daß für beliebige von Null verschiedene Elemente $q^1, q^2, \ldots$ aus Q der Vektor

$$\varphi = \varphi_1 q^1 + \varphi_2 q^2 + \ldots = \varphi_\gamma q^\gamma \tag{2.35}$$

von Null verschieden ist. Wir betrachten dann den *linearen Teilraum* (auch *lineare Mannigfaltigkeit* genannt) $s = \{\varphi_\gamma\}$, der von den Vektoren φ_γ aufgespannt wird und aus der Gesamtheit aller Vektoren der Form (2.35) besteht, wobei die q^r alle Werte aus Q durchlaufen. Zu den linearen Teilräumen s zählen wir auch den *Nullraum*, der dem Fall entspricht, wo die Anzahl der linear unabhängigen Vektoren φ_γ gleich Null ist, und den *Gesamtraum*, $s = G$, entsprechend. Fällt G mit dem dreidimensionalen Raum zusammen, so treten als Größen s der Nullraum, alle möglichen Geraden, alle möglichen Ebenen und schließlich der Gesamtraum auf. Im allgemeinen Fall können die Objekte s auch anschaulich in Form geometrischer Bilder vom Typ der Geraden, Ebenen, Hyperebenen usw. dargestellt werden, was es ermöglicht, die geometrische Anschauung auszunutzen.

Als die *Vereinigung* $s_1 \cup s_2$ zweier beliebiger linearer Teilräume s_1 und s_2 bezeichnet man den Teilraum, der von den Erzeugenden dieser beiden Teilräume aufgespannt wird. Ihr *Durchschnitt* $s_1 \cap s_2$ heißt der größte Vektorraum, der gleichzeitig in s_1 und in s_2 enthalten ist. Für die Operationen der Vereinigung und des Durchschnitts gelten die folgenden offensichtlichen Identitäten:

$$s \cap s = s\,, \qquad s \cup s = s\,, \qquad s_1 \cup s_2 = s_2 \cup s_1\,, \qquad s_1 \cap s_2 = s_2 \cap s_1; \tag{2.36}$$

$$(s_1 \cap s_2) \cap s_3 = s_1 \cap (s_2 \cap s_3)\,, \qquad (s_1 \cup s_2) \cup s_3 = s_1 \cup (s_2 \cup s_3); \tag{2.37}$$

$$s_1 \cap (s_1 \cup s_2) = s_1\,, \qquad s_1 \cup (s_1 \cap s_2) = s_1\,. \tag{2.38}$$

Eine universale Algebra, bestehend aus Elementen s, zwischen denen binäre Operationen $\cup$ und $\cap$ definiert sind, die durch die Beziehungen (2.36) bis (2.38) miteinander verknüpft sind, nennt man einen *Verband*. Die Menge aller linearen Teilräume eines Vektorraumes bildet eine konkrete Realisierung eines abstrakten Verbandes. Unter Berücksichtigung von (2.36) bis (2.38) führt man in Verbänden eine durch das Symbol $\subseteqq$ gekennzeichnete *Teilordnungs*beziehung oder *Inklusion* ein. Per definitionem gilt $s_1 \subseteqq s_2$ genau dann, wenn $s_1 \cap s_2 = s_1$, $s_1 \cup s_2 = s_2$.

Der Verband der linearen Teilräume zeichnet sich gegenüber allgemeinen Verbänden durch zwei Eigenschaften aus. Ist s ein beliebiger Teilraum und bezeichnet man mit 0 den Nullteilraum, so kann man einen solchen Teilraum s_+ finden, der s zum Gesamtvektorraum G gemäß

$$s \cap s_+ = 0\,, \qquad s \cup s_+ = G \tag{2.39}$$

ergänzt. Einen Verband mit dieser Eigenschaft nennt man *komplementär*. Bildet man ferner für zwei beliebige Räume s_2 und s_3 ihre Durchschnitte $s_1 \cap s_2$ und $s_1 \cap s_3$ mit einem Teilraum s_1, so liegt die Vereinigung dieser Durchschnitte offenbar wieder im Teilraum s_1, woraus folgt[1])

$$s_1 \cap [(s_1 \cap s_2) \cup s_3] = (s_1 \cap s_2) \cup (s_1 \cap s_3)\,. \tag{2.40}$$

Für $s_1 \supseteqq s_2$ ist $s_1 \cap s_2 = s_2$, und aus (2.40) erhalten wir:

$$\text{wenn } s_1 \supseteqq s_2\,, \quad \text{so } s_1 \cap (s_2 \cup s_3) = s_2 \cup (s_1 \cap s_3)\,. \tag{2.41}$$

Die Identität (2.40), die Verbände einer bestimmten primitiven Klasse charakterisiert, oder die zu ihr äquivalente Bedingung (2.41) heißt *Dedekindsche* (oder *Modularitäts-*) *Bedingung eines Verbandes.*

[1]) Einen detaillierteren Beweis kann man in den bei den Literaturhinweisen zitierten Arbeiten finden.

Ist die Dimension eines Vektorraums G endlich und gleich n, so ist der komplementäre Dedekindsche Verband, dessen Elemente die linearen Räume sind, isomorph zum Verband der linearen Mannigfaltigkeiten eines projektiven Raumes der Dimension $n - 1$; durch diesen Verband ist die Dimension der projektiven Geometrie und der Körper oder Schiefkörper Q, über dem diese betrachtet wird, vollständig bestimmt (siehe die Literaturhinweise). Insbesondere besteht das *Dualitätsprinzip* der projektiven Geometrie darin, daß alle oben angeführten Formeln ihre Gültigkeit behalten, wenn die Symbole der Vereinigung und des Durchschnitts darin überall vertauscht werden und $\supseteqq$ durch $\subseteqq$ ersetzt sowie in den Formeln vom Typ (2.39) vom ursprünglichen Raum zum komplementären Teilraum übergegangen wird.

Die Untersuchung algebraischer Gesetzmäßigkeiten für eines der konkreten algebraischen Systeme gemäß 1. kann als Grundlage für die Auffindung allgemeiner algebraischer Beziehungen dienen, die man in anderen Theorien antrifft. In unserem Fall sind die linearen Teilräume Teilalgebren eines Vektorraums, den wir dabei als eine universale Algebra betrachten. Ist eine beliebige universale Algebra G gegeben und bezeichnet man als den Durchschnitt ihrer Teilalgebren s_1 und s_2 die größte Teilalgebra, die zugleich in s_1 und in s_2 enthalten ist, und als ihre Vereinigung die von s_1 und s_2 erzeugte Teilalgebra, so bestehen die Eigenschaften (2.36)—(2.38). Daher bildet die Menge aller Teilalgebren einer beliebigen universalen Algebra einen (im allgemeinen nicht Dedekindschen) Verband.

2.6. Algebren über dem Körper der reellen Zahlen. Matrizenalgebren

Als *Algebra* G über einem Schiefkörper Q bezeichnet man einen Vektorraum über Q, der zugleich ein Ring mit der binären Multiplikationsoperation $\circ$ ist. Sind dabei e_ϱ die Basiselemente der als Vektorraum über Q betrachteten Algebra G, so erhält man

$$e_{\varrho_1} \circ (e_{\varrho_2} q) = (e_{\varrho_1} \circ e_{\varrho_2})\, q\,, \qquad e_\varrho q = q e_\varrho\,. \tag{2.42}$$

Die Multiplikation beliebiger in der Form (2.21) dargestellter Elemente aus G ist durch die Angabe der *Strukturkonstanten* $c^{\varrho_3}_{\varrho_1\varrho_2} \in Q$ festgelegt, die durch die Beziehung

$$e_{\varrho_1} \circ e_{\varrho_2} = c^{\varrho_3}_{\varrho_1\varrho_2} e_{\varrho_3} \tag{2.43}$$

definiert sind, wobei über ϱ_3 entsprechend der allgemeinen Konvention zu summieren oder zu integrieren ist. Die *Dimension* oder den *Rang* der Algebra G (über Q) nennt man die Anzahl der Basiselemente e_ϱ, falls diese Zahl endlich ist. Andernfalls sagt man, daß die Algebra von *unendlicher Dimension* oder *unendlichdimensional* ist.

Wie früher bemerkt, wird Q von uns im Hinblick auf physikalische Anwendungen nur als Schiefkörper der Quaternionen, als Körper der komplexen Zahlen oder als Körper der reellen Zahlen betrachtet. In allen diesen Fällen kann man die Algebra G über Q in eine Algebra über dem Körper der reellen Zahlen verwandeln. Zum Beispiel habe die Algebra G endliche Dimension n, und Q sei der Körper der komplexen Zahlen. Dann kann ein beliebiges Element g aus G in der Form

$$g = \sum_{\varrho=1}^{n} e_\varrho q^\varrho = \sum_{\varrho=1}^{n} e_\varrho p_1^\varrho + \sum_{\varrho=1}^{n} i e_\varrho p_2^\varrho \tag{2.44}$$

dargestellt werden mit $q^\varrho = p_1^\varrho + i p_2^\varrho$ und p_1^ϱ, p_2^ϱ reell. Wir führen die Bezeichnungen

$$p_1^\varrho = p^\varrho\,, \qquad p_2^\varrho = p^{n+\varrho}\,, \qquad i e_\varrho = e_{n+\varrho} \tag{2.45}$$

ein und nehmen an, daß der Index μ von 1 bis $2n$ variiert. Dann kann man (2.44) im Hinblick auf (2.45) in der Form

$$g = e_\varrho q^\varrho = e_\mu p^\mu \tag{2.46}$$

schreiben. Durch die Formeln (2.44)—(2.46) wird eine umkehrbar eindeutige Beziehung zwischen den n-dimensionalen Vektoren über dem Körper der komplexen Zahlen und den $2n$-dimensionalen Vektoren über dem Körper der reellen Zahlen hergestellt. Die Multiplikationsvorschrift der neuen Basiselemente e_μ ist durch (2.43) (unter Berücksichtigung von (2.42)) definiert, wobei man auf der rechten Seite $c^{\varrho_3}_{\varrho_1\varrho_2}$ in Form einer Summe aus Real- und Imaginärteil darstellen und danach ie_{ϱ_3} durch $e_{n+\varrho_3}$ ersetzen muß. Damit wird es möglich, alle Formeln in äquivalenter Form, entweder in den Termini der Algebra G der Dimension n über dem Körper der komplexen Zahlen oder in der ihr entsprechenden Algebra der Dimension $2n$ über dem Körper der reellen Zahlen anzuschreiben.

Analog kann man eine Algebra G der Dimension n über dem Schiefkörper Q der Quaternionen als Algebra der Dimension $4n$ über dem Körper der reellen Zahlen betrachten.

Vom Standpunkt der allgemeinen Theorie universaler Algebren führt die Fassung der zweiten Methode zu einer umfassenderen Automorphismengruppe, d. h., sie erweist sich als die reichhaltigere der verschiedenen Möglichkeiten. Demgemäß sind im ersten Fall unäre algebraische Operationen die Multiplikation mit beliebigen Elementen des den Unterschiefkörper der reellen Zahlen enthaltenden Schiefkörpers Q und im zweiten Fall die Operationen der Multiplikation mit beliebigen Elementen des Körpers der reellen Zahlen. Man definiert gemäß 1.4 die Automorphismen der Algebra G als solche isomorphen Abbildungen von G auf sich, welche alle algebraischen Operationen unverändert lassen. Ein Automorphismus einer Algebra überführt ein allgemeines Element $g = e_\varrho q^\varrho$ in

$$\tilde{g} = \tilde{e}_\varrho \tilde{q}^\varrho\,, \qquad \tilde{e}_{\varrho_1} \circ \tilde{e}_{\varrho_2} = c^{\varrho_3}_{\varrho_1\varrho_2} \tilde{e}_{\varrho_3}\,, \tag{2.47}$$

wobei im ersten Fall $\tilde{q}^\varrho = q^\varrho$ ist. Im zweiten Fall kann $\tilde{q}^\varrho$ nicht mit q^ϱ zusammenfallen ($\tilde{q}^\varrho$ kann aber zum Beispiel gleich einem zu q^ϱ adjungierten Element sein). Ist insbesondere Q der Körper der komplexen Zahlen, so können die Automorphismen einer Algebra in allen Formeln die Ersetzung von i durch $-i$ hervorrufen. Die Nichtbeachtung dieses Umstandes führte dazu, daß man in der Quantenmechanik bei der Beschreibung der räumlichen Spiegelungen für die Algebra der Observablen lange Zeit hindurch nicht die sogenannten antilinearen Darstellungen betrachtete, die mit dem Ersetzen einer komplexen Zahl durch ihre konjugierte verbunden sind. Weiterhin werden wir alle Algebren nur über dem Körper der reellen Zahlen und nicht über einem ihn enthaltenden Schiefkörper Q betrachten, um nicht eine ähnliche Art wichtiger mathematischer Möglichkeiten zu unterdrücken.

Wir werden auf den Fall assoziativer Algebren genauer eingehen. Es seien assoziative Algebren G_1 und G_2 über dem Körper der reellen Zahlen mit den Basiselementen e_ϱ und e_σ gegeben. Die Algebra $G_+ = G_1 + G_2$ heißt *direkte Summe der Algebren* G_1 und G_2, falls die Elemente e_ϱ und e_σ gleichzeitig als ihre Basiselemente genommen werden und $e_\varrho e_\sigma = e_\sigma e_\varrho = 0$ gesetzt wird. Die Algebra $G = G_1 \times G_2$ heißt *direktes Produkt der Algebren* G_1 und G_2, wenn sie durch die Basiselemente $e_\mu = e_\varrho e_\sigma$ erzeugt wird, wobei $e_\varrho e_\sigma = e_\sigma e_\varrho$ gilt und alle e_μ über dem Körper der reellen Zahlen linear unabhängig sind.

Der Übergang von einer assoziativen Algebra G_1 über einem den Körper der reellen Zahlen enthaltenden Schiefkörper Q zu der dadurch bestimmten assoziativen Algebra über dem Körper der reellen Zahlen entspricht dem Übergang von G_1 über Q zu der assoziativen Algebra $G_1 \times Q$ über dem Körper der reellen Zahlen.

Da eine Algebra G über dem Körper R der reellen Zahlen ein Vektorraum über R ist, wird ein Endomorphismus der Algebra G, als Vektorraum, gemäß (2.29) durch die Formeln

$$g = e_\mu p^\mu \to g' = e'_\mu p^\mu \,, \qquad e'_\mu = e_{\mu_1} u^{\mu_1}_\mu \quad (u^{\mu_1}_\mu \in R) \tag{2.48}$$

charakterisiert. Ein solcher Endomorphismus wird zu einem Endomorphismus von G, als Algebra über R, dann und nur dann, wenn die Basiselemente e_μ und e'_μ ein und derselben algebraischen Beziehung des Typs (2.43) genügen:

$$e_{\mu_1} \circ e_{\mu_2} = c^{\mu_3}_{\mu_1\mu_2} e_{\mu_3} \,, \qquad e'_{\mu_1} \circ e'_{\mu_2} = c^{\mu_3}_{\mu_1\mu_2} e'_{\mu_3} \,. \tag{2.49}$$

Hieraus folgt unter Beachtung von (2.48), daß den Elementen $u^{\mu_2}_{\mu_1}$ in diesem Fall eine Beschränkung der Form

$$u^{\mu_4}_{\mu_1} u^{\mu_5}_{\mu_2} c^{\mu_6}_{\mu_4\mu_5} = c^{\mu_3}_{\mu_1\mu_2} u^{\mu_6}_{\mu_3} \tag{2.50}$$

auferlegt wird. Ist der Endomorphismus u der Algebra G über R zugleich ein Automorphismus, so muß der inverse Endomorphismus u^{-1} existieren, so daß gilt

$$u^{\mu_1}_\mu (u^{-1})^\mu_{\mu_2} = (u^{-1})^{\mu_1}_\mu \, u^\mu_{\mu_2} = \delta^{\mu_1}_{\mu_2} \,. \tag{2.51}$$

Ein Automorphismus einer assoziativen Algebra G über dem Körper R heißt *innerer* Automorphismus, wenn er eine solche isomorphe Abbildung der Algebra G auf sich ist, bei der ein beliebiges Element $g \in G$ in

$$g' = sgs^{-1} \quad (s \in G) \tag{2.52}$$

(mit festgehaltenem s) übergeht.

Als *involutorische Adjunktion* oder *involutorischen Antiautomorphismus* der assoziativen Algebra G bezeichnet man eine umkehrbar eindeutige Abbildung der Algebra G auf sich selbst, die der folgenden Bedingung genügt: Wenn beliebige Elemente g_1 und g_2 aus G in g_1^* und g_2^* aus G übergehen, dann gelten

$$(g_1 g_2)^* = g_2^* g_1^* \,, \qquad (g^*)^* = g \,, \tag{2.53}$$

$$(p_1 g_1 + p_2 g_2)^* = p_1 g_1^* + p_2 g_2^* \,. \tag{2.54}$$

Hieraus ist zu ersehen, daß sich ein involutorischer Antiautomorphismus von einem Automorphismus nur durch die Vertauschung der Reihenfolge der zu multiplizierenden Elemente unterscheidet. Die Elemente g_1^* und g_2^* werden wir *adjungiert* zu g_1 bzw. g_2 nennen.

Ein wichtiges Beispiel assoziativer Algebren über dem Körper der reellen Zahlen sind die Algebren, deren Elemente bezüglich der Operationen der Multiplikation und der Addition isomorph zu den Matrizen über einem Schiefkörper Q sind. Ein allgemeines Element g einer solchen Algebra kann man in der Form

$$g = e^{\beta_2}_{\beta_1} q^{\beta_1}_{\beta_2} \quad (q^{\beta_1}_{\beta_2} \in Q) \tag{2.55}$$

schreiben. Die $e^{\beta_2}_{\beta_1}$ sind hier mit Elementen aus Q vertauschbar und untereinander durch die Beziehung

$$e^{\beta_2}_{\beta_1} e^{\beta_4}_{\beta_3} = \delta^{\beta_2}_{\beta_3} e^{\beta_4}_{\beta_1} \tag{2.56}$$

verbunden, worin $\delta^{\beta_2}_{\beta_1}$ das Kroneckersymbol bezeichnet. Die Elemente $e^{\beta_2}_{\beta_1}$ können in der Form quadratischer Matrizen dargestellt werden, bei denen im Schnittpunkt der β_1-ten Zeile und der β_2-ten Spalte eine Eins und in den restlichen Feldern eine Null steht. Damit erhält die Definition eines allgemeinen Elementes (2.55) der Algebra die Form

$$g = \begin{pmatrix} q^1_1 & q^1_2 & \cdots \\ q^2_1 & q^2_2 & \cdots \\ \cdot & \cdot & \cdot \end{pmatrix} = e^{\beta_2}_{\beta_1} q^{\beta_1}_{\beta_2} . \tag{2.57}$$

Doch betrachten wir im allgemeinen Fall eine abstrakte Algebra, deren Eigenschaften nicht von der Gestalt der Elemente $e^{\beta_2}_{\beta_1}$ abhängen. Die oben erwähnte Realisierung dieser Elemente in der Form quadratischer Matrizen kann man als eine Bestätigung des Vorliegens einer ähnlichen Art assoziativer Algebren ansehen (was es zum Beispiel gestattet, auf eine Überprüfung der Assoziativitätsbedingungen für Algebren, die durch die Formeln (2.55)—(2.56) definiert sind, zu verzichten).

Durchläuft der Index β eine endliche Anzahl von Werten von 1 bis n, so bezeichnen wir die von allen möglichen Elementen der Form (2.55) gebildete assoziative Algebra mit $Q_{(n)}$. Je nachdem, ob Q der Körper der reellen Zahlen, der Körper der komplexen Zahlen oder der Schiefkörper der Quaternionen ist, ist der Rang der Algebra $Q_{(n)}$ gleich n^2, $2n^2$ oder $4n^2$.

Wir zeigen, daß im zweiten und dritten Fall $Q_{(n)}$ zu einer Teilalgebra der Algebra der reellen quadratischen Matrizen der Ordnung $2n$ bzw. $4n$ isomorph ist.

Demgemäß seien $R_{(m)}$ und $R_{(n)}$ die assoziativen Algebren aller reellen quadratischen Matrizen der Ordnungen m bzw. n mit den Basiselementen

$$e^{\beta_1}_{\beta_2} \quad (\beta = 1, 2, \ldots, m) \quad \text{und} \quad e^{\alpha_1}_{\alpha_2} \quad (\alpha = 1, 2, \ldots, n) .$$

Zuerst zeigen wir

$$R_{(mn)} = R_{(m)} \times R_{(n)} . \tag{2.58}$$

Es sei

$$e^{\gamma_1}_{\gamma_2} = e^{\alpha_1}_{\alpha_2} e^{\beta_1}_{\beta_2} = e^{\beta_1}_{\beta_2} e^{\alpha_1}_{\alpha_2} \tag{2.59}$$

mit

$$\gamma_k = (\beta_k - 1)\, n + \alpha_k \quad (\gamma = 1, 2, \ldots, mn) . \tag{2.60}$$

Mittels einer Formel vom Typ (2.56) erhalten wir dann

$$e^{\gamma_2}_{\gamma_1} e^{\gamma_4}_{\gamma_3} = (\delta^{\alpha_2}_{\alpha_3} e^{\alpha_4}_{\alpha_1})\,(\delta^{\beta_2}_{\beta_3} e^{\beta_4}_{\beta_1}) = (\delta^{\alpha_2}_{\alpha_3} \delta^{\beta_2}_{\beta_3})\, e^{\gamma_4}_{\gamma_1} = \delta^{\gamma_2}_{\gamma_3} e^{\gamma_4}_{\gamma_1} , \tag{2.61}$$

was die Richtigkeit von (2.58) beweist. Wir zeigen weiter, daß die Algebren Q der komplexen Zahlen und der Quaternionen, die wir über dem Körper R der reellen Zahlen betrachten, zu Teilalgebren der Algebren $R_{(2)}$ und $R_{(4)}$ isomorph sind. Eine derartige Isomorphiebeziehung kommt auf Grund der Formeln

$$1 \equiv e_{(2)} = e^1_1 + e^2_2 , \qquad i = e^1_2 - e^2_1 \tag{2.62}$$

bzw.

$$\begin{aligned} &1 \equiv e_{(4)} = e^1_1 + e^2_2 + e^3_3 + e^4_4 , \qquad i = e^1_2 - e^2_1 + e^4_3 - e^3_4 , \\ &j = e^4_2 - e^3_1 + e^1_3 - e^2_4 , \qquad k = e^1_4 + e^2_3 - e^3_2 - e^4_1 \end{aligned} \tag{2.63}$$

zustande (der Beweis ergibt sich unmittelbar aus (2.56)). Schließlich folgt, da die Algebra $Q_{(n)}$ zum direkten Produkt $Q \times R_{(n)}$ und Q zu einer Teilalgebra der Algebra $R_{(2)}$ oder $R_{(4)}$ isomorph sind, unter Berücksichtigung von (2.58) die Richtigkeit der aufgestellten Behauptung.

Ist Q die Algebra der komplexen Zahlen, so erhalten wir als Basiselemente der als Teilalgebra $\subseteqq R_{(2n)}$ betrachteten Algebra $Q_{(n)}$ gemäß (2.59), (2.60) und (2.62)

$$E^{\alpha_1}_{\alpha_2} = e_{(2)} \times e^{\alpha_1}_{\alpha_2} = e^{\alpha_1}_{\alpha_2} + e^{n+\alpha_1}_{n+\alpha_2}, \tag{2.64}$$

$$IE^{\alpha_1}_{\alpha_2} = i \times e^{\alpha_1}_{\alpha_2} = e^{\alpha_1}_{n+\alpha_2} - e^{n+\alpha_1}_{\alpha_2}. \tag{2.65}$$

Dieser Darstellung der Basiselemente der komplexen Zahlen werden die folgenden Matrizen zugeordnet

$$E = e_{(2)} \times e_{(n)} = e^{\alpha}_{\alpha} + e^{n+\alpha}_{n+\alpha}, \qquad I = i \times e_{(n)} \doteq e^{\alpha}_{n+\alpha} - e^{n+\alpha}_{\alpha}. \tag{2.66}$$

Analog entsprechen im Fall der Algebra Q der Quaternionen den Quaternionenbasiselementen gemäß (2.59), (2.60) und (2.63) die folgenden Matrizen aus $R_{(4n)}$:

$$\begin{aligned} E &= e_{(4)} \times e_{(n)} = e^{\alpha}_{\alpha} + e^{n+\alpha}_{n+\alpha} + e^{2n+\alpha}_{2n+\alpha} + e^{3n+\alpha}_{3n+\alpha}, \\ I &= i \times e_{(n)} = e^{\alpha}_{n+\alpha} - e^{n+\alpha}_{\alpha} + e^{3n+\alpha}_{2n+\alpha} - e^{2n+\alpha}_{3n+\alpha}, \\ J &= j \times e_{(n)} = e^{3n+\alpha}_{n+\alpha} - e^{n+\alpha}_{3n+\alpha} + e^{\alpha}_{2n+\alpha} - e^{2n+\alpha}_{\alpha}, \\ K &= k \times e_{(n)} = e^{\alpha}_{3n+\alpha} - e^{3n+\alpha}_{\alpha} + e^{n+\alpha}_{2n+\alpha} - e^{2n+\alpha}_{n+\alpha}, \end{aligned} \tag{2.67}$$

und die Basiselemente von $Q_{(n)}$ sind

$$Ee^{\alpha_1}_{\alpha_2}, \quad Ie^{\alpha_1}_{\alpha_2}, \quad Je^{\alpha_1}_{\alpha_2}, \quad Ke^{\alpha_1}_{\alpha_2}. \tag{2.68}$$

2.7. Algebren von Observablen und deren Abhängigkeit von der Wahl des Erzeugendensystems und von der Form der Poissonschen Klammern

Führt man für die in 2.2 betrachteten Ringe von Observablen Multiplikationsoperationen mit reellen Zahlen ein, so erhält man *Algebren G von Observablen über dem Körper R* der reellen Zahlen. In der Quantenmechanik werden mitunter auch Algebren G über dem Körper der komplexen Zahlen betrachtet; doch werden wir aus den früher dargelegten Gründen den (bezüglich der Automorphismengruppe der Algebra G) allgemeineren Fall betrachten, daß die imaginäre Einheit i nicht im Körper enthalten ist.

Für die Gleichung (2.14) n-ten Grades gelang es, mit der Einführung der Galoisschen Gruppe verbundene tiefliegende algebraische Resultate erst nach Vollzug des Überganges vom allgemeinen Körper der komplexen Zahlen zu den eingeschränkteren endlich erzeugten Körpern P_a und P_x zu erhalten. Analog dazu ist es erforderlich, zur Ermittlung tiefliegender algebraischer Charakteristika physikalischer Systeme der klassischen und der Quantenmechanik nicht die allgemeinsten Lie-Jordanschen Algebren von Observablen zu betrachten, sondern nur solche Algebren, die eine endliche Anzahl von Erzeugenden haben. Wir illustrieren dies an dem einfachen Beispiel des Drehimpulsmoments eines nichtrelativistischen Teilchens mit den Koordinaten r^s ($s = 1, 2, 3$) und den Impulskomponenten p_s mit

$$[p_{s_1}, r^{s_2}] = \delta^{s_2}_{s_1}. \tag{2.69}$$

Aus (2.69) folgt, daß sowohl in der klassischen wie der Quantentheorie die Komponenten des Drehimpulsmoments

$$M_1 = r^2 p_3 - r^3 p_2 , \qquad M_2 = r^3 p_1 - r^1 p_3 , \qquad M_3 = r^1 p_2 - r^2 p_1 \tag{2.70}$$

den Vertauschungsregeln

$$[M_1, M_2] = -M_3, \dots \tag{2.71}$$

genügen, wobei die Punkte ... bedeuten, daß sich analoge Relationen durch zyklische Permutation der Indizes 1, 2, 3 ergeben. Aus (2.71) folgt, daß $\{M_s\}$ eine Liesche Algebra vom Rang 3 ist, die mit der Gruppe O_3 der Drehungen des dreidimensionalen Raumes verbunden ist und die wir deshalb mit dem Symbol $L(O_3)$ bezeichnen. Wir betrachten jetzt eine Lie-Jordansche Algebra G, welche die Observablen M_s und gewisse differenzierbare Funktionen von M_s enthält, und beschränken uns auf den Fall der klassischen Theorie. Aus der Definition von G und den Eigenschaften der Poissonschen Klammer (2.10) folgt: Wenn für die Observable H

$$[H, M_s] = 0 \tag{2.72}$$

gilt (was der Invarianz von H bezüglich der Gruppe O_3 entspricht), so gilt für eine beliebige Observable

$$[H, g] = \frac{\partial g}{\partial M_1}[H, M_1] + \frac{\partial g}{\partial M_2}[H, M_2] + \frac{\partial g}{\partial M_3}[H, M_3] = 0 . \tag{2.73}$$

Enthält G beliebige Funktionen von M_s und setzt man

$$\tilde{p}_1 = M_3 , \qquad \tilde{p}_2 = M_1^2 + M_2^2 + M_3^2 , \qquad \tilde{q}^1 = \arctan (M_2/M_1) , \tag{2.74}$$

so erhält man mit Rücksicht auf (2.69) und (2.10)

$$[\tilde{p}_1, \tilde{p}_2] = 0 , \qquad [\tilde{p}_1, \tilde{q}^1] = 1 , \qquad [\tilde{p}_2, \tilde{q}^1] = 0 , \tag{2.75}$$

d. h., durch die Observablen $\tilde{p}_1, \tilde{p}_2, \tilde{q}^1$ ist eine Liesche Algebra definiert, die sich wesentlich von $L(O_3)$ unterscheidet. Um die durch die Relationen des Typs (2.72) bestimmten invarianten Eigenschaften der Observablen H mittels eindeutig definierter Liescher Algebren charakterisieren zu können, ist es notwendig, die Zahl der Erzeugenden der Algebra G zu beschränken. Wählt man in unserem Beispiel die M_s als Erzeugende der Lie-Jordanschen Algebra G, so geht $\tilde{q}^1 = \arctan (M_2/M_1)$ nicht in G ein, und damit ist eine Liesche Algebra mit den Vertauschungsregeln (2.75) keine Liesche Teilalgebra der Algebra G.

Daher führen wir das spezielle Postulat der endlichen Erzeugendenzahl ein, gemäß dem *Lie-Jordansche Algebren von Observablen, die mit klassischen und Quantensystemen korrespondieren, durch Vorgabe einer endlichen Zahl von Erzeugenden definiert sein sollen.*

Wir erinnern daran, daß im Hinblick auf 2.2 eine Lie-Jordansche Algebra von Observablen eindeutig eine Lie-assoziative Algebra definiert und umgekehrt, wobei das assoziative Produkt beliebiger Observablen g_1 und g_2 durch das Jordansche und das Liesche Produkt gemäß der Formel

$$g_1 g_2 = g_1 \cdot g_2 + \frac{\hbar}{2i}[g_1, g_2] \tag{2.76}$$

ausgedrückt wird. In der klassischen Theorie hat man $\hbar \to 0$, so daß der zweite Summand gleich Null wird.

Wir beweisen jetzt das folgende grundlegende Theorem über Lie-Jordansche Algebren von Observablen physikalischer Systeme:

Jede konkrete dynamische Aufgabe definiert eine minimale Lie-Jordansche Algebra von Observablen, deren Elemente Lösungen dynamischer Gleichungen für alle in dieser Aufgabe betrachteten Observablen sind.

Wir gehen davon aus, daß in der klassischen und der Quantentheorie dynamische Eigenschaften eines physikalischen Systems durch Angabe des Hamilton-Operators H charakterisiert werden. In der klassischen Mechanik drückt man H durch die verallgemeinerten Koordinaten q^k und Impulse p_k aus, zwischen denen die Poissonschen Klammern vermöge (2.10) gleich

$$[p_{k_1}, q^{k_2}] = \delta_{k_1}^{k_2} \tag{2.77}$$

sind. In der nichtrelativistischen Quantenmechanik wird der Hamilton-Operator H durch die Observablen q^{k_2}, p_{k_1} ausgedrückt, für welche die quantenmechanischen Poissonschen Klammern wie zuvor gleich (2.77) sind. In der relativistischen Quantenmechanik der Wellenfelder schließlich wird der Hamilton-Operator H durch die Erzeugungs- und die Vernichtungsoperatoren von Teilchen ausgedrückt. Ist g eine Observable, die eine Funktion von q^k, p_k oder, in der Quantentheorie der Wellenfelder, von Erzeugungs- und Vernichtungsoperatoren von Teilchen ist, so wird die zeitliche Änderung der Observablen g in allen drei Fällen durch dieselbe Gleichung

$$\frac{\mathrm{d}g}{\mathrm{d}t} = [H, g] \tag{2.78}$$

charakterisiert. Die Formel (2.78) gilt für beliebige Observable. Somit erhält man aus (2.78) nach Ersetzen von g durch $\mathrm{d}^{n-1}g/\mathrm{d}t^{n-1}$ und bei Benutzung des Symbols $(\mathrm{ad}\, H)\, g$ für $[H, g]$

$$\frac{\mathrm{d}^n g}{\mathrm{d}t^n} = \underbrace{[H, [H, \ldots [H}_{n}, g] \ldots] = (\mathrm{ad}\, H)^n\, g\,. \tag{2.79}$$

Ist $g(t)$ eine Lösung von (2.78) und $\mathrm{d}^n g/\mathrm{d}t^n$ der Wert der n-ten Ableitung für $t = 0$, entwickelt man $g(t)$ in eine Taylorreihe und berücksichtigt (2.79), so erhält man

$$g(t) = \sum_{n=0}^{\infty} \frac{t^n}{n!} \underbrace{[H, \ldots [H}_{n}, g] \ldots] = \mathrm{e}^{t(\mathrm{ad} H)}\, g(0)\,. \tag{2.80}$$

Speziell in der Quantentheorie erhält man aus (2.80) (in der Darstellung Heisenbergs) die folgende Zeitabhängigkeit der Observablen:

$$g(t) = \mathrm{e}^{tiH/\hbar}\, g\, \mathrm{e}^{-tiH/\hbar}\,. \tag{2.81}$$

Um (2.81) zu beweisen, muß man in (2.80) und (2.81) die Glieder gleichen Grades in t miteinander vergleichen und die Definition (2.11) der quantenmechanischen Poissonschen Klammern verwenden (wobei vollständige Induktion nach n anzuwenden ist, siehe auch die Literaturhinweise). Man betrachte die dynamische Aufgabe, für ein gegebenes physikalisches System die Zeitabhängigkeit eines Systems unabhängiger Observabler g_k zu ermitteln. Aus (2.78)—(2.80) folgt, daß die den Rahmen zur Lösung der gestellten Aufgabe bildende minimale Lie-Jordansche Algebra von Observablen die Algebra mit den Erzeugenden g_k und H ist.

Die Lösung eines Problems über den Vergleich mit dynamischen Aufgaben minimaler Algebren von Observablen kann auch davon abhängen, welcher unabhängige Parameter die Zeitabhängigkeit der Observablen charakterisiert. Darüberhinaus kann eine Ersetzung der klassischen Zeit durch andere Parameter mit einem Übergang zu neuen physikalischen Theorien verbunden sein. So hat es sich zum Beispiel bei der relativistischen Verallgemeinerung der klassischen Mechanik als notwendig erwiesen, die Eigenzeit eines Teilchens einzuführen, die in der speziellen Relativitätstheorie von der Geschwindigkeit des Teilchens und in der allgemeinen Relativitätstheorie auch noch von seiner Lage abhängt. *Kanonisch* heißt eine umkehrbare lineare Abbildung u eines Vektorraums von Observablen g, die g in ug überführt und bei der man die neue Poissonsche Klammer von g_1 und g_2, die durch die Formel

$$[g_1, g_2]_u = [ug_1, ug_2] \tag{2.82}$$

definiert ist, aus der alten Poissonschen Klammer durch Anwendung der Abbildung u erhält, d. h.

$$[g_1, g_2]_u = u[g_1, g_2] \,. \tag{2.83}$$

Eine als Endomorphismus des Vektorraums G zu betrachtende lineare Abbildung u heißt *nichtkanonisch*, wenn (2.83) nicht gilt, wobei aus der Richtigkeit von (2.4) und (2.5) für die Observable ug folgt, daß die neuen Poissonschen Klammern wie die vorigen den grundlegenden Identitäten des Typs (2.4)—(2.5) genügen.

Wir zeigen, daß der Übergang von der Zeit t zu einem neuen Zeitparameter τ mittels einer im allgemeinen nichtkanonischen Abbildung darstellbar ist. Dazu konstruieren wir eine offensichtlich nichtkanonische Abbildung u, die dem Übergang von t zu τ entspricht und verschiedene hinreichend umfassende Verallgemeinerungen zuläßt. Zuerst beschränken wir uns auf den Fall der klassischen Mechanik. Der Hamilton-Operator H und die anderen Observablen g seien Funktionen einer gewissen Konstanten K_0, d. h.

$$H = H(p, q, K_0) \,, \tag{2.84}$$

wobei q und p Abkürzungen für die verallgemeinerten Koordinaten q^k und Impulse p_k sind. Wir erhalten, daß (2.84) eindeutig nach K_0 auflösbar ist:

$$K_0 = \Phi(p, q, H) \,, \tag{2.85}$$

und umgekehrt (gegebenenfalls unter Auferlegung irgendwelcher zusätzlicher Beschränkungen) folgt (2.84) aus (2.85). Wir definieren u als eine solche Abbildung, durch welche die Observablen $g(p, q, K_0)$ in

$$ug\{p, q, K_0\} = g\{p, q, \Phi(p, q, H_0)\} \tag{2.86}$$

übergehen, wobei die Konstante H_0 gleich dem Zahlenwert der Energie ist. Entsprechend geht die Konstante K_0 über in die Funktion

$$K = \Phi(p, q, H_0) \,. \tag{2.87}$$

Bei der inversen Abbildung u^{-1} wird die Konstante H_0 wieder durch die Funktion (2.84) ersetzt.

Um die Abbildung als Automorphismus des Raumes der Observablen betrachten zu können, führen wir zusätzlich einen kanonischen Impuls p_{N+1} und eine kanonische Koordinate q^{N+1} ein und erhalten, daß der Hamilton-Operator H nicht von q^{N+1}, wohl aber von p_{N+1} abhängt, und zwar gemäß der Formel, die man aus (2.84) nach Ersetzen von K_0 durch p_{N+1} erhält. Hieraus folgt $[H, p_{N+1}] = 0$, d. h., die zusätzliche Observable p_{N+1} ist ein Integral einer Bewegung und kann mit der Konstanten K_0 identifiziert werden. Damit erhält u die Bedeutung einer solchen umkehrbaren Abbildung von Observablen, bei der in allen Funktionen $g(p, q, p_{N+1})$ die Größe p_{N+1} durch $\Phi(p, q, p_{N+1})$ ersetzt werden kann. Danach wählt man $\Phi(p, q, p_{N+1})$ als neuen Hamilton-Operator und identifiziert anschließend das Integral der Bewegung von p_{N+1} mit der Konstanten H_0.

Aus (2.85) und

$$[H, g] = \sum_k \left(\frac{\partial g}{\partial p_k} \frac{\mathrm{d}p_k}{\mathrm{d}t} + \frac{\partial g}{\partial q^k} \frac{\mathrm{d}p^k}{\mathrm{d}t} \right) = \frac{\mathrm{d}g}{\mathrm{d}t} \tag{2.88}$$

folgt für beliebige Observable g die Identität

$$[K_0, g] = \sum_k \left(\frac{\partial \Phi}{\partial p_k} \frac{\partial g}{\partial q^k} - \frac{\partial \Phi}{\partial q^k} \frac{\partial g^k}{\partial p_k} \right) + \frac{\partial \Phi}{\partial H} \frac{\mathrm{d}g}{\mathrm{d}t} = 0\,. \tag{2.89}$$

Andererseits gilt gemäß (2.87)

$$[K, g] = \sum_k \left(\frac{\partial \Phi}{\partial p_k} \frac{\partial g}{\partial q^k} - \frac{\partial \Phi}{\partial q^k} \frac{\partial g}{\partial p_k} \right), \tag{2.90}$$

so daß, wenn $ug = g$ ist, d. h. g nicht von K_0 abhängt,

$$[K_0, g]_u = [K, g] = -\frac{\partial K}{\partial H_0} \frac{\mathrm{d}g}{\mathrm{d}t} \tag{2.91}$$

gilt. Anstelle der Zeit t führen wir jetzt einen solchen unabhängigen Parameter τ ein, daß

$$\mathrm{d}\tau = \mathrm{d}t \Bigg/ \left(-\frac{\partial K}{\partial H_0} \right) \tag{2.92}$$

gilt. Dann folgt aus (2.91)

$$\frac{\mathrm{d}g}{\mathrm{d}\tau} = [K, g] = [K_0, g]_u\,, \tag{2.93}$$

d. h., bezüglich des neuen Zeitparameters τ erweist es sich als möglich, K als neuen Hamilton-Operator zu betrachten. Daher kann man die Abbildung u hinsichtlich der Ersetzung von K_0 bzw. H durch K bzw. H_0 physikalisch als nichtkanonischen Übergang von einem Hamilton-Operator zu einem anderen interpretieren.

Beispiel 1. Für ein klassisches freies relativistisches Teilchen wird der Hamilton-Operator H aus der Formel

$$H^2/c^2 - \boldsymbol{p}^2 = m_0^2 c^2 \tag{2.94}$$

bestimmt, worin m_0 die Ruhmasse des Teilchens und c die Konstante der Lichtgeschwindigkeit sind. Setzt man die Konstante K_0 gleich $-m_0 c^2$, so erhält man aus (2.85) und (2.87)

$$K = -(H_0^2 - c^2 \boldsymbol{p}^2)^{1/2}\,, \qquad \frac{\partial K}{\partial H_0} = -\frac{H_0}{(H_0^2 - c^2 \boldsymbol{p}^2)^{1/2}}\,. \tag{2.95}$$

Unter Beachtung von $c^2\boldsymbol{p}^2/H_0^2 = v^2/c^2$ findet man aus (2.92)

$$\mathrm{d}\tau = \mathrm{d}t\sqrt{1 - v^2/c^2}\,, \tag{2.96}$$

d. h., der neue Parameter τ fällt mit der Eigenzeit des relativistischen Teilchens zusammen.

Beispiel 2. Für den Fall der Coulombschen oder Newtonschen Wechselwirkung zweier nichtrelativistischer Teilchen ist der Hamilton-Operator, der die relative Bewegung zweier Teilchen mit den Massen m_1 und m_2 beschreibt, gleich

$$H = \frac{p^2}{2m} - \frac{K_0}{r}\,, \tag{2.97}$$

wobei $m = m_1m_2/(m_1 + m_2)$ die reduzierte Masse und $K_0 = -e_1e_2$ oder $K_0 = -m_1m_2$ ist. Aus (2.85)–(2.87) und (2.92) erhalten wir

$$K = \frac{p^2r}{2m} - H_0r\,, \tag{2.98}$$

$$\mathrm{d}\tau = \frac{\mathrm{d}t}{r}. \tag{2.99}$$

Zur Quantenmechanik übergehend betrachten wir die zum Eigenwert H_0 gehörige quantenmechanische Gleichung des Energieoperators $H = \dfrac{p^2}{2m} - \dfrac{K_0}{r}$ für die nichtrelativistische Coulombsche Wechselwirkung zweier Teilchen, was dem Beispiel 2 entspricht:

$$\left(\frac{p^2}{2m} - \frac{K_0}{r}\right)\psi(K_0, H_0) = H_0\psi(K_0, H_0)\,. \tag{2.100}$$

Wir führen eine Funktion φ ein, die von den Parametern K_0, K_1 abhängt und mit der Wellenfunktion $\psi(H_0, K_0)$ durch die Formel

$$\psi(H_0, K_0) = r\varphi(H_0, K_0) \tag{2.101}$$

verbunden ist, und definieren eine neue Norm

$$\langle\!\langle\varphi_1 \mid \varphi_2\rangle\!\rangle = \langle\varphi_1 \mid r\varphi_2\rangle = \langle r^{-1}\psi_1 \mid \psi_2\rangle = \int\limits_V \psi_1^* \frac{1}{r}\psi_2\,\mathrm{d}V\,. \tag{2.102}$$

Dann kann (2.100) in der Form

$$K\varphi(H_0, K_0) = K_0\varphi(H_0, K_0) \tag{2.103}$$

geschrieben werden, worin der Operator K durch die Formel (2.98) definiert ist. Der Übergang von H zu K kann in der Quantentheorie auch als nichtkanonischer Übergang von einem Hamilton-Operator zu einem anderen interpretiert werden, wobei die Eigenschaft von H, bezüglich der alten Norm Hermitesch zu sein, nach sich zieht, daß K bezüglich der neuen Norm Hermitesch ist. Demgemäß erhalten wir aus $\langle r\psi_1 \mid \psi_2\rangle = \langle\psi_1 \mid r\psi_2\rangle$ und $\langle p^2\psi_1 \mid \psi_2\rangle = \langle\psi_1 \mid p^2\psi_2\rangle$

$$\langle\!\langle\varphi_1 \mid K\varphi_2\rangle\!\rangle = \left\langle\varphi_1 \mid r\left(\frac{p^2}{2m} - K_0\right)r\varphi_2\right\rangle = \langle K\varphi_1 \mid r\varphi_2\rangle = \langle\!\langle K\varphi_1 \mid \varphi_2\rangle\!\rangle\,. \tag{2.104}$$

Hieraus folgt, daß der Übergang von Gleichung (2.100) zu (2.103) dem Übergang von der Aufgabe der Ermittlung des Spektrums der Eigenwerte H_0 des alten Hamilton-Operators bei fixiertem K_0 zu der Aufgabe der Ermittlung des Spektrums der Eigenwerte K_0 des neuen Hamilton-Operators bei fixiertem H_0 entspricht.

2.8. Zahlenwertige Algebren und die algebraische Beschreibung physikalischer Systeme

Zur konsequenten Beschreibung physikalischer Systeme und zur Lösung dynamischer Aufgaben mittels algebraischer Methoden ist es notwendig, zwischen Algebren von Observablen und auf Grund der Erfahrung bestimmten reellen Zahlenwerten, die mit den Mittelwerten von Observablen identifiziert werden, eine Verbindung herzustellen. Zu diesem Zweck führen wir für eine beliebige Algebra G von Observablen über dem Körper der reellen Zahlen den allgemeinen Begriff eines (kurz als „π-Zustand" bezeichneten) *algebraischen Zustandes* ein, der durch Angabe des Vektors $\pi = \pi_\mu e^\mu$ aus dem zum Vektorraum G dualen Vektorraum charakterisiert ist. Der *Zahlenwert* (*Beobachtungswert, Meßwert*) des Elementes $g = e_\mu \varphi^\mu \in G$ im Zustand π wird per definitoinem durch die reelle Zahl

$$\operatorname{Re}(\pi, g) \equiv \langle \pi \mid g \rangle = \pi_\mu \varphi^\mu \tag{2.105}$$

charakterisiert, wobei unter μ wie üblich eine Summation oder Integration verstanden wird.

Sei e das Einselement der Algebra G bezüglich der Jordanschen Multiplikation. (Eine Jordansche Algebra ohne Einselement kann stets formal zu einer Jordanschen Algebra mit Einselement erweitert werden.) Wir werden zeigen, daß der Zahlenwert eines Elementes g im algebraischen Zustand π und der in der Erfahrung beobachtete Mittelwert $\bar{g}_\pi$ des Elementes g im Zustand π miteinander durch die Formel

$$\bar{g}_\pi = \frac{\langle \pi \mid g \rangle}{\langle \pi \mid e \rangle} \tag{2.106}$$

verbunden sind.

Alle in der Erfahrung beobachteten Resultate verändern sich nicht, wenn für die algebraischen Zustände die Normierungsbedingung

$$\langle \pi \mid e \rangle = 1 \tag{2.107}$$

angenommen wird. Dabei ist es in Bezug auf (2.106) notwendig; algebraischen Zuständen zusätzlich eine Beschränkung aufzuerlegen, gemäß der für alle $g \in G$ gilt

$$\langle \pi \mid g^2 \rangle \geqq 0 \,. \tag{2.108}$$

Die Bedingung (2.108) ist notwendig und hinreichend dafür, daß die Dispersion beliebiger physikalischer Größen größer oder gleich Null ist.

Für Vektoren $\pi_1, \pi_2, \ldots$ algebraischer Zustände folgt aus (2.107) und (2.108), daß

$$\pi = p_1 \pi_1 + p_2 \pi_2 + \ldots \tag{2.109}$$

für $p_1 \geqq 0$, $p_2 \geqq 0$, ..., $p_1 + p_2 + \ldots = 1$ gleichfalls ein algebraischer Zustand ist. Daß $p_1, p_2, \ldots$ nicht negativ sind, ist hier eine Folgerung aus (2.108). Denn ist zum Beispiel die Observable g so beschaffen, daß $\langle \pi_2 \mid g^2 \rangle = \langle \pi_3 \mid g^2 \rangle = \ldots = 0$, aber

$\langle \pi_1 \mid g^2 \rangle \neq 0$ ist, so ist nach (2.108) $p_1 \geqq 0$ usw. Analog ist die letzte Gleichung in (2.109) eine Folgerung aus (2.107).

Ein Zusammenhang des Begriffs der algebraischen Zustände mit der Funktionalanalysis läßt sich auf folgendeWeise herstellen. Wir führen den *speziellen algebraischen Zustand* π_0 ein, für den eine Einschränkung der Formel (2.108) gilt: $\langle \pi_0 \mid g^2 \rangle > 0$ für alle $g \neq 0$. Hieraus folgt, daß man für Algebren von Observablen, für die spezielle algebraische Zustände existieren, durch die Formel

$$n_{\pi_0}(g) = + \sqrt{\langle \pi_0 \mid g^2 \rangle} \tag{2.110}$$

eine Norm einführen kann, was insbesondere die Einführung einer Topologie in einer Algebra von Observablen und die Ausnutzung der Resultate der Theorie der normierten Algebren ermöglicht.

Wir verdeutlichen die eingeführten Begriffe an Beispielen aus der klassischen und der Quantenmechanik. In der klassischen statistischen Mechanik nimmt Formel (2.105) folgende Gestalt an:

$$\mathrm{Re}\,(\pi, \varphi) = \int \varphi(p, q)\, \varrho(p, q)\, \mathrm{d}p\, \mathrm{d}q\,. \tag{2.111}$$

Hier ist $\mathrm{Re}\,(\pi, \varphi)$ der Mittelwert der klassischen Observablen $\varphi(p, q)$ im Zustand π, der durch Angabe der Verteilungsdichte $\varrho(p, q)$ im Phasenraum charakterisiert wird. In der gewöhnlichen klassischen Mechanik, wo der Zustand π durch Zahlenwerte p_k^0, q_0^k angegeben wird, muß in der Formel (2.111) $\varrho = \delta(p - p^0, q - q_0)$ gesetzt werden. In der Quantenmechanik wird der Zustand π durch Angabe der Wellenfunktion ψ charakterisiert, und der Zahlenwert $\mathrm{Re}\,(\pi, \varphi)$ ist als der quantenmechanische Mittelwert des Operators φ definiert:

$$\mathrm{Re}\,(\pi, \varphi) = \frac{\langle \psi \mid \varphi \mid \psi \rangle}{\langle \psi \mid \psi \rangle} = \mathrm{Sp}\left(\frac{|\psi\rangle\langle\psi|}{\langle \psi \mid \psi \rangle} \cdot \varphi\right). \tag{2.112}$$

Hier ist Sp A die Spur einer Matrix A, d. h. die Summe ihrer Diagonalelemente, und damit

$$\mathrm{Re}\,(\pi, \varphi) = \mathrm{Sp}\,(\pi_{\varrho_1}^{\varrho} \cdot \varphi_{\varrho}^{\varrho_2}) = \pi_{\varrho_1}^{\varrho} \cdot \varphi_{\varrho}^{\varrho_1} \tag{2.113}$$

mit $\pi_{\varrho_2}^{\varrho} = \dfrac{\psi^{\varrho}\psi_{\varrho_1}^{*}}{\psi_{\varrho_2}^{*}\psi_{\varrho_2}}$. Schließlich wählt man in der statistischen Quantenmechanik in (2.113) für $\pi_{\varrho_1}^{\varrho}$ die Elemente der Dichtematrix: Insbesondere ist der Mittelwert der Observablen $\varphi(p, q)$ für die Gibbssche Verteilung gleich

$$\overline{\varphi(p, q)} = \mathrm{Sp}\,(\pi \cdot \varphi)\,, \qquad \pi = (\mathrm{e}^{-H/kT})/\mathrm{Sp}\,(\mathrm{e}^{-H/kT})\,. \tag{2.114}$$

Die angeführten Formeln zeigen, daß man aus unserer Definition des π-Zustandes als Spezialfall die bekannte klassische und quantenmäßige Definition von Zuständen mittels der Wahrscheinlichkeitsdichte ϱ oder der Dichtematrix π erhält. Enthält zum Beispiel im klassischen Fall die Algebra G alle Funktionen $\varphi(p, q)$ aus einer gewissen Klasse (zum Beispiel aus der Klasse aller unendlich oft differenzierbaren Funktionen), so wird durch Formel (2.111) entsprechend der ersten algebraischen Methode die verallgemeinerte Funktion $\varrho(p, q)$ streng definiert; d. h., durch Angabe von Zahlenwerten (die Mittel der Observablen) ist die Wahrscheinlichkeitsdichte $\varrho(p, q)$ vollständig definiert. Doch können die Wahrscheinlichkeitsdichte und die Dichtematrix aus den in der Erfahrung beobachteten Zahlenwerten $\mathrm{Re}\,(\pi, g)$ mit einer gewissen Willkür bestimmt werden, da bei uns die Algebra G wegen des Postulats der endlichen Erzeugendenzahl nicht alle Observablen enthält. Bei der Lösung konkreter dynamischer Aufgaben werden aus den Anfangs(-zahl-)werten der Observablen ihre Endwerte bestimmt. Auf Grund der Erfahrung beobachtet man nur die Zahlenwerte π_μ. Daher kann die Beschreibung physikalischer Zustände durch die Vektoren π, im Vergleich zur gewöhnlichen, zu bedeutenden Vereinfachungen führen. Wir betrachten jetzt eine mehr eingeschränkte Klasse zahlenwertiger Algebren.

Definition 1. *Eine Lie-Jordansche Algebra G heißt spezielle zahlenwertige Algebra, falls ein solcher fixierter Vektor π_0 aus dem zu G dualen Vektorraum existiert, daß ein beliebiger Vektor π aus π_0 durch Jordansche Multiplikation mit einem Element von G erhalten werden kann, die durch die Formel* $\mathrm{Re}\,(\pi_0, e_\mu \cdot e_\nu) = \mathrm{Re}\,(\pi_0 \cdot e_\mu, e_\nu)$ *festgelegt ist, wobei* $\mathrm{Re}\,(\pi, g \cdot g) > 0$ *für $g \neq 0$ ist.*

In einer speziellen zahlenwertigen Algebra ist jedem Element $g \in G$ ein reeller Zahlenwert $\mathrm{Re}\, g$ gemäß der Formel

$$\mathrm{Re}\, g = \mathrm{Re}\,(\pi_0, g) \tag{2.115}$$

zugeordnet, wonach für beliebige reelle Zahlen p_1 und p_2

$$\mathrm{Re}\,(p_1 g_1 + p_2 g_2) = p_1 \,\mathrm{Re}\, g_1 + p_2 \,\mathrm{Re}\, g_2 \tag{2.116}$$

gilt. Definiert man weiter $g_{\mu\nu}$ und $g^{\mu\nu}$ gemäß der Formel

$$\mathrm{Re}\,(e_\mu \cdot e_\nu) = g_{\mu\nu}\,, \qquad e^\mu = \pi_0 \cdot g^{\mu\nu} e_\nu\,, \tag{2.117}$$

so gilt

$$g^{\mu\nu} g_{\nu\sigma} = g^{\mu\nu}\,\mathrm{Re}\,(\pi_0, e_\nu \cdot e_\sigma) = \mathrm{Re}\,(\pi_0 \cdot g^{\mu\nu} e_\nu, e_\sigma) = \mathrm{Re}\,(e^\mu, e_\sigma) = \delta^\mu_\sigma\,. \tag{2.118}$$

Dies bedeutet im endlich-dimensionalen Fall, daß die Matrizen der Elemente $g_{\mu\nu}$ und $g^{\mu\nu}$ nicht entartet und zueinander invers sind. Schließlich entspricht die letzte Bedingung in der Definition einer zahlenwertigen Algebra,

$$n^2(g) = \mathrm{Re}\,(g \cdot g) > 0 \quad \text{für } g \neq 0\,, \tag{2.119}$$

der Forderung der Positivität der durch den Zustand π_0 definierten Wahrscheinlichkeitsdichte. Aus (2.119) folgt, daß die Elemente einer zahlenwertigen Algebra Elemente eines normierten Vektorraums mit der Norm $n(g) = +\sqrt{\mathrm{Re}\,(g \cdot g)}$ sind.

In der Quantentheorie entspricht einer Lie-Jordanschen Algebra G von Observablen umkehrbar eindeutig die aus allen Elementen der Form $g = g_1 + i g_2$ für $g_1, g_2 \in G$ bestehende assoziative Algebra G_A. In Anwendung auf assoziative Algebren G_A mit einer g in $g^* = g_1 - i g_2$ überführenden involutorischen Adjunktion werden wir den Begriff der Zahlenwertigkeit auf folgende Weise umformulieren.

Definition 2. *Eine assoziative Algebra G_A wird eine zahlenwertige Algebra genannt, wenn jedem Element $g \in G_A$ eine den nachstehenden Bedingungen genügende reelle Zahl* $\mathrm{Re}\, g$ *zugeordnet ist:*

(1) $\mathrm{Re}\,(p_1 g_1 + p_2 g_2) = p_1 \,\mathrm{Re}\, g_1 + p_2 \,\mathrm{Re}\, g_2$, *wobei p_1, p_2 beliebige reelle Zahlen und g_1, g_2 beliebige Elemente aus G_A sind;*

(2) $\mathrm{Re}\,(g_1 g_2) = \mathrm{Re}\,(g_2 g_1)$ *für beliebige $g_1, g_2 \in G_A$;*

(3) $\mathrm{Re}\, g^* = \mathrm{Re}\, g$;

(4) *wenn $g \neq 0$, so* $n^2(g) = \mathrm{Re}\, g^* g > 0$.

Ein Beispiel einer zahlenwertigen assoziativen Algebra G_A bildet die in eine direkte Summe

$$G_A = \sum_i Q^{(i)}_{(n)} \tag{2.120}$$

zerlegbare Algebra, wobei die Algebra $Q_{(n)}^{(i)}$ isomorph zur Algebra der reellen, komplexen oder Quaternionenmatrizen n-ter Ordnung über dem Körper der reellen Zahlen ist und Elemente der Form

$$q^{(i)} = q_{\beta_2}^{(i)\beta_1} e_{\beta_1}^{\beta_2} \quad (q_{\beta_2}^{(i)\beta_1} \in Q) \tag{2.121}$$

hat, in denen die Zahl n und der Körper Q mit dem Index i variieren können. Dabei sind der Zahlenwert und die Adjungierte eines Elementes $g = \sum_i g^{(i)} \in G_A$ durch die Formeln

$$\operatorname{Re} g = \sum_i \operatorname{Re}\left(\sum_{\beta=1}^{n} q_\beta^{(i)\beta}\right), \tag{2.122}$$

$$g^* = \sum q^{(i)*}, \qquad q^{(i)*} = \sum_{\beta_1, \beta_2 = 1}^{n} q_{\beta_2}^{*(i)\beta_1} e_{\beta_2}^{\beta_1} \tag{2.123}$$

definiert.

Um zu beweisen, daß auf Grund der angegebenen Formeln eine zahlenwertige assoziative Algebra definiert ist, genügt es, sich vom Bestehen der Eigenschaften (1)—(4) aus Definition 2 zu überzeugen. Der Nachweis dieser Eigenschaften läßt sich direkt mittels der Formeln (2.120)—(2.123) führen. Zum Beispiel folgt die vierte Eigenschaft daraus, daß in die rechte Seite der Zerlegung

$$n^2(g) = \operatorname{Re} g^*g = \sum_i \sum_{\beta_1=1}^{n} \sum_{\beta_2=1}^{n} q_{\beta_2}^{*(i)\beta_1} q_{\beta_2}^{(i)\beta_1} \tag{2.124}$$

die Quadrate $n^2(q_{\beta_2}^{(i)\beta_1})$ der Normen eingehen, die nur für $q_{\beta_2}^{(i)\beta_1} = 0$ gleich Null sein können und in den übrigen Fällen größer als Null sind.

2.9. Die Logik physikalischer Systeme und dynamischer Aufgaben und invariante algebraische Beziehungen zwischen Zahlenwerten

Die algebraischen Methoden der Beschreibung der Zustände physikalischer Systeme ist mit der Logik der Aussagen über Systeme verbunden. Gemäß Birkhoff und von Neumann (unter Berücksichtigung der Präzisierungen von Varadarajan — vgl. die Literaturhinweise) bezeichnen wir als *Logik* $\mathcal{L}$ einen komplementären Verband (d. h. eine universale Algebra mit Vereinigungs- und Durchschnittsoperationen und den Identitäten (2.36)—(2.39)), in welchem $s \mapsto s_+$ eine umkehrbar eindeutige Abbildung von $\mathcal{L}$ auf sich ist, die den nachstehenden Bedingungen genügt:

a) $(s_+)_+ = s;$ (2.125)

b) aus $s_1 \subseteqq s_2$ folgt $(s_1)_+ \supseteqq (s_2)_+$;

c) gilt $s_1 \subseteqq s_2$, so existiert ein solches (mit $s = (s_1)_+ \cap s_2$ bezeichnetes) Element $s \in \mathcal{L}$, für das $s_2 = s \cup s_1$ gilt;

d) schließlich existieren zu beliebigen abzählbar unendlichen Folgen von Elementen $s_i \in \mathcal{L}$ die unendlichen Vereinigungen $\bigcup_i s_i$ und Durchschnitte $\bigcap_i s_i$.

Bei einem klassischen System kann als Logik $\mathcal{L}$ die Gesamtheit aller Borelschen Teilmengen s (d. h. der Teilmengen, die aus rechtwinkligen Parallelepipeden unter Anwendung einer abzählbaren Gesamtheit von Operationen der Vereinigungs-, Durchschnitts- und Komplementbildung erhalten werden können) des Phasenraumes gewählt werden. Dabei ist s_+ als der Teil des Phasenraumes definiert, der s zum Gesamtraum ergänzt. Als Elemente der Logik $\mathscr{L}$ eines quantenmechanischen Systems dienen alle möglichen abgeschlossenen linearen Teilräume s des Hilbertraumes der ψ-Zustände, und s_+ ist das orthogonale Komplement von s zum gesamten Hilbertraum. Die letztere Logik, *Standard*logik genannt, kann auch durch Angabe der möglichen Projektionsoperatoren P_s auf den Teilraum s definiert werden. Wird s durch die orthonormierten Vektoren $|\psi_i\rangle$ erzeugt, so ist

$$P_s = \sum_i |\psi_i\rangle \langle\psi_i| \tag{2.126}$$

oder in Komponenten

$$(P_s)^{\varrho_1}_{\varrho_2} = \sum_i (\psi_i)^{\varrho_1} (\psi_i^*)_{\varrho_2} \,. \tag{2.127}$$

Es sei G_A eine assoziative Algebra von Operatoren, die durch die Lie-Jordansche Algebra G der Observablen für eine gewisse quantenmechanische dynamische Aufgabe definiert ist. Die Menge aller Projektionsoperatoren $P_s \in G_A$ ist durch die Menge der Teilräume s definiert, die, wie leicht zu sehen, eine Logik $\mathscr{L}_G$ bildet. Wir nennen sie die einer *dynamischen Aufgabe zugeordnete Logik.*

Werden die Zustände eines physikalischen Systems durch Angabe der Zahlenwerte der Observablen charakterisiert, so definiert die Menge der Zahlenwerte für die reinen Zustände eine Logik, die dem System zugeordnet ist. Was die Logik anlangt, die einer dynamischen Aufgabe entspricht, so wird für sie eine Reihe algebraischer Beziehungen zwischen den Observablen $g_{(\mu)}$ und zwischen ihren Zahlenwerten definiert. In dieser Hinsicht kann P_s in Form einer Linearkombination von Basiselementen $g_{(\mu)}$ dargestellt werden, falls $P_s \in G_A$. Hieraus folgt, daß algebraische Beziehungen zwischen Projektionsoperatoren, zum Beispiel $P_s^2 = P_s$, zu algebraischen Beziehungen zwischen den $g_{(\mu)}$ führen. Weiter gilt

$$\langle\psi| P_s |\psi\rangle = \sum_i |\langle\psi \mid \psi_i\rangle|^2 \,, \tag{2.128}$$

falls P_s durch orthonormierte Funktionen ψ_i gemäß Formel (2.126) ausgedrückt wird. Da P_s in Form einer Linearkombination von Observablen dargestellt werden kann, werden durch Formeln der Form (2.128) lineare algebraische Beziehungen zwischen den Zahlenwerten der Observablen definiert.

Zum Schluß formulieren wir die Idee der algebraischen Verallgemeinerung der Theorie der Logiken im Sinne von BIRKHOFF und VON NEUMANN, ohne dabei ins Detail zu gehen. Auf der Menge der algebraischen Zustände definiert man ein System von *Grundzuständen* klassischer Systeme als diejenigen Wahrscheinlichkeitsverteilungen, deren Wahrlcheinlichkeitsdichte in einem Bereich des Phasenraumes konstant und im restlichen Teil des Phasenraums gleich Null ist. Für die Grundzustände sind die Operationen der Vereinigung und des Durchschnitts definiert, die durch Komplementaritätsbeziehungen miteinander verbunden sind und sich beim Übergang von einer physikalischen Theorie zu einer anderen verändern können. Sind in Formel (2.109) $\pi_1, \pi_2, \ldots$ Grundzustände, so können $p_1, p_2, \ldots$ als Wahrscheinlichkeiten dafür definiert werden, daß sich das System in diesen Zuständen befindet. Die angestellten, sich auf Formel (2.109) stützenden Überlegungen übertragen sich unmittelbar auf den stetigen Fall.

2.10. Algebraische Aussagenlogik und Theorie physikalischer Theorien

Zwei zentrale Begriffe der algebraischen Theorie physikalischer Systeme sind der Begriff einer Algebra von Observablen und der eines algebraischen Zustandes. Algebren von Observablen zerfallen in primitive Klassen (oder, in anderer Terminologie, in Varietäten) von Algebren, und eine physikalische Theorie ist mit der Angabe einer primitiven Klasse (d. h., mit den Struktureigenschaften einer Algebra von Observablen) charakterisiert. Der Übergang von einer physikalischen Theorie zu einer anderen wird durch den Übergang von einer primitiven Klasse von Observablenalgebren zu einer anderen charakterisiert. Insbesondere verknüpft 2.2 zufolge die Bedingung

$$g_1 \cdot (g_2 \cdot g_3) - (g_1 \cdot g_2) \cdot g_3 = \frac{\hbar}{4} [g_2, [g_1, g_3]] \tag{2.129}$$

das Jordansche und das Liesche Produkt in einer Algebra von Observablen. Dem Übergang von der statistischen Quantenmechanik zur statistischen klassischen Mechanik entspricht der Übergang zu einer anderen primitiven Klasse mit der Identität

$$g_1 \cdot (g_2 \cdot g_3) - (g_1 \cdot g_2) \cdot g_3 = 0 \, . \tag{2.130}$$

Indessen sind Algebren von Observablen G mit zwei binären algebraischen Operationen und einer unendlichen Anzahl unärer algebraischer Operationen als universale Algebren recht kompliziert. Es entsteht die Frage, ob es möglich ist, anstelle von Observablenalgebren und durch sie definierter Räume algebraischer Zustände einfachere universale Algebren $\mathcal{L}$ einzuführen, deren Eigenschaften man für eine tiefergehende Charakterisierung physikalischer Theorien verwenden könnte. Dann würde eine Klassifizierung der einfachen physikalischen Theorien durch Klassifizierung der einfacheren universalen Algebren $\mathcal{L}$ nach durch ein System von Identitäten gegebenen primitiven Klassen erfolgen. Die im vorangegangenen Abschnitt eingeführten Logiken $\mathcal{L}$ oder einige ihrer Modifikationen und Verallgemeinerungen kann man als derartige universale Algebren $\mathcal{L}$ ansehen. $\mathcal{L}$ ist ein Verband mit der zusätzlichen unären algebraischen Operation der Bildung des orthogonalen Komplements, die $s \in \mathcal{L}$ in $s_+ \in \mathcal{L}$ überführt. Da in $\mathcal{L}$ Durchschnitt und Vereinigung nicht nur für alle endlichen, sondern auch für alle unendlichen Teilmengen definiert sind, ist $\mathcal{L}$ in dieser Hinsicht eine Verallgemeinerung des gewöhnlichen Verbands (eine universale Algebra im verallgemeinerten Sinne) und wird ein vollständiger Verband genannt. Zunächst erläutern wir einige Besonderheiten der betrachteten Begriffe für den Fall der klassischen Mechanik.

Es sei ein mechanisches System durch die Angabe von N verallgemeinerten Koordinaten q^k und N verallgemeinerten Impulsen p_k beschrieben, deren Poissonsche Klammern gleich

$$[q^{k_1}, q^{k_2}] = 0 \, , \qquad [p_{k_1}, p_{k_2}] = 0 \, , \qquad [p_{k_1}, q^{k_2}] = \delta_k^{k_1} \tag{2.131}$$

sind. Es seien $h_1(q, p), h_2(q, p), \dots, h_N(q, p)$ jetzt N voneinander unabhängige unendlich oft differenzierbare Funktionen, die den Eigenschaften

$$[h_{k_1}, h_{k_2}] = 0; \qquad k_1, k_2, = 1, 2, \dots, N \, , \tag{2.132}$$

genügen. Bei bekannten $h_k(q, p)$ kann man Funktionen $\tilde{q}^k(q, p)$ finden, so daß die $2N$ Funktionen $h_k, \tilde{q}^k$ unabhängig sind und

$$[h_{k_1}, \tilde{q}^{k_2}] = \delta_k^{k_2} \, , \qquad [\tilde{q}^{k_1}, \tilde{q}^{k_2}] = 0 \tag{2.133}$$

gilt. Fällt insbesondere h_1 mit der Hamilton-Funktion $H(q, p)$ zusammen, so kann man gemäß der Theorie der Funktionalgruppen (die in den ersten Arbeiten von LIE-ENGEL eingeführt wurden) immer solche involutive Bewegungsintegrale genannten Funktionen h_k finden, die die Gleichungen (2.132) erfüllen. Da sich bei einer p_k, q^k in h_k, $\tilde{q}^k$ überführenden Transformation die Poissonschen Klammern nicht ändern, erhält man h_k, $\tilde{q}^k$ aus p_k, q^k mittels einer kanonischen Transformation u aus der Gruppe der kanonischen Transformationen G_u, so daß gilt

$$h_k(q, p) = up_k\,. \tag{2.134}$$

Wir bezeichnen die Zeile, die aus N unabhängigen, den Gleichungen (2.132) genügenden Observablen $h_k(q, p)$ besteht, mit dem Symbol h und die Zeile, die aus N konstanten reellen Zahlen λ_k besteht, mit dem Symbol λ. Wir bezeichnen ferner mit E_λ den durch

$$h(q, p) \leqq \lambda \tag{2.135}$$

oder in Komponentenschreibweise

$$up_k = h_k(q, p) \leqq \lambda_k$$

definierten Bereich des Phasenraumes (q, p). Ist u die kanonische identische Transformation, so bezeichnen wir den durch $p_k \leqq \lambda_k$ definierten Bereich des Phasenraumes mit E_λ^0, während die Anwendung einer allgemeinen kanonischen Transformation u diesen Bereich in

$$E_\lambda = uE_\lambda^0 \tag{2.136}$$

überführt. Die Operation Bildung des orthogonalen Komplements wird als unäre algebraische Operation definiert, die jeden Bereich E_λ des Phasenraumes in das durch $h_k > \lambda_k$ definierte komplementäre Gebiet E_λ^+ überführt, wobei $(E_\lambda^+)^+ = E_\lambda$ ist. Bezeichnen wir den gesamten Phasenraum mit E und den Nullbereich mit 0, so ist

$$E_\lambda \cup E_\lambda^+ = E\,, \qquad E_\lambda \cap E_\lambda^+ = 0\,. \tag{2.137}$$

Wir setzen ferner

$$E_{\lambda,\Delta\lambda} = E_\lambda \cap E_{\lambda-\Delta\lambda}^+ \equiv (E_\lambda^+ \cup E_{\lambda-\Delta\lambda})^+\,, \tag{2.138}$$

d. h., $E_{\lambda,\Delta\lambda}$ ist der durch

$$\lambda_k - \Delta\lambda_k < h_k(q, p) \leqq \lambda_k \tag{2.139}$$

festgelegte Teil des Phasenraumes.

Ein Boolescher Verband (oder, was dasselbe ist, eine Boolesche Algebra) wird als eine universale Algebra mit den zwei binären algebraischen Operationen der Vereinigung $\cup$ und des Durchschnitts $\cap$, mit der unären algebraischen Operation der Bildung des orthogonalen Komplements $^+$ sowie mit der Eins E und der Null 0 definiert. Dabei ist für einen Booleschen Verband mit den Identitäten (2.36)—(2.38) zugleich das Distributivgesetz

$$E_1 \cap (E_2 \cup E_3) = (E_1 \cap E_2) \cup (E_1 \cap E_3) \tag{2.140}$$

für beliebige $E_i \in B$ erfüllt, das schärfer als die Dedekindsche Bedingung (2.40) ist (d. h., ein distributiver Verband ist stets Dedekindsch, doch gilt im allgemeinen nicht die Umkehrung). Ferner sind bezüglich der algebraischen Operation $^+$ die Gleichungen

$$(E_i^+)^+ = E_i\,, \qquad E_i \cup E_i^+ = E\,, \qquad E_i \cap E_i^+ = 0, \tag{2.141}$$

$$(E_i \cup E_j)^+ = E_i^+ \cap E_j^+\,, \qquad (E_i \cap E_j)^+ = E_i^+ \cup E_j^+ \tag{2.142}$$

für alle $E_i \in B$ erfüllt.

Bei fixierter kanonischer Transformation u erzeugen die Teilmengen E_λ, E_λ^+ einen Booleschen Verband B_u, dessen Elemente von der Gestalt der kanonischen Transformation u abhängen. Für die Elemente aus den Mengen B_u mit variablem u definiert man auf natürliche Weise, d. h. mengentheoretisch, Vereinigung und Durchschnitt, die untereinander durch das Distributivgesetz verbunden sind. In dieser Weise erzeugt die Familie der B_u für alle möglichen Transformationen u eine Boolesche Struktur $\mathcal{L} = \{B_u\}$, die wir die Logik der klassischen Mechanik nennen. Aus der Definition von $\mathcal{L}$ folgt, daß die kanonischen Transformationen u der klassischen Mechanik Automorphismen des Verbandes $\mathcal{L}$ erzeugen. Daher ist eine Logik $\mathcal{L}$ definiert erstens durch Identitäten, d. h. durch die den Verbänden mit orthogonalem Komplement entsprechende primitive Klasse (oder Varietät), und zweitens durch die Forderung, daß die Gruppe der Automorphismen des Verbandes $\mathcal{L}$ die oben angeführte Gruppe G_u der kanonischen Transformationen der klassischen Mechanik enthalten möge.

Der Terminus „Logik" für den Booleschen Verband $\mathcal{L}$ erklärt sich daraus, daß hier viele Gemeinsamkeiten mit der, einen Booleschen Verband (*oder eine* Boolesche *Algebra*) bildenden, klassischen Aussagenlogik auftreten. Den logischen Konnektiven „oder", „und" für Aussagen entsprechen die algebraischen Operationen $\cup$, $\cap$ und der Negation einer Aussage die unäre algebraische Operation der Bildung des orthogonalen Komplements. Im Fall der klassischen Mechanik kann man die Elemente $s \in \mathcal{L}$ als Aussagen über physikalische Charakteristika bestimmter Gestalt betrachten. So kann E_λ zum Beispiel die Aussage sein: Ein mechanisches System befindet sich in einem im Bereich $h \leqq \lambda$ liegenden Punkt des Phasenraums. Entsprechend ist unter der „Negation" der Aussage E_λ zu verstehen, daß der den Zustand des Systems charakterisierende Punkt nicht in dem Bereich E_λ des Phasenraumes liegt und sich folglich im komplementären Gebiet E_λ^+ des Phasenraumes E befindet.

Einer anderen Interpretation zufolge können die Elemente der Logik $\mathcal{L}$ als verallgemeinerte Observablen spezieller Gestalt betrachtet werden. So kann man das Element $E_\lambda \in L$ als eine Funktion von q und p betrachten, die im Gebiet $h > \lambda$ des Phasenraumes Null ist und im Bereich $h \leqq \lambda$ einen konstanten Wert annimmt.

Wir gehen jetzt zur Quantenmechanik über und beginnen in Analogie zum Fall der klassischen Mechanik mit der Einführung quantenmechanischer Boolescher Verbände B_u.

Es sei $h_1(q, p)$ eine beliebige quantenmechanische Observable, dargestellt als selbstadjungierter Operator in einem Hilbertraum. Dann kann man Observablen $h_2, \ldots, h_N$ finden, so daß die h_k ein vollständiges unabhängiges System untereinander vertauschbarer Observablen (die, falls h_1 eine Hamiltonfunktion ist, involutive Bewegungsintegrale sind) bilden, für die

$$[h_{k_1}, h_{k_2}] = 0\,, \qquad k_1, k_2 = 1, 2, \ldots, N \tag{2.143}$$

gilt. Dabei wird die Wellenfunktion bis auf einen Faktor aus den N Eigenwertgleichungen

$$h_1\psi_{\lambda^0} = \lambda_1^0\psi_{\lambda^0}, \ldots, h_N\psi_{\lambda^0} = \lambda_N^0\psi_{\lambda^0} \tag{2.144}$$

bestimmt, wobei λ^0 die Zeile der N reellen Zahlen $\lambda_1^0, \lambda_2^0, \ldots, \lambda_N^0$ ist.

Wir bezeichnen ferner den Projektionsoperator auf den von allen möglichen Wellenfunktionen ψ_{λ^0}, für die $\lambda^0 \leqq \lambda$ (d. h., $\lambda_k^0 \leqq \lambda_k$; $k = 1, 2, \ldots$), aufgespannten Teilraum des Hilbertraumes mit E_λ. E_λ^+ sei der Projektionsoperator auf den den ursprünglichen

Teilraum zum gesamten Hilbertraum E ergänzenden Teilraum. Vereinigung bzw. Durchschnitt von Projektionsoperatoren E_λ mit variablem λ werden als Projektionsoperatoren definiert, die man als Vereinigung bzw. Durchschnitt der ursprünglichen Teilräume erhält. (Dabei berühren wir hier nicht topologische Fragen, wie diejenige der Zweckmäßigkeit der Definition der Vereinigung unendlichdimensionaler Teilräume durch die Operationen des Durchschnitts und des orthogonalen Komplements mittels einer Beziehung vom Typ der letzten Gleichung in (2.138).) Da die unäre algebraische Operation des orthogonalen Komplements und die binären Vereinigungs- und Durchschnittsoperationen, angewandt auf die durch die untereinander vertauschbaren Projektionsoperatoren E_λ, $-\infty \leqq \lambda_k \leqq \infty$ festgelegten Teilräume, den Identitäten (2.140)–(2.142) genügen, erzeugen die Operatoren E_λ, E_λ^+ einen Booleschen Verband B_u. Die Elemente (d. h. die Teilräume oder die ihnen entsprechenden Projektionsoperatoren) des Booleschen Verbandes B_u hängen von der Gestalt der die verschiedenen Systeme von vertauschbaren Observablen h (die aus einem fixierten System h^0 mittels kanonischer Transformationen entstehen) verknüpfenden kanonischen Transformationen u ab. Dabei werden die kanonischen Transformationen u in der Quantenmechanik durch die unitären Operatoren U in einem Hilbertraum repräsentiert, und (2.136) erhält die Gestalt

$$E_\lambda = UE_\lambda^0U^*. \tag{2.145}$$

Die Vereinigung der Verbände B_u für alle möglichen kanonischen Transformationen erzeugt den Verband $\mathcal{L} = \{B_u\}$, den wir Logik der Quantenmechanik (oder Standardlogik) nennen und der aus den Projektionsoperatoren besteht, die aus uE_λ^0 (u und λ variabel) mittels Durchschnitt, Vereinigung und orthogonaler Komplementbildung hervorgehen. Doch während die Logik der klassischen Mechanik ein Boolescher Verband war, ist die Logik der Quantenmechanik ein Verband einer anderen primitiven Klasse. In der Tat ist zum Beispiel der Verband der linearen Teilräume eines endlichdimensionalen Vektorraumes Dedekindsch, d. h., die Bedingung der Distributivität (2.140) wird für sie durch die allgemeinere Dedekindsche Bedingung (oder Modularität) (2.40) ersetzt.

Um den neuen algebraischen Zugang zur Theorie physikalischer Theorien, der sich nicht auf eine Algebra von Observablen, sondern auf die Logik $\mathcal{L}$ einer physikalischen Theorie und die mit ihr verbundene Transformationsgruppe G_u stützt, deutlich zu machen, werden wir die Eigenschaften der Logik für die Quanten- und die entsprechenden klassischen Systeme weiterhin gemeinsam betrachten.

Sowohl in der Quanten- wie in der klassischen Mechanik entsprechen die Booleschen Verbände B_u, die für beliebiges $u \in G_u$ Teilverbände des Verbandes L sind, den maximalen, aus untereinander vertauschbaren Observablen bestehenden Teilalgebren der Observablenalgebra G. In der Quanten- und der klassischen Mechanik sind die Elemente $E_i \in B_u$ gleichzeitig Elemente einer Algebra von Observablen. Die binären algebraischen Operationen der Addition und der Jordanschen Multiplikation sind mit den binären Vereinigungs- und Durchschnittsoperationen durch die Gleichungen

$$E_1 \cup E_2 = E_1 + E_2 - E_1 \cdot E_2\,, \tag{2.146}$$

$$E_1 \cap E_2 = E_1 \cdot E_2 \tag{2.147}$$

verbunden. In der klassischen Mechanik, in der die Logik $\mathcal{L}$ Boolesch ist, gelten die Gleichungen vom Typ (2.146), (2.147) für beliebige Elemente $s_1, s_2 \in \mathcal{L}$, während in der

Quantenmechanik die Vereinigungs- und Durchschnittsoperationen für in B_u (u variabel) enthaltene Elemente nicht nur von den algebraischen Operationen in der Algebra G, sondern auch von der Gestalt der Transformationen u abhängen. Aus (2.138) folgt unter Berücksichtigung von (2.146), (2.147) für die klassische und die Quantenmechanik

$$E_{\lambda\,\Delta\lambda} = E_\lambda \cdot E^+_{\lambda-\Delta\lambda} = E_\lambda \cdot (E - E_{\lambda-\Delta\lambda}) = E_\lambda - E_{\lambda-\Delta\lambda}\,. \tag{2.148}$$

Wir setzen ferner

$$\Delta_k E(\lambda_k) = E_{\infty,\ldots,\lambda_k,\ldots,\infty} - E_{\infty,\ldots,\lambda_k-\Delta\lambda_k,\ldots,\infty} \tag{2.149}$$

(d. h., $\Delta_k E(\lambda_k)$ erhält man aus $E_{\lambda,\Delta\lambda}$, indem alle Elemente in den Zeilen $\lambda, \lambda - \Delta\lambda$ außer dem k-ten unendlich gesetzt werden). Die Definition von E_λ ergibt unter Berücksichtigung von (2.146), (2.147)

$$E_{\lambda,\Delta\lambda} = \prod_{k=1} \Delta_k E(\lambda_k)\,. \tag{2.150}$$

In der klassischen Mechanik haben die $\Delta_{k_0} E(\lambda_{k_0})$ die Bedeutung von Teilmengen des Phasenraumes, die aus der Bedingung

$$\lambda_{k_0} - \Delta\lambda_{k_0} < h_{k_0}(q, p) \leqq \lambda_{k_0} \tag{2.151}$$

für eine gegebene Zahl k_0 und $h_k(q, p)$ beliebig für alle restlichen ganzzahligen zwischen 1 und N liegenden k hervorgehen. Entsprechend haben die $\Delta_{k_0} E(\lambda_{k_0})$ die Bedeutung von Projektionsoperatoren auf Teilräume eines Hilbertraumes, die von den Eigenfunktionen des Operators h_{k_0} aufgespannt werden, deren Eigenwerte im Intervall

$$\lambda_{k_0} - \Delta\lambda_{k_0} < \lambda_{k_0} \leqq \lambda_{k_0} \tag{2.152}$$

liegen.

Strebt $\Delta\lambda_k$ gegen Null, so gilt für einen beliebigen selbstadjungierten Operator h_k (entsprechend für eine beliebige klassische Observable $h_k(q, p)$) die Spektralzerlegung

$$h_k = \int_{\lambda k=-\infty}^{\infty} \lambda_k \, \mathrm{d}_k E(\lambda_k)\,. \tag{2.153}$$

Sind insbesondere die Eigenwerte λ_k^0 des Operators h_k diskret und $P^0_{\lambda k}$ die Projektionsoperatoren auf die entsprechenden Teilräume eines Hilbertraumes, so geht (2.153) über in

$$h_k = \sum_{\lambda_k^0} \lambda_k^0 P_{\lambda_k^0}\,. \tag{2.154}$$

Eine für Darlegungen in der algebraischen Theorie grundlegende Bedeutung hat die Frage nach der Zuordnung von in einem Experiment beobachteten reellen Zahlen zu abstrakten algebraischen Größen. Bei unserem Aufbau der Logik $\mathcal{L}$ spielt die Gruppe der kanonischen Transformationen die wichtigere Rolle. Die Elemente $s \in \mathcal{L}$ werden als verallgemeinerte Observablen (d. h. als Elemente einer Observablenalgebra G) interpretiert, für die

$$s^2 = s^* s = s \tag{2.155}$$

gilt und die man daher in dem Spezialfall, in dem eine Observable ein selbstadjungierter Operator eines Hilbertraumes ist, Projektionsoperatoren nennen kann. (Im allgemeinen Fall, in dem G als abstrakte Algebra zu interpretieren ist, heißen die durch die Gleichunggen (2.155) miteinander verbundenen Elemente $s \in G$ Projektionen oder Projektoren.) Ausgehend von dem früher eingeführten Begriff einer zahlenwertigen Algebra führen wir den Begriff eines zahlenwertigen Verbandes ein.

Es sei ein vollständiger Verband $\mathcal{L}$ gegeben, und G_u sei eine Gruppe, deren Elemente u Automorphismen des Verbandes $\mathcal{L}$ sind. $\mathcal{L}$ wird zahlenwertiger Verband genannt, wenn man jedem Element $s \in \mathcal{L}$ eine reelle Zahl Re s zuordnen kann, die die folgenden drei Eigenschaften hat:

1. *Wenn* $s = 0$, *so* $\mathrm{Re}\, s = 0$; *wenn* $s \neq 0$, *so* $\mathrm{Re}\, s > 0$.

Diese Eigenschaft entspricht der Annahme, daß in der Observablenalgebra, bezüglich der die Konstruktion der Logik $\mathcal{L}$ erfolgt, spezielle, in 2.8 definierte algebraische Zustände π_0 existieren, für die $\langle \pi_0 \mid g^2 \rangle > 0$ für alle $g \neq 0$ gilt. In der Tat gilt für ein Element $s \in G$, das gleichzeitig ein Element der Logik $\mathcal{L}$ ist, (2.155), und man kann

$$\mathrm{Re}\, s = \langle \pi_0 \mid s \rangle = \langle \pi \mid s^2 \rangle \tag{2.156}$$

setzen.

2. *Für beliebige* $u \in G_u$ *und* $s \in L$ *ist*

$$\mathrm{Re}\, s = \mathrm{Re}\,(us)\,. \tag{2.157}$$

Diese Eigenschaft sagt aus, daß die Zahlenwerte bezüglich der Transformationen aus G_u invariant sind. Die mit dem Volumen des Phasenraumes übereinstimmende Maßzahl bildet ein derartiges Beispiel einer zahlenwertigen Invariante in der klassischen Mechanik. In diesem Fall stimmt G_u mit der Gruppe der kanonischen Transformationen überein.

3. *Ist* $s_1 \cap s_2 = 0$, *so ist* $\mathrm{Re}\,(s_1 \cup s_2) = \mathrm{Re}\, s_1 + \mathrm{Re}\, s_2$.

Diese Eigenschaft entspricht der ersten Eigenschaft für zahlenwertige assoziative Algebren. Wir merken an, daß die vierte Eigenschaft für zahlenwertige assoziative Algebren der ersten Eigenschaft für zahlenwertige Verbände entspricht, da bei $s \neq 0$

$$n^2(s) = \mathrm{Re}\, s > 0 \tag{2.158}$$

gilt, falls $n^2(g) = \mathrm{Re}\, g^*g$ ist.

Der oben für die Projektionsoperatoren eines Hilbertraumes eingeführte Begriff des Zahlenwertes von Elementen eines Verbandes steht dem von MURRAY und VON NEUMANN eingeführten Begriff des Maßes $D(s)$ von Projektionsoperatoren s sehr nahe. $D(s)$ ist invariant bezüglich der isometrischen Transformationen des Hilbert-Raumes und genügt zusammen mit 1.—3. auch folgenden Bedingungen:

4. $D(s) = \infty$ *dann und nur dann, wenn der Projektionsoperator* s *unendlich ist.*

5. *Ist* s_1 *ein echter Teil des Projektionsoperators* s_2, *so ist* $D(s_1) < D(s_2)$.

In dem Spezialfall, in welchem das Zentrum einer schwach abgeschlossenen Teilalgebra von beschränkten linearen Operatoren eines Hilbertraumes mit dem zugrunde gelegten Körper übereinstimmt, nennt man eine solche Teilalgebra *Faktor*. MURRAY und VON NEUMANN zeigten, daß bei geeigneter Wahl eines nicht näher bestimmten konstanten Faktors das Maß D für einen Faktor nur in einen der folgenden fünf Bereiche fallen kann:

Für einen Faktor vom Typ I_n ist das Maß $D(s)$ gleich $0, \frac{1}{n}, \frac{2}{n}, \ldots, \frac{n-1}{n}, 1$.

Für einen Faktor vom Typ I_∞ ist das Maß $D(s)$ gleich 1, 2, 3, ...

Für einen Faktor vom Typ II_1 nimmt das Maß $D(s)$ beliebige Werte im Intervall [0, 1] an.

Für einen Faktor vom Typ II_∞ nimmt das Maß $D(s)$ beliebige Werte im Intervall $[0, \infty]$ an.

Für einen Faktor vom Typ III nimmt das Maß $D(s)$ nur die zwei Werte 0 und ∞ an.

Ein Faktor vom Typ I_n entspricht dem Fall selbstadjungierter Operatoren in einem n-dimensionalen Hilbertraum, wobei das Maß (der Zahlenwert) des Projektionsoperators bis auf Vielfache mit der Spur einer entsprechenden n-dimensionalen Matrix übereinstimmt. In der Quantenmechanik entspricht ein Faktor vom Typ I_∞ dem Fall eines Operators mit rein diskretem Spektrum, wogegen in den Fällen II_1 und II_∞ das Spektrum stetig ist. Wir merken an, daß für die Faktoren I_n, I_∞ in der Logik $\mathcal{L}$ kleinste, von Null verschiedene Element existieren, für die restlichen Fälle jedoch nicht. Kleinste von Null verschiedene Elemente existieren auch für die aus den erzeugbaren Teilmengen des Phasenraumes bestehende Logik $\mathcal{L}$ der klassischen Mechanik nicht.

Wir gehen jetzt zu dem Problem der algebraischen Beschreibung von Zuständen über und verwenden dabei eine Logik $\mathcal{L}$ als Grundbegriff. Die gemeinsame logisch-algebraische Betrachtungsweise statistischer Zustände in der klassischen und der Quantenmechanik stützt sich darauf, daß die Logik $\mathcal{L} = \{B_u\}$ in beiden Fällen auf ähnliche Weise durch eine Menge Boolescher Verbände $B = \{B_u\}$ erzeugt wird. Die Verwendung Boolescher Verbände zur statistischen (wahrscheinlichkeitstheoretischen) Beschreibung physikalischer Systeme entspringt der Darstellung der Menge der Ereignisse als Booleschem Verband, welche die algebraische Grundlage der Wahrscheinlichkeitstheorie bildet. Wir erläutern dies an zwei einfachen, sich auf eine diskrete und eine stetige Wahrscheinlichkeitsverteilung beziehenden Beispielen.

Im ersten Beispiel betrachten wir das einmalige Werfen einer Münze. Mit b_1 bezeichnen wir die Aussage, daß bei dem Münzwurf das Wappen, mit $b_2 = b_1^+$ die Aussage, daß bei dem Münzwurf die Zahl fiel. Mit $b_1 \cup b_2 = E$ bezeichnen wir die Aussage, daß bei dem Münzwurf Wappen oder Zahl und mit $b_1 \cap b_2 = 0 = E^+$ die Aussage, daß bei dem einmaligen Münzwurf weder Wappen noch Zahl fielen. Die Menge der Aussagen b_1, b_2, 0, E bildet einen Booleschen Verband B.

Im zweiten Beispiel betrachten wir den Phasenraum der klassischen Mechanik und zerlegen ihn in kleine Gebiete b_μ mit dem Volumen Ω_μ. Dann erzeugt diese Zerlegung einen aus allen möglichen Teilmengen der Menge aller erzeugbaren Teilmengen bestehenden Booleschen Verband B, wobei die Eins der gesamte Phasenraum und die Null 0 die leere Teilmenge ist. Die Elemente dieses Booleschen Verbandes kann man mit den Aussagen über die Auffindbarkeit der ein mechanisches System charakterisierenden Koordinaten- und Impulswerte in entsprechenden Punkten des Phasenraumes identifizieren. Ersetzt man die algebraischen Vereinigungs- und Durchschnittsoperationen gemäß den Formeln (2.146), (2.147) durch die Additions- und Multiplikationsoperationen, so erhält man ein beliebiges zu B gehörendes Element als Summe einer endlichen oder unendlichen Anzahl von Elementen b_μ. Darüberhinaus können wir den Begriff der Wahrscheinlichkeit (oder den eines Wahrscheinlichkeitsmaßes) über dem Booleschen Verband B als eine den Bedingungen

$$m(E_1 + E_2) = m(E_1) + m(E_2) - m(E_1 - E_2); \qquad E_1, E_2, \in B\,, \tag{2.159}$$

$$m(E) = 1\,, \qquad m(0) = 0 \tag{2.160}$$

genügende reelle Funktion m auf B einführen. Die Aussagen (oder Ereignisse) b_μ kann man in dem Sinne als Basiselemente betrachten, daß ein beliebiges Element aus B als Summe einer gewissen Anzahl von Elementen b_μ darstellbar ist. Dabei gilt

$$b_{\mu_1} \cdot b_{\mu_2} = \delta_{\mu_1\mu_2} b_{\mu_1} , \tag{2.161}$$

so daß mit der Angabe der Zahlen $m(b_\mu) = p_\mu$, $\Sigma\, p_\mu = 1$ (Σ kann sowohl Summation als auch Integration bedeuten), die Wahrscheinlichkeiten für beliebige Aussagen aus B definiert sind. Für das erste Beispiel ist $m(b_1) = \frac{1}{2}$, $m(b_2) = \frac{1}{2}$.

Für das zweite Beispiel ist $m(b_\mu) = \varrho_\mu \Omega_\mu$ und ϱ_μ die Wahrscheinlichkeitsdichte der Auffindbarkeit eines mechanischen Systems im Volumenelement Ω_μ. Die Normierungsbedingung $\Sigma p_\mu = 1$ erhält die Form $\Sigma \varrho_\mu \Omega_\mu = 1$, wobei die Summation (bei $\Omega_\mu \to 0$ die Integration) über μ erfolgt.

Es seien jetzt b_μ die Basiselemente eines vollständigen Booleschen Verbandes B im allgemeinen Fall, und B sei ein zahlenwertiger Verband mit

$$\operatorname{Re} b_\mu \equiv \langle \pi_0 \mid b_\mu \rangle = \Omega_\mu \tag{2.162}$$

und $\Omega_\mu < \infty$. Insbesondere ist für das erste der oben betrachteten Beispiele $\langle \pi_0 \mid b_1 \rangle = \langle \pi_0 \mid b_2 \rangle = \frac{1}{2}$ und für das zweite $\langle \pi_0 \mid b_\mu \rangle = \Omega_\mu$.

Mit Hilfe des Multiplikationsgesetzes (2.161) kann man den Booleschen Verband B zu einer Jordanschen und assoziativen (oder, was äquivalent dazu ist, zu einer assoziativen und kommutativen) Algebra $G_B = \{b_\mu\}$ erweitern, indem man berücksichtigt, daß ein beliebiges Element $g \in G_B$ in der Form

$$g = b_\mu \lambda^\mu , \tag{2.163}$$

darstellbar ist, wobei λ^μ reelle Zahlen sind. Die b_μ spielen die Rolle von Basiselementen e_μ, und die Summation oder Integration erfolgt wie gewöhnlich über alle Werte von μ. In der klassischen und der Quantenmechanik ist die Formel (2.163) äquivalent zu der Spektralzerlegung (2.153) oder (2.154). Sind die λ^μ entweder gleich 1 oder gleich 0, so ist g ein Element aus B. Daher ist die Menge aller Elemente aus B ein Teil der Menge aller Elemente aus G_B. Da B ein zahlenwertiger Verband ist, erweist sich die Algebra G_B in Zusammenhang mit der Definition 1 aus 2.8 als spezielle zahlenwertige Jordansche Algebra. Aus (2.161), (2.162) und (2.117) folgt

$$g_{\mu_1\mu_2} = \langle \pi_0 \mid (b_\mu \cdot b_{\mu_2}) \rangle = \delta_{\mu_1,\mu_2} \Omega_{\mu_1}, \tag{2.164}$$

$$\langle \pi_0 \cdot b^\mu | = \langle \pi_0 | \frac{b_\mu}{\Omega_\mu} . \tag{2.165}$$

Die Größen $\langle \pi_0 \cdot b^\mu |$ sind algebraische Zustände, die (2.118) zufolge der Bedingung

$$\langle \pi_0 \cdot b^{\mu_1} \mid b_{\mu_2} \rangle = \langle \pi_0 \mid b^{\mu_1} \cdot b_{\mu_2} \rangle = \delta^{\mu_1}_{\mu_2} \tag{2.166}$$

genügen.

Im Hinblick auf die Bemerkungen am Ende des Abschnittes 2.9 sind $\pi^\mu = \langle \pi_0 b^\mu |$ algebraische Grundzustände. Sie erzeugen einen vollständigen Booleschen Verband, und der Zahlenwert eines Elementes π^μ ist gleich

$$\langle \pi^\mu \mid E \rangle = \langle \pi_0 \mid b^\mu \cdot E \rangle = 1 . \tag{2.167}$$

Einen beliebigen algebraischen Zustand π der Algebra G_B kann man in der Form

$$\pi = p_\mu \pi^\mu , \tag{2.168}$$

$\Sigma p_\mu = 1$, darstellen. p_μ ist als Wahrscheinlichkeit dafür zu interpretieren, daß sich das System im Grundzustand π^μ befindet, oder, da

$$\langle \pi \mid b_\mu \rangle = p_\mu = m(b_\mu) \tag{2.169}$$

gilt, als Wahrscheinlichkeit dafür, daß die Aussage b_μ wahr ist. Bei der gemeinsamen Betrachtung der Quanten- und der klassischen statistischen Mechanik entsprechen den Aussagen b_μ in beiden Fällen die Elemente $E_{\lambda, \Delta\lambda}$. In der klassischen statistischen Mechanik werden wir solche algebraischen Zustände auszeichnen, die durch einen Grenzübergang aus algebraischen Zuständen der statistischen Quantenmechanik hervorgehen. Wir bezeichnen sie als *korrespondierende Zustände*. In der Quantenmechanik ist der Zahlenwert des Projektionsoperators $E_{\lambda, \Delta\lambda}$ seine Spur tr $E_{\lambda, \Delta\lambda} = \langle \pi_0 \mid E_{\lambda, \Delta\lambda} \rangle$ und die algebraischen Grundzustände sind (2.165) zufolge $\dfrac{\langle \pi_0 \mid E_{\lambda, \Delta\lambda}}{\langle \pi_0 \mid E_{\lambda, \Delta\lambda} \rangle}$.

In der klassischen Mechanik ist der Zahlenwert $\langle \pi_0 \mid E_{\lambda, \Delta\lambda} \rangle$ das Volumen des entsprechenden Teils des Phasenraumes.

Die korrespondierenden Zustände der klassischen statistischen Mechanik werden, wie die Zustände der Quantenmechanik, bei gegen Null strebendem $\Delta\lambda$ durch die Angabe nicht von $2N$, sondern von N reellen Zahlen (nämlich den Komponenten λ_k) charakterisiert. Zum Beispiel können die zwischen $p - \Delta\lambda$, p und bei einem anderen Wert u, die zwischen $q - \Delta\lambda$ und q liegenden Teile des Phasenraumes Elemente der Logik der korrespondierenden Zustände sein. Doch da die Logik $\mathcal{L}$ den Durchschnitt von Elementen aus B_u (u variabel) enthält, sind auch die durch $p - \Delta\lambda$, p und $q - \Delta\lambda$, q begrenzten Teile des Phasenraumes der klassischen Mechanik Elemente von $\mathcal{L}$. Diese Teile entsprechen bei $\Delta\lambda \to 0$ den Punkten des Phasenraumes. Im Gegensatz dazu wird in der Quantenmechanik der Durchschnitt der durch die Eigenwerte unvertauschbarer Observablen charakterisierten Teilräume des Hilbertraumes zu Null. Daher stehen die Punkte des Phasenraumes der klassischen Mechanik in keinem Bezug zu irgendwelchen Zuständen in der Quantenmechanik. In der klassischen Mechanik und der Quantenmechanik ist eine Aussagenlogik $\mathcal{L}$ ein durch die Angabe einer Observablenalgebra G bestimmter zahlenwertiger Verband, der dadurch definiert ist, daß jedem $s \in \mathcal{L}$ der Zahlenwert $\langle \pi_0 \mid s \rangle$ und zwei beliebigen Aussagen $s_1, s_2 \in \mathcal{L}$ das Jordansche Produkt $s_1 \cdot s_2$ als Element der Algebra G zugeordnet wird. Die Verbindung mit den Experimenten wird durch das folgende Postulat über die Relativwahrscheinlichkeiten hergestellt:

$\dfrac{\langle \pi_0 \mid s_1 \cdot s_2 \rangle}{\langle \pi_0 \mid s_2 \rangle}$ ist zahlenmäßig gleich der Wahrscheinlichkeit dafür, daß unter Annahme der Aussage s_2 auch die Aussage s_1 wahr sei. In der klassischen Mechanik sind zum Beispiel die Behauptungen über die Auffindbarkeit eines Systems in zwei Teilen des Phasenraumes derartige Aussagen. Für diese ist $\dfrac{\langle \pi_0 \mid s_1 \cdot s_2 \rangle}{\langle \pi_0 \mid s_2 \rangle}$ gleich dem Verhältnis des Durchschnittsvolumens der beiden Ausgangsteile des Phasenraumes zum zweiten Teil.

Sind in der Quantenmechanik s_1 und s_2 Aussagen über die durch die Wellenfunktionen $|\psi_1\rangle$ und $|\psi_2\rangle$ charakterisierten Zustände eines Systems, so sind $P_1 = |\psi_1\rangle \langle \psi_1|$

und $P_2 = |\psi_2\rangle \langle\psi_2|$ die entsprechenden Projektionsoperatoren, und die Relativwahrscheinlichkeit ist gleich

$$\langle\pi_0 \mid s_1 \cdot s_2\rangle/\langle\pi_0 \mid s_2\rangle = \mathrm{Sp}\,(P_1 \cdot P_2) = |\langle\psi_1 \mid \psi_2\rangle|^2 \tag{2.170}$$

(wobei die Wellenfunktionen normiert vorausgesetzt werden). Wir zeigen, daß der Zahlenwert für das Jordansche Produkt von in verschiedenen Booleschen Teilverbänden B_u der Logik $\mathcal{L}$ liegenden Aussagen $b^0_{\mu_2} \in B_0$ und $b_{\mu_1} = ub^0_{\mu_1} \in B$ mit Hilfe der Gruppe G_u bestimmt ist. Laut (2.166) kann man den Elementen b^0_μ die der Bedingung

$$\langle\pi_0 \cdot b^{\mu_1}_0 \mid b^0_{\mu_2}\rangle = \delta^{\mu_1}_{\mu_2} \tag{2.171}$$

genügenden Grundzustände $\pi^\mu_0 = \langle\pi_0 \cdot b_0|$ zuordnen. Unter den Transformationen $u \in G_u$ gehen die Zustände π^μ_0 in $\pi^\mu = \pi_0 \cdot b^\mu$ über; sie sind algebraische Zustände sowohl der Observablenalgebra G als auch ihrer Teilalgebra G_{B_0}. Zur Ermittlung der Zahlenwerte der Elemente b^0_μ genügt es, sich auf die algebraischen Zustände der Teilalgebra G_{B_0} zu beschränken. Bei einer solchen Beschränkung kann man (2.168) zufolge

$$(\pi^\mu)_{G_{B_0}} = (u\pi^\mu_0)_{G_{B_0}} = U^{\mu_1}_\mu \pi^\mu_0 \tag{2.172}$$

setzen, so daß

$$\langle\pi_0 \cdot b^{\mu_1} \mid b^0_{\mu_2}\rangle = U^{\mu_1}_\mu \delta^\mu_{\mu_2} = U^{\mu_1}_{\mu_2} \tag{2.173}$$

oder, laut (2.165),

$$\frac{\langle\pi_0 \mid b_{\mu_1} \cdot b^0_{\mu_2}\rangle}{\langle\pi_0 \mid b_{\mu_1}\rangle} = U^{\mu_1}_{\mu_2} \tag{2.174}$$

gilt. Ist die die Elemente einer zahlenwertigen Logik transformierende Gruppe G_u gegeben, so werden durch sie gemäß (2.172) die reellen Koeffizienten $U^{\mu_1}_{\mu_2}$ und folglich gemäß (2.174) die gesuchten Zahlenwerte der Relativwahrscheinlichkeiten bestimmt.

Wir gehen jetzt zu dem allgemeinen Fall der Theorie physikalischer Theorien über und setzen voraus, daß einem beliebigen physikalischen System eine Menge $\mathcal{L}$ gewisser Aussagen s über dieses System zugeordnet werden kann. Diese Menge bildet eine universale Algebra spezieller Gestalt und stimmt in Einzelfällen mit der Logik $\mathcal{L} = \{B_u\}$ der klassischen oder der Quantenmechanik überein. Daher nennen wir $\mathcal{L}$ algebraische Logik.

Die oben dargelegten algebraischen Ideen verallgemeinernd setzen wir voraus, daß für eine beliebige physikalische Theorie die folgenden Postulate erfüllt sind:

1. *Postulat über die algebraischen Eigenschaften einer Aussagenlogik*

Eine algebraische Logik $\mathcal{L}$ ist ein Verband einer gewissen, die unäre algebraische Operation der Bildung des orthogonalen Komplements enthaltenden primitiven Klasse. Eine Aussagenlogik $\mathcal{L}$ kann man durch Zusammenfügen vollständiger Boolescher Teilverbände B erhalten (von denen jeder einer klassischen Aussagenlogik oder einer Logik von Ereignissen, wie sie bei der algebraischen Motivierung der Wahrscheinlichkeitstheorie verwendet wurden, entspricht). Wir werden die Charakterisierung der primitiven Klassen der Verbände $\mathcal{L}$, durch welche eine Klassifizierung physikalischer Theorien durchgeführt werden kann, hier nicht näher präzisieren. Wir bemerken nur, daß der Übergang von der klassischen zur Quantenmechanik mit dem Übergang von einem distributiven Verband entweder zu einem Dedekindschen (modularen) Verband, falls es sich um (den Faktoren I_n und I_∞ entsprechende) quantenmechanische Probleme handelt, oder, im allgemeinen Fall, zu einem sogenannten schwach Dedekindschen (oder schwach modularen) Verband verbunden ist. Dabei nennt man einen solchen Verband $\mathcal{L}$ schwach Dedekindsch, für den gilt

$$s_2 = s_1 \cup (s_1^+ \cap s_2) , \tag{2.175}$$

falls $s_1 \subseteqq s_2$ ist.

2. *Postulat über invariante Eigenschaften einer Aussagenlogik*

Eine Aussagenlogik $\mathcal{L}$ ist invariant bezüglich der Transformationen aus der unabhängig vorgegeben Verbandsgruppe G_u von Automorphismen der Logik $\mathcal{L}$. Ist B einer der im Postulat 1 genannten Teilverbände der Logik $\mathcal{L}$, so kann man ein beliebiges Element $s \in \mathcal{L}$ aus einem gewissen Element $s_0 \in B$ mittels einer Transformation $u \in G_u$ erhalten.

Eine Besonderheit dieses Postulats ist die der Aufnahme der Verbandsgruppe in die Reihe der algebraischen Begriffe, die der Definition einer Aussagenlogik zugrunde liegen. Eine der Transformationen u dieser Gruppe charakterisiert die Veränderung von Aussagen in der Zeit. Daher bildet die Verbandsgruppe eine Grundlage zur Herstellung einer Verbindung der algebraischen Theorie mit den wichtigsten physikalischen Begriffen, solchen wie der Zeit. In der klassischen und der Quantenmechanik stimmt die Verbandsgruppe mit der Gruppe der kanonischen Transformationen überein. Durch diese Gruppe werden die Poissonschen Klammern und folglich auch das Liesche Produkt in einer Algebra von Observablen neu dargestellt. Von dieser Gruppe hängen vermöge (2.174) auch wichtige Eigenschaften des Jordanschen Produkts ab.

3. *Postulat über Zahlenwerte für eine Aussagenlogik*

Eine algebraische Logik $\mathcal{L}$ ist ein zahlenwertiger Verband, d. h., jeder Aussage $s \in \mathcal{L}$ wird eine reelle Zahl $\langle \pi_0 \mid s \rangle$ zugeordnet, die den folgenden Eigenschaften genügt:

Ist $s = 0$, so ist $\langle \pi_0 \mid s \rangle = 0$. Ist $s \neq 0$, so ist $\langle \pi_0 \mid s \rangle > 0$.

Die Zahlenwerte sind invariant bezüglich beliebiger Transformationen u der Verbandsgruppe, d. h., $\langle \pi_0 \mid us \rangle = \langle \pi_0 \mid s \rangle$. Ist $s_1 \cap s_2 = 0$, so ist $\langle \pi_0 \mid s_1 \cup s_2 \rangle = \langle \pi_0 \mid s_1 \rangle + \langle \pi_0 \mid s_2 \rangle$. Ferner kann man über einer Aussagenlogik eine bezüglich der Argumente $s_1, s_2 \in \mathcal{L}$ symmetrische reelle Funktion $\langle \pi_0 \mid s_1 \cdot s_2 \rangle \geqq 0$ einführen, für die $\langle \pi_0 \mid us_1 \cdot us_2 \rangle = \langle \pi_0 \mid s_1 \cdot s_2 \rangle$ gilt und die der Eigenschaft $\langle \pi_0 \mid s_1 \cdot s_2 \rangle = \langle \pi_0 \mid s_1 \cap s_2 \rangle$ genügt, falls s_1 und s_2 zum gleichen Booleschen Verband B (der in Übereinstimmung mit den Postulaten zu definieren ist) gehören. Dabei gilt im allgemeinen Fall $\langle \pi_0 \mid s_1 \cdot s_2 \rangle \leqq \langle \pi_0 \mid s_1 \rangle$, $\langle \pi_0 \mid s_1 \cdot s_2 \rangle \leqq \langle \pi_0 \mid s_2 \rangle$.

4. *Postulat über die Relativwahrscheinlichkeiten*

$\dfrac{\langle \pi_0 \mid s_1 \cdot s_2 \rangle}{\langle \pi_0 \mid s_2 \rangle}$ ist zahlenmäßig gleich der Wahrscheinlichkeit dafür, daß bei wahrer Aussage s_2 auch die Aussage s_1 wahr ist. Auch im allgemeinen Fall wie im Fall der klassischen Mechanik und der statistischen Quantenmechanik erlauben die Postulate 3 und 4 die Herstellung einer Verbindung zum Experiment.

3. Verbandoide und deren Anwendung auf die Untersuchung invarianter Eigenschaften von Algebren

3.1. Der allgemeine Begriff eines Verbandoids als eines verbandsgeordneten Gruppoids

Bei der Erforschung invarianter, nicht von der Wahl der Erzeugenden einer Algebra G abhängender Eigenschaften von G haben die Methoden der Operationen mit Teilmengen der Menge G eine breite Ausdehnung erfahren. Faktisch führt das Problem dabei auf die Erforschung einer auf G definierten Algebra besonderer Art, die wir Verbandoid nennen werden. In den Termini der Verbandoide bestimmt man auch leicht diejenigen Eigenschaften der Algebra G, die nicht explizit von der Form der binären Multiplikation abhängen.

Es sei G eine Algebra über einem Schiefkörper, in welcher die Operation einer binären Multiplikation $\circ$ gegeben ist. Die von den Elementen $\varphi_\gamma \in G$ aufgespannten linearen Teilräume s bilden, wie wir sahen, einen Dedekindschen Verband. Das Produkt $s_1 \circ s_2$ linearer Teilräume s_1 und s_2, die von $\varphi^{(1)}_{\gamma_1}$ bzw. $\varphi^{(2)}_{\gamma_2}$ aufgespannt werden, nennen wir den von allen Produkten $\varphi^{(1)}_{\gamma_1} \circ \varphi^{(2)}_{\gamma_2}$ aufgespannten linearen Teilraum. Die Menge S_G der linearen Teilräume s bildet bezüglich der so eingeführten Multiplikation ein Gruppoid und bezüglich der Vereinigungs- und Durchschnittsoperationen einen Verband. Aus der Definition der Vereinigung folgt

$$(s_1 \cup s_2) \circ s_3 = (s_1 \circ s_3) \cup (s_2 \circ s_3) \tag{3.1}$$

und aus der Definition des Durchschnitts

$$(s_1 \cap s_2) \circ s_3 \subseteqq (s_1 \circ s_3) \cap (s_2 \circ s_3)\,, \tag{3.2}$$

wobei in (3.2) das Auftreten der Inklusion (anstatt der Gleichheit) damit verbunden ist, daß nach Multiplikation des Durchschnitts der Teilräume s_1 und s_2 mit s_3 allgemeine Elemente entstehen können. Zu (3.1) und (3.2) analoge Formeln gelten auch für die linksseitige Multiplikation mit s_3.

Definition. *Verbandoid S_G über der Algebra G wird eine universale Algebra genannt, deren Elemente lineare Teilräume von G sind. Die algebraischen Operationen sind die Operationen der Vereinigung $\cup$, des Durchschnitts $\cap$ und der Gruppoidmultiplikation $\circ$.*

Bezüglich der Vereinigungs- und Durchschnittsoperationen ist S_G ein Dedekindscher Verband, und die Gruppoidoperation $\circ$ ist mit den beiden ersten Operationen durch Formeln der Form (3.1)—(3.2) verbunden. S_G ist eine Realisierung eines abstrakten Verbandoids, dessen Elemente durch die obigen algebraischen Beziehungen miteinander verbunden sind; bei diesem abstrakten Verbandoid wird jedoch nicht mehr vorausgesetzt, daß sich dessen Elemente als lineare Teilräume darstellen lassen.

In S_G existieren ein *kleinstes Element* 0 (der Nullraum) und ein *größtes Element*, das man mit dem Buchstaben G bezeichnen kann (da die Algebra G selbst ein linearer Vektorraum über Q ist).

Die oben angegebene Definition des Verbandoids S_G über G läßt sich leicht auf den Fall universaler Algebren folgender Art verallgemeinern. Es sei G eine universale Algebra, die insbesondere binäre algebraische Operationen enthält. Wenn $\circ$ das Symbol für eine dieser Operationen ist, so wird G in bezug auf sie zu einem Gruppoid. Bezüglich einer Teilmenge Ω_1 der Menge Ω aller auf G gegebenen algebraischen Operationen bildet G wiederum eine universale Algebra. (So kann zum Beispiel in dem oben betrachteten Fall der Algebren über einem Schiefkörper Q für Ω_1 die binäre Additionsoperation und eine unendliche Anzahl von unären Multiplikationsoperationen der Elemente von G mit Elementen des Schiefkörpers Q genommen werden.) Wir führen die Menge aller Teilalgebren S der universalen Algebra G bezüglich des Operationensystems Ω_1 ein und bezeichnen sie mit S_G. Dann bildet S_G einen Verband, der allerdings im allgemeinen nicht Dedekindsch ist. Wir definieren das Produkt $s_1 \circ s_2$ der Teilalgebren s_1 und s_2 von G als diejenige Teilalgebra der Algebra G (bezüglich des Operationensystems Ω_1), deren Erzeugende alle möglichen $\circ$-Produkte von Elementen der Teilalgebra s_1 mit Elementen der Teilalgebra s_2 sind. Dann wird die Menge S_G bezüglich dieser Operation zu einem Gruppoid, wobei die Gruppoidmultiplikation mit den Vereinigungs- und Durchschnittsoperationen durch die Formeln (3.1)–(3.2) verknüpft ist. Die so erhaltene universale Algebra S_G nennen wir das *Verbandoid über der universalen Algebra* G bezüglich des algebraischen Operationensystems Ω_1 (das speziell mit Ω zusammenfallen kann) und des Systems von Gruppoidmultiplikationsoperationen $\circ$.

Die Bedeutung des allgemeinen Begriffs des Verbandoids über G beruht darauf, daß er von der Wahl der Erzeugenden von G unabhängig ist und daher durch seine Eigenschaften tiefergehende invariante Eigenschaften der universalen Algebra G bestimmt. Es sei zum Beispiel G eine Gruppe, und $\circ$ sei die gewöhnliche Gruppenmultiplikation. Dann ist S_G der mit der zusätzlichen Operation der Multiplikation von Untergruppen versehene Verband aller Untergruppen der Gruppe G. Der Untergruppenverband einer Gruppe G ergibt eine tiefgehende Invariante der Gruppe G, und die in S_G zusätzlich vorhandene Gruppoidmultiplikation bereichert den algebraischen Apparat, mit dessen Hilfe man entsprechende Eigenschaften der Untergruppen der Gruppe G untersuchen kann, beträchtlich.

Zur Algebra G über Q zurückkehrend, wobei Ω_1 aus den Operationen der Addition und rechtsseitigen Multiplikation mit Elementen aus dem Schiefkörper Q besteht, definieren wir in den Daten des Verbandoids S_G eine Reihe nicht von der Form der Gruppoidmultiplikation $\circ$ abhängiger invarianter Eigenschaften.

Ein Element $s \in S_G$ heißt *Teilalgebra* der Algebra G, wenn

$$s \circ s \subseteqq s \tag{3.3}$$

gilt. Eine Teilalgebra s heißt *Linksideal*, wenn mit (3.3) zugleich

$$G \circ s \subseteqq s \tag{3.4}$$

gilt. Analog sind *Rechtsideal* und *zweiseitiges Ideal* definiert; für das letztere sind zum Beispiel die folgenden Bedingungen erfüllt:

$$G \circ s \subseteqq s\,, \qquad s \circ G \subseteqq s\,, \qquad s \circ s \subseteqq s\,. \tag{3.5}$$

Die Algebra G ist per definitionem eine *direkte Summe* von Links, Rechts- oder zweiseitigen Idealen s_1 und s_2, wenn gilt

$$G = s_1 \cup s_2\,, \qquad s_1 \cap s_2 = 0\,. \tag{3.6}$$

Die Zerlegung von G in eine direkte Summe von s_1 und s_2 werden wir kurz in der Form

$$\dot{G} = s_1 + s_2 \tag{3.7}$$

schreiben. Eine Algebra G heißt *einfach*, wenn $G \circ G \neq 0$ gilt und G keine von 0 und G verschiedenen zweiseitigen Ideale enthält. Eine Algebra G heißt *halbeinfach*, wenn sie in der Form einer direkten Summe einfacher Teilalgebren dargestellt werden kann.

Wir schließen diesen Abschnitt mit der Einführung des Begriffs der Verbandoide über Verbandoiden. Es sei S_G ein Verbandoid über der universalen Algebra G. Wir betrachten S_G als die in die Definition eines Verbandoides eingehende universale Algebra. Für Ω_1 wählen wir das System aller in S_G gegebenen algebraischen Operationen und für das System der Gruppoidmultiplikationen die Operationen $\circ$. Dann besteht das Verbandoid $S(S_G)$ über der universalen Algebra S_G bezüglich des Systems Ω_1 algebraischer Operationen und des Systems der Gruppoidmultiplikationen $\circ$ aus den Teilverbandoiden des Verbandoids S_G, für welche die binären Operationen $\circ$ definiert sind. Die Untersuchung der aufeinander folgenden Verbandoide S_G, $S(S_G)$, $S[S(S_G)]$, ... ermöglicht es, invariante Eigenschaften der Algebra G aller höheren Allgemeinheitsstufen zu untersuchen.

3.2. Liesche, assoziative, Jordansche, Lie-assoziative und Lie-Jordansche Verbandoide

Fällt die binäre Operation $\circ$ in der Algebra G mit den Operationen der Lieschen, assoziativen oder Jordanschen Multiplikation zusammen, so sind die Teilräume s untereinander durch zusätzliche Identitäten verbunden. Ist G eine assoziative Algebra, so folgt aus der Assoziativitätsbedingung $(g_1g_2)\, g_3 = g_1(g_2g_3)$

$$(s_1s_2)\, s_3 = s_1(s_2s_3)\,. \tag{3.8}$$

Analog folgen für die Jordansche und Liesche Multiplikation von Teilräumen aus $g_1g_2 = g_2g_1$ und $[g_1, g_2] = -[g_2, g_1]$ die Identitäten

$$s_1 \cdot s_2 = s_2 \cdot s_1\,, \tag{3.9}$$

$$[s_1, s_2] = [s_2, s_1]^{1)}\,. \tag{3.10}$$

Ferner folgt aus der Jacobischen Identität (2.5), daß das Liesche Produkt von Teilräumen der Identität

$$[[s_1, s_2], s_3] \subseteq [[s_1, s_3], s_2] \cup [[s_2, s_3], s_1] \tag{3.11}$$

genügt, wobei das Bestehen der Inklusion anstelle der Gleichheit damit zu erklären ist, daß der durch die Summe $g_1 + g_2$ zweier Elemente aus G aufgespannte lineare Teilraum nur dann mit der Vereinigung der durch g_1 und g_2 aufgespannten linearen Teilräume zusammenfällt, wenn g_1 und g_2 zueinander proportional sind.

[1]) Bei der Folgerung (3.10) ist zu beachten, daß g und $-g$ den gleichen Teilraum erzeugen.

Die angeführten Verbandoidbeziehungen können als Grundlage für die Definition von Begriffen dienen, die nicht von der Wahl der Erzeugenden der Algebra G abhängen, und für die mit ihrer Hilfe erforschbaren invarianten Eigenschaften von G. Dabei kann man einige Teile der Theorie der Lieschen, assoziativen und Jordanschen Algebren parallel entwickeln, wenn zuerst die Eigenschaften von S_G für alle diese Algebren gemeinsam betrachtet werden.

In der algebraischen Theorie physikalischer Systeme spielen die Algebren mit zwei binären Operationen eine grundlegende Rolle — die Lie-Jordanschen Algebren von Observablen und die durch sie bestimmten Lie-assoziativen Algebren. Ihnen entsprechen die Lie-Jordanschen und die Lie-assoziativen Verbandoide, in denen neben den oben angeführten, für Verbandoide mit einer Multiplikationsart charakteristischen Beziehungen folgende Identitäten gelten, welche die Liesche und die assoziative bzw. die Liesche und die Jordansche Multiplikation miteinander verbinden:

$$[s_1, (s_2 s_3)] \subseteqq (s_2[s_1, s_3]) \cup ([s_1, s_2] s_3) , \tag{3.12}$$

$$[s_1, s_2 s_3] \subseteqq (s_2[s_1, s_3]) \cup (s_3[s_1, s_2]) . \tag{3.13}$$

3.3. Liesch-erzeugte Algebren von Observablen

Ein wichtiges Problem ist die Rückführung der Erforschung invarianter algebraischer Eigenschaften physikalischer Systeme und dynamischer Aufgaben auf die Untersuchung relativ einfacherer und hinreichend erforschter algebraischer Begriffe. Im Zusammenhang mit physikalischen Systemen sind die wesentlichsten dieser Begriffe die Lieschen Algebren, die durch die Lie-Jordanschen Algebren von Observablen oder durch die ihnen entsprechenden Lie-assoziativen Algebren G definiert sind.

Es sei S_G das Lie-assoziative Verbandoid über G, dessen Elemente s alle linearen Teilräume von G sind. Ist L eine Menge von Elementen aus S_G, die mit Elementen auch deren Vereinigung, deren Durchschnitt und deren Liesches Produkt enthält, so ist L ein Liesches Verbandoid. Wir bezeichnen mit dem Symbol l den linearen Teilraum, der die Vereinigung aller Elemente aus L ist. Dann ist $[l, l] \subseteqq l$, und das Element $l \in L$ definiert eine Liesche Algebra, die eine Liesche Teilalgebra der Lie-assoziativen Algebra G ist. Die Algebra G heißt *Liesch-erzeugt*, wenn eine solche Liesche Algebra $l \in S_G$ endlichen Ranges existiert, daß die Lie-assoziative Algebra $G \in S_G$ in der Form

$$G = \bigcup_{n=1}^{\infty} l^n \tag{3.14}$$

dargestellt werden kann. Die Eigenschaft (3.14) hängt nicht von der Wahl der Erzeugenden von G ab. Daher kann die Frage nach dem Liesch-Erzeugtsein einer Algebra durch Eigenschaften des Verbandoids S_G entschieden werden. Zur Beantwortung dieser Frage muß man versuchen, aus dem Verbandoid S_G Liesche Algebren l endlichen Ranges auszuwählen, deren jede gemäß Formel (3.14) eine Liesch-erzeugte Teilalgebra der Algebra G definiert. Fällt eine dieser Teilalgebren mit G zusammen, so ist G Liesch-erzeugt.

Einer der Wege der Auswahl Liescher Algebren aus S_G beruht auf der Ausnutzung einer Galois-Korrespondenz zwischen Lie-assoziativen und Lieschen Verbandoiden.

Wir betrachten zwei Teilmengen des Verbandoids, die aus Elementen l_μ bzw. s_ν bestehen und durch die Beziehungen

$$[l_\mu, s_\nu] \subseteqq s_\nu \tag{3.15}$$

miteinander verbunden sind. Es besteht das folgende

Theorem über Verbandoide. *Für eine beliebig gegebene Menge von Elementen l_μ des Verbandoids S_G bildet die Menge aller der Elemente s_ν aus S_G, für die die Beziehungen* (3.15) *erfüllt sind, ein Lie-assoziatives Verbandoid. Ist eine beliebige Menge von Elementen s_ν des Verbandoids S_G gegeben, so bildet die Menge aller der Elemente l_μ aus S_G, für die die Beziehungen* (3.15) *erfüllt sind, ein Liesches Verbandoid.*

Es seien in diesem Zusammenhang zum Beispiel die Beziehungen (3.15) für s_{ν_1} und s_{ν_2} erfüllt. Dann gilt gemäß (3.1), (3.2), (3.11) und (3.12)

$$[l_\mu, (s_{\nu_1} \cup s_{\nu_2})] = [l_\mu, s_{\nu_1}] \cup [l_\mu, s_{\nu_2}] \subseteqq s_{\nu_1} \cup s_{\nu_2};$$
$$[l_\mu, (s_{\nu_1} \cap s_{\nu_2})] \subseteqq [l_\mu, s_{\nu_1}] \cap [l_\mu, s_{\nu_2}] \subseteqq s_{\nu_1} \cap s_{\nu_2};$$
$$[l_\mu, [s_{\nu_1}, s_{\nu_2}]] \subseteqq [[l_\mu, s_{\nu_1}], s_{\nu_2}] \cup [[l_\mu, s_{\nu_2}], s_{\nu_1}] \subseteqq [s_{\nu_1}, s_{\nu_2}];$$
$$[l_\mu, s_{\nu_1} s_{\nu_2}] \subseteqq (s_{\nu_1}[l_\mu, s_{\nu_2}]) \cup ([l_\mu, s_{\nu_1}] s_{\nu_2}) \subseteqq s_{\nu_1} s_{\nu_2}.$$

Dies bedeutet, für Vereinigung, Durchschnitt, Liesches und assoziatives Produkt der Elemente s_{ν_1} und s_{ν_2} sind die Beziehungen (3.15) ebenfalls erfüllt, was den ersten Teil des Theorems beweist. Analog hat man: Ist (3.15) für l_{μ_1} und l_{μ_2} erfüllt, so ist diese Beziehung gemäß (3.1), (3.2) und (3.11) auch für Vereinigung, Durchschnitt und Liesches Produkt dieser Elemente zutreffend, was den zweiten Teil des Theorems beweist.

Ist eine beliebige Menge von Elementen l_μ des Verbandoids S_G gegeben, so bildet die Menge aller der Elemente s_ν aus S_G, für welche die Beziehungen (3.15) erfüllt sind, ein Lie-assoziatives Verbandoid S. Ist eine beliebige Menge von Elementen s_ν aus S_G gegeben, so bildet die Menge aller der Elemente l_μ aus S_G, für welche die Beziehungen (3.15) zutreffen, ein Liesches Verbandoid L, dessen obere Grenze l eine Liesche Algebra definiert. Die Beziehung, die jedem Lie-assoziativen Teilverbandoid S des Verbandoids S_G auf Grund von (3.15) ein Liesches Verbandoid $L(S)$ und jedem Lieschen Teilverbandoid L des Verbandoids S_G ein Lie-assoziatives Verbandoid $S(L)$ zuordnet, heißt *Galois-Korrespondenz zwischen Lie-assoziativen und Lieschen Verbandoiden.*

Es sei bereits eine Liesche Algebra $m \in S_G$ endlichen Ranges gefunden. Erzeugt m gemäß Formel (3.14) eine Lie-assoziative Teilalgebra der Algebra G, die nicht mit G zusammenfällt, so kann man versuchen, m zu einer Lieschen Algebra höheren Ranges zu erweitern. Wir können zum Beispiel in einem durch m mittels der Galoiskorrespondenz bestimmten Lie-assoziativen Verbandoid ein solches Element n endlichen Ranges suchen, für welches

$$[n, n] \subseteqq m \tag{3.16}$$

gilt, wobei aus der Definition von m und n

$$[m, m] \subseteqq m\,, \qquad [m, n] \subseteqq n \tag{3.17}$$

folgt. Dann wird durch das Element $l = m \cup n$ eine neue Liesche Algebra definiert, für die m eine Teilalgebra ist. Die betrachteten Methoden können zur Bildung Lie-assoziative Algebren von Observablen erzeugender Liescher Algebren verwendet werden

3.4. Algebren von Observablen mit Bindungen und die parametrische Form der Bewegungsgleichungen

Die oben eingeführten Verbandoidbegriffe gestatten es, viele allgemeine Beziehungen hinsichtlich der Algebren von Observablen in einer einfachen Form zu schreiben und zu erforschen. Als Beispiel betrachten wir eine Algebra mit Bewegungsbeschränkungen (kurz: mit „Bindungen"), wobei wir uns einfachheitshalber auf die klassische nichtstatistische Mechanik beschränken. Dabei wird auch eine neue Auffassung der in 2.7 betrachteten Frage des nichtkanonischen Übergangs von einem Hamilton-Operator zu einem anderen gewonnen.

Zuerst definieren wir die Operation des *teilweisen Einsetzens von Zahlenwerten*. Die assoziative Algebra G sei das direkte Produkt der Algebra G_1 mit den Basiselementen e_ϱ und der Algebra G_2 mit den Basiselementen e_σ, d. h.

$$g = \varphi^{\varrho\sigma} e_\varrho e_\sigma\,, \tag{3.18}$$

wobei $e_\varrho e_\sigma = e_\sigma e_\varrho$ ist. Für die Algebra G_2 bedeutet die Operation des Einsetzens von Zahlenwerten im algebraischen Zustand π, daß die Größen $\varphi^\sigma e_\sigma \in G_2$ durch die Zahlen $\langle\pi \mid \varphi^\sigma e_\sigma\rangle = \varphi^\sigma \pi_\sigma$ ersetzt werden, wobei $\pi_\sigma = \langle\pi \mid e_\sigma\rangle$ ist. Entsprechend besteht die Operation des teilweisen Einsetzens von Zahlenwerten bei $G = G_1 \times G_2$ bezüglich des algebraischen Zustandes der Algebra G_2 in der Ersetzung der Elemente $\varphi^{\varrho\sigma} e_\varrho e_\sigma$ aus G durch die Elemente $(\varphi^{\varrho\sigma}\pi_\sigma)\, e_\varrho$ aus G_1.

Es möge die durch die klassischen Bewegungsgleichungen

$$\frac{\mathrm{d}p_k}{\mathrm{d}t} = [H, p_k] = -\frac{\partial H(p, q, c)}{\partial q^k}, \qquad \frac{\mathrm{d}q^k}{\mathrm{d}t} = [H, q^k] = \frac{\partial H(p, q, c)}{\partial p_k}, \tag{3.19}$$

$$k = 1, 2, \dots, N\,,$$

definierte Hamilton-Funktion $H(p, q, c)$ von n Konstanten $c_1, \dots, c_n$ abhängen. Wir ersetzen diese Konstanten durch neue kanonische Variable $p_{N+1}, \dots, p_{N+n}$. Dann folgen aus den für das erweiterte System unabhängiger kanonischer Variabler $q^1, q^2, \dots$ $\dots, q^{N+n}, p_1, p_2, \dots, p_{N+n}$ angeschriebenen Gleichungen der Form (3.19) erstens die Gleichungen (3.19), in denen $c_1, \dots, c_n$ durch $p_{N+1}, \dots, p_{N+n}$ ersetzt wurden, und zweitens die Gleichungen für die restlichen kanonischen Variablen

$$\frac{\mathrm{d}p_{N+1}}{\mathrm{d}t} = -\frac{\partial H}{\partial q^{N+1}} = 0\,, \dots, \frac{\mathrm{d}p_{N+n}}{\mathrm{d}t} = -\frac{\partial H}{\partial q^{N+n}} = 0\,, \tag{3.20}$$

$$\frac{\mathrm{d}q^{N+1}}{\mathrm{d}t} = \frac{\partial H}{\partial p_{N+1}}, \dots, \frac{\mathrm{d}q^{N+n}}{\mathrm{d}t} = \frac{\partial H}{\partial p_{N+n}}\,. \tag{3.21}$$

Aus (3.20) folgt, daß sich $p_{N+1}, \dots, p_{N+n}$ im Laufe der Zeit nicht verändern, so daß man sie den Konstanten $c_1, \dots, c_n$ gleichsetzen kann. Die dynamische Aufgabe mit dem erweiterten System kanonischer Variabler erweist sich als äquivalent zu der ursprünglichen dynamischen Aufgabe. Vom algebraischen Standpunkt aus bedeutet der modifizierte Ansatz, daß zuerst eine Algebra G von Observablen betrachtet wird, deren Elemente von $q^1, \dots, q^N, p_1, \dots, p_N, p_{N+1}, \dots, p_{N+n}$ abhängen, um danach auf die Elemente $g \in G$ die Operation des Einsetzens von Zahlenwerten anzuwenden, die dem Ersetzen aller beobachtbaren Größen $p_{N+1}, \dots, p_{N+n}$ durch die Zahlen $c_1, \dots, c_n$ entspricht.

Wir führen zusätzlich noch die kanonischen Variablen q^0 und p_0 ein, wobei vorausgesetzt wird, daß die folgende Funktion von Observablen existiert, deren Zahlenwerte in allen physikalisch zulässigen Zuständen gleich Null ist:

$$\varphi_0(p_0, p_1, \dots, p_{N+n}, q^1, \dots, q^N) \equiv p_0 + H(q^1, \dots, q^N, p_1, \dots, p_{N+n}) . \tag{3.22}$$

Als Ergebnis erhält man eine Algebra G von Observablen mit der Bindung φ_0. Da die Zahlenwerte der Bindungsgleichung genügen müssen, muß der Zahlenwert des Elementes $-p_0$ gemäß (3.22) mit dem Zahlenwert von H zusammenfallen, d. h. mit dem Zahlenwert der Energie. Für die erweiterte Algebra G von Observablen mit Bindungen ist das Liesche Produkt wie zuvor als

$$[g_1, g_2] = \sum_{\nu=0}^{N+n} \left(\frac{\partial g_1}{\partial p_\nu}\frac{\partial g_2}{\partial q^\nu} - \frac{\partial g_1}{\partial q^\nu}\frac{\partial g_2}{\partial p_\nu}\right) \tag{3.23}$$

definiert.

Es ist nicht schwer zu zeigen, daß die Bewegungsgleichungen für die dynamischen Veränderlichen $g \in G$ jetzt die Gestalt

$$\frac{\mathrm{d}g}{\mathrm{d}t} = [\varphi_0, g] \tag{3.24}$$

haben. Im Hinblick darauf erhält man, wenn g mit einer der Größen $q^1, \dots, q^{N+n}, p_1, \dots$ $\dots, p_{N+n}$ gleichgesetzt wird, die oben angegebenen Gleichungen (3.19)–(3.21). Wenn aber g mit q^0 oder p_0 zusammenfällt, so erhalten wir aus (3.23) und (3.24)

$$\frac{\mathrm{d}q^0}{\mathrm{d}t} = [\varphi_0, q^0] = [p_0, q^0] = 1 , \tag{3.25}$$

$$\frac{\mathrm{d}p_0}{\mathrm{d}t} = [\varphi_0, p_0] = [H, p_0] = -\frac{\partial H}{\partial q^0} . \tag{3.26}$$

Aus (3.25) folgt $q^0(t) = q^0(0) + t$, d. h., die Observable q^0 fällt bis auf den konstanten Summanden $q^0(0)$ genau mit der Zeit t zusammen. Doch was die Gleichung (3.26) anlangt, so entspricht sie dem Energieerhaltungssatz. Wenn H direkt von der Zeit abhängt und die Zeit t in der Funktion $H(p, q, t)$ durch q^0 ersetzt wird, dann entspricht (3.26) der Gleichung

$$\frac{\mathrm{d}H}{\mathrm{d}t} = \frac{\partial H}{\partial t} + [H, H] = \frac{\partial H}{\partial t} .$$

Multipliziert man die Bindung φ_0 mit einem Element g der Algebra G, so erhält man neue Bindungen φ, deren Zahlenwerte in allen physikalisch zulässigen Zuständen gleich Null sind. Man kann zeigen (siehe zum Beispiel das in den Literaturhinweisen zitierte Buch von Lánczos), daß das Ersetzen der Funktion φ_0 durch eine neue Funktion φ, für die $\langle \pi, \varphi \rangle = 0$ gilt, einem Übergang von der Zeit t zu einem neuen Parameter τ entspricht, so daß gilt

$$\frac{\mathrm{d}g}{\mathrm{d}\tau} = [\varphi, g] . \tag{3.27}$$

Wir zeigen dies am Beispiel der nichtrelativistischen Coulombschen oder Newtonschen Wechselwirkung (siehe 2.7). Wir wählen für H den Ausdruck (2.97), ersetzen K_0 durch $-p_4$ und erhalten aus (3.22)

$$\varphi_0 \equiv p_0 + \frac{\boldsymbol{p}^2}{2m} + \frac{p_4}{r}. \tag{3.28}$$

Es sei $\varphi = r\varphi_0$. Dann ist $\frac{\mathrm{d}q^4}{\mathrm{d}\tau} = [\varphi, q^4] = 1$, d. h. $q^4(\tau) = q^4\,(0) + \tau$, und beim Übergang von φ_0 zu φ spielen die dynamische Variable q^4 und der Parameter τ dieselbe Rolle wie zuvor q^0 und t. Demgemäß ist der neue Hamilton-Operator, der aus

$$\varphi \equiv p_4 + K \tag{3.29}$$

bestimmt wird, gleich $K = \frac{r\boldsymbol{p}^2}{2m} + rp_0$, was sowohl (2.98) als auch dem Zusammenfallen des Zahlenwertes der Größe $-p_4$ mit dem Zahlenwert H_0 der Energie entspricht. Ferner gilt

$$\frac{\mathrm{d}q^0}{\mathrm{d}\tau} = [\varphi, q^0] = [rp_0, q^0] = r\,, \tag{3.30}$$

was beim Übergang zu Zahlenwerten die Beziehung (2.99) ergibt. So bildet die in 2.7 dargelegte Theorie der nichtkanonischen Übergänge jetzt einen Spezialfall der Theorie der Algebren von Observablen mit Bindungen.

Wir wenden nunmehr den Apparat der Verbandoide auf die allgemeine Untersuchung der Algebren von Observablen mit Bindungen an. Zuerst stellen wir fest, daß die Menge der Bindungen einen linearen Teilraum des linearen Raumes G bildet. Im oben betrachteten Fall werden Bindungen in der Form $\varphi = g\varphi_0$ dargestellt, wobei g ein Element der Algebra G ist. Es gilt dann

$$[\varphi_1, \varphi_2] = [g_1\varphi_0, g_2\varphi_0] = \{g_1[\varphi_0, g_2] + g_2[g_1, \varphi_0] + 2\varphi_0[g_1, g_2]\}\,\varphi_0\,,$$

d. h., die Poissonsche Klammer zweier beliebiger Bindungen ist wieder eine Bindung. Die letztere Feststellung, deren Richtigkeit wir auch in allgemeineren Fällen nachweisen werden, kann in Verbandoidform geschrieben werden:

$$[\Phi, \Phi] \subseteqq \Phi\,. \tag{3.31}$$

Was indessen die assoziative Multiplikation betrifft, so gilt

$$G\Phi = \Phi G \subseteqq \Phi\,. \tag{3.32}$$

Somit ist der Teilraum Φ gleichzeitig Liesche Teilalgebra und assoziatives Ideal der Algebra G.

Die algebraischen Zustände der Algebra G müssen durch die Bedingung eingeschränkt werden, daß die Zahlenwerte der Bindungen φ gleich Null sind. Gelten aber $\langle \pi_1 \mid \varphi \rangle = 0$, $\langle \pi_2 \mid \varphi \rangle = 0$, so ist $\langle (k_1\pi_1 + k_2\pi_2) \mid \varphi \rangle = 0$ mit $k_1, k_2 \in R$. Daher bilden die Elemente des zu G dualen Vektorraumes, die zulässigen algebraischen Zuständen entsprechen, einen linearen Teilraum, den wir mit dem Symbol P bezeichnen und der sich aus

$$\langle P \mid \Phi \rangle = 0 \tag{3.33}$$

bestimmt. Gemäß 2.8 kann man nach Definition

$$\langle \pi \mid g_1 \circ g_2 \rangle = \langle \pi \circ g_1 \mid g_2 \rangle \tag{3.34}$$

annehmen, und dann folgt aus (3.31)

$$\langle [P, \Phi] \mid \Phi \rangle = \langle P \mid [\Phi, \Phi] \rangle \subseteqq \langle P \mid \Phi \rangle = 0 \,, \tag{3.35}$$

so daß

$$[P, \Phi] \subseteqq P \tag{3.36}$$

gilt und der Teilraum P sich als invariant bezüglich der Transformationen mit Elementen aus Φ erweist. Analog erhalten wir aus (3.32)

$$\langle PG \mid \Phi \rangle = \langle P \mid G\Phi \rangle = \langle P \mid \Phi \rangle = 0 \,, \tag{3.37}$$

woraus

$$PG \subseteqq P \tag{3.38}$$

folgt. Wie leicht zu sehen, folgt unter Berücksichtigung von (3.33) aus (3.36) umgekehrt (3.31) und aus (3.38) (3.32). Daher kann man anstelle der Angabe des als Menge aller Bindungen definierten linearen Teilraumes Φ von dem als Menge aller zulässigen algebraischen Zustände der Algebra G definierten linearen Teilraumes P ausgehen, wonach Φ als maximaler durch P mittels (3.33), (3.36) und (3.38) bestimmter linearer Teilraum definiert ist. Ein solcher Zugang ist auch auf die statistische und die Quantentheorie übertragbar.

Die Theorie der Algebren mit Bindungen und die Theorie der Verbandoide sind auf Probleme der Auffindung minimaler Algebren von Observablen anwendbar, mit deren Hilfe eine algebraische Lösung dynamischer Aufgaben gewonnen wird. Für physikalische Anwendungen besonders wichtig ist die Ermittlung endlicher Liescher Algebren, deren Elemente die Bindung φ und ein solches System von Observablen sind, deren Funktionen die gesuchten physikalischen Größen sind. Die zur Lösung einer dynamischen Aufgabe erforderliche minimale Algebra von Observablen ist dann Liesch-erzeugt, und man erhält die Lösung der dynamischen Aufgabe offenbar mittels des Apparates der Theorie der Lieschen Algebren.

4. Konstruktion zahlenwertiger assoziativer Algebren

4.1. Ein grundlegendes Theorem über zahlenwertige assoziative Algebren

Wir wenden die Theorie der assoziativen Verbandoide auf die Erforschung invarianter Eigenschaften zahlenwertiger assoziativer Algebren an. Einfachheitshalber setzen wir voraus, daß G eine Algebra endlichen Ranges ist, doch sind viele der im weiteren formulierten Resultate mit kleineren Modifikationen auch auf den Fall von Algebren von Observablen unendlichen Ranges übertragbar.

Es seien r_1 und r_2 zweiseitige Ideale einer assoziativen Algebra G, d. h., für sie gelten in der Bezeichnungsweise der Verbandoide die Bedingungen der Form (3.5):

$$Gr \subseteqq r\,, \qquad rG \subseteqq r\,, \qquad r^2 \subseteqq r\,. \tag{4.1}$$

Die Ideale r_1 und r_2 heißen *nilpotent*, wenn für geeignete natürliche Zahlen n_1 und n_2 gilt

$$r_1^{n_1} = 0\,, \qquad r_2^{n_2} = 0\,.$$

Die Vereinigung zweier nilpotenter Ideale ergibt wieder ein nilpotentes Ideal. Ist ferner n die größte der Zahlen n_1 und n_2, so ist gemäß (3.1) und (3.8) $(r_1 \cup r_2)^{2n}$ die Vereinigung von Teilräumen, von denen jeder nicht weniger als n Faktoren r_1 und r_2 enthält, und ist daher gleich Null. Die Vereinigung aller nilpotenten Ideale einer Algebra heißt ihr *Radikal.*

Theorem. *Das Radikal einer zahlenwertigen assoziativen Algebra G ist gleich Null (d. h., G enthält keine von Null verschiedenen zweiseitigen nilpotenten Ideale).*

Den Beweis dieses grundlegenden Theorems führen wir indirekt.

Die zahlenwertige Algebra G enthalte ein von Null verschiedenes nilpotentes Ideal r, so daß für eine geeignete natürliche Zahl n gilt

$$r^n = 0\,, \qquad r^{n-1} = d \neq 0\,, \qquad d^2 = 0\,. \tag{4.2}$$

Dann ist $Gd \subseteqq d$. Insbesondere folgt hieraus, wenn durch d^* der aus den zu den Elementen des Teilraums d adjungierten Elementen bestehende Teilraum bezeichnet wird,

$$d^*d \subseteqq d\,, \qquad (d^*d)\,(d^*d) \subseteqq dd = 0\,. \tag{4.3}$$

Andererseits folgt aus der Definition einer zahlenwertigen Algebra (siehe 2.8), daß für einen beliebigen von Null verschiedenen Teilraum b das Produkt b^*b von Null verschieden ist. (Denn nach der vierten Eigenschaft zahlenwertiger assoziativer Algebren enthält der Teilraum b^*b Elemente, deren Zahlenwerte von Null verschieden sind.) Hieraus folgt, daß $b = d^*d$ von Null verschieden ist. Wegen $b^* = b$ ist $b^*b = b^2$ ebenfalls nicht Null, was (4.3) widerspricht. Dieser Widerspruch beweist $b = 0$, $d = 0$, womit die Richtigkeit des Theorems nachgewiesen ist.

Es sei bemerkt, daß wir im vorstehenden Beweis nur die Annahme benutzt haben, r sei ein nilpotentes Linksideal, weshalb bei einer zahlenwertigen Algebra nicht nur keine zweiseitigen, sondern auch keine einseitigen nilpotenten Ideale vorhanden sind. Darüber hinaus ist der Beweis für zahlenwertige assoziative Algebren sowohl endlichen als auch unendlichen Ranges richtig.

4.2. Konstruktion zahlenwertiger assoziativer Algebren

Den Aufbau zahlenwertiger assoziativer Algebren vollzieht man mittels des grundlegenden Theorems des vorangegangenen Abschnitts unter Berücksichtigung von Resultaten und Theoremen der Theorie assoziativer Algebren. Um einen modernisierten, methodisch vervollkommneten Beweis anzugeben, benötigen wir allgemeine Theoreme, die sich auf den Apparat der Theorie der Verbandoide stützen.

Definition. *Als Projektor wird ein solches Element $p \in G$ bezeichnet, für welches $p^* = p$, $p^2 = p$ gilt. Ein Projektor π einer zahlenwertigen assoziativen Algebra G, der ein minimales einseitiges Ideal erzeugt, heißt minimaler Projektor.*

Theorem. *In einer zahlenwertigen assoziativen Algebra G erzeugt jedes minimale einseitige Ideal einen minimalen Projektor.*

Bestimmtheitshalber beweisen wir das Theorem für ein minimales Linksideal $l \subseteqq G$. Zuerst zeigen wir, daß das linksseitige Hauptideal $G\{a\}$, das man als rechtsseitiges Produkt des linearen Raumes G mit dem durch ein beliebiges von Null verschiedenes Element $a \in l$ erzeugten linearen Teilraum $\{a\}$ erhält, mit l zusammenfällt. Wir erhalten aus $\{a\} \subseteqq l$ nach linksseitiger Multiplikation mit G in der Tat $G\{a\} \subseteqq l$. Das auf der linken Seite der Inklusion stehende Ideal ist verschieden von Null, denn nach der vierten Eigenschaft zahlenwertiger assoziativer Algebren (siehe 2.) ist $a^*a \neq 0$. Doch folgt aus der Minimalität des Linksideals l, daß es kein von Null verschiedenes Teilideal enthält, d. h., $G\{a\} = l$. Indem wir weiter die adjungierten Werte der Elemente aller in $Gl \subseteqq l$ eingehenden Teilräume bilden und $G^* = G$ berücksichtigen (der Stern bedeutet diejenige Abbildung, die alle Elemente eines Teilraumes in die Adjungierten überführt), erhalten wir $l^*G \subseteqq l^*$, d. h. $l^*l \subseteqq l^* \cap l$. Da die linke Seite dieser Inklusion von Null verschieden ist, so ist der Durchschnitt von l^* und l nicht leer, d. h., l enthält wenigstens ein nicht verschwindendes Element $b \in l$, für das $b^* = b$ gilt. Da nach dem oben Bewiesenen $G\{b^*b\} = l = G\{b\}$ gilt, befindet sich in G ein von Null verschiedenes Element c mit

$$cb^*b = b = (cb^*b)^* = b^*bc^* . \tag{4.4}$$

Wir nehmen $\pi = cb^* = cb$ an. Dann ist $G\{\pi\} = l$ und nach (4.4)

$$\pi^* = bc^* = (cb^*b)\, c^* = \pi\pi^* = (\pi\pi^*)^* .$$

Dies zeigt

$$\pi^* = \pi , \qquad \pi^2 = \pi\pi^* = \pi , \tag{4.5}$$

d. h., π ist der gesuchte minimale Projektor, der das Ideal l erzeugt, womit das Theorem bewiesen ist.

Theorem. *Eine zahlenwertige assoziative Algebra G besitzt ein Einselement e und zerfällt in die direkte Summe von minimalen Linksidealen $l_\beta = G\{\pi_\beta\}$, wobei π_β minimale*

Projektoren sind, für welche die Beziehungen

$$e = \sum \pi_\beta \,, \qquad \pi_{\beta_1}\pi_{\beta_2} = \delta_{\beta_1\beta_2}\pi_{\beta_2} \tag{4.6}$$

bestehen.

Zum Beweis des Theorems verwenden wir die *Minimalbedingung für Linksideale* (welche für alle Algebren endlichen Ranges und auch für viele unendliche Algebren von Observablen zutrifft), gemäß der man aus einer beliebigen nichtleeren Menge von Linksidealen stets wenigstens ein minimales Linksideal auswählen kann. Es sei l_1 eines der im Linksideal G enthaltenen minimalen Linksideale. Dann ist nach dem vorhergehenden Theorem $l_1 = G\{\pi_1\}$, wobei π_1 ein minimaler Projektor ist. Wir schreiben ein beliebiges Element $g \in G$ in der Form $g = g\pi_1 + (g - g\pi_1)$ und bezeichnen mit G_2 den von allen möglichen Elementen der Form $(g - g\pi_1)$ aufgespannten linearen Teilraum. Dann ist

$$G = l_1 \cup G_2 \,, \qquad l_1 \cap G_2 = 0 \,,$$

wobei die letztere Beziehung sich daraus ergibt, daß für $b \in l_1 \cap G_2$ stets $b\pi_1 = (b - b\pi_1)$ gilt. Beide Seiten der letzten Gleichung von rechts mit π_1 multiplizierend, erhält man $b\pi_1 = 0$, d. h. $b = 0$. Dies bedeutet, daß G in die direkte Summe der Linksideale $G\{\pi_1\}$ und G_2 zerfällt, wobei

$$G_2\{\pi_1\} = 0 \tag{4.7}$$

gilt, da $(g - g\pi_1)\,\pi_1 = 0$ ist. Die Minimalbedingung beachtend, wählen wir aus G_2 ein minimales Linksideal $l_2 \subseteqq G_2$ aus und erhalten einen minimalen Projektor π_2, der l_2 erzeugt, usw. Wir setzen diesen Prozeß fort und erhalten schließlich eine Darstellung von G als eine direkte Summe

$$G = \sum G\{\pi_\beta\} \,, \tag{4.8}$$

wobei die minimalen Projektoren π_β gemäß (4.7) der Bedingung $\pi_{\beta_1}\pi_{\beta_2} = \delta_{\beta_1\beta_2}\pi_{\beta_2}$ genügen. Setzt man zur Abkürzung

$$e = \sum \pi_\beta \tag{4.9}$$

und berücksichtigt $G^* = G$, $e^* = e$, so hat man auf Grund von (4.8) und (4.9)

$$G\{e\} = G \,, \qquad \{e\}\,G = G \,, \qquad e^2 = e \,,$$

woraus folgt, daß e die Rolle des Einselementes der Algebra G spielt. Damit ist der Beweis des Theorems abgeschlossen.

Daraus, daß eine zahlenwertige assoziative Algebra G in eine direkte Summe minimaler Rechts- und minimaler Linksideale zerfällt, folgt, daß man G in Form einer direkten Summe minimaler zweiseitiger Ideale $G^{(i)}$ darstellen kann,

$$G = \sum G^{(i)} \,, \qquad G^{(i_1)}G^{(i_2)} = \delta^{i_1 i_2}G^{(i_2)} \,. \tag{4.10}$$

Jedes der zweiseitigen Ideale $G^{(i)}$ ist eine Teilalgebra von G, die keine von 0 und $G^{(i)}$ verschiedenen zweiseitigen Ideale enthält. D. h., gemäß der allgemeinen Definition (3.1) sind die Teilalgebren $G^{(i)}$ einfach, und die zahlenwertige assoziative Algebra G ist halbeinfach.

4.3. Einfache zahlenwertige assoziative Algebren

Aus den vorhergehenden Resultaten folgt, daß der Aufbau allgemeiner zahlenwertiger assoziativer Algebren durch den Aufbau einfacher zahlenwertiger Algebren bestimmt ist.

Theorem. *Eine einfache zahlenwertige assoziative Algebra ist isomorph zur Algebra der reellen, komplexen oder Quaternionenmatrizen über dem Körper der reellen Zahlen.*

Zum Beweis fixieren wir einen der im vorhergehenden Theorem eingeführten Indizes β, bezeichnen ihn mit β_0 und setzen

$$\pi_\beta = e_\beta^\beta . \tag{4.11}$$

(Die Summierung über β auf der rechten Seite einer Formel der Form (4.11) wird nicht ausgeführt, falls der Index β auch in die linke Seite der Gleichung eingeht.) Da von 0 und G verschiedene zweiseitige Ideale in G nicht vorkommen, folgt $G\{\pi_{\beta_0}\}\ G = G$, wonach die linearen Teilräume $\{\pi\}\ G\{\pi_{\beta_0}\}$ für keinen der Indizes β gleich Null werden. Es sei $e_\beta^{\beta_0}$ ein fixiertes von Null verschiedenes Element des Teilraumes $\{\pi_\beta\}\ G\{\pi_{\beta_0}\}$, wobei für $\beta = \beta_0$ in Übereinstimmung mit (4.11) $e_{\beta_0}^{\beta_0} = \pi_{\beta_0}$ sei. Da der Projektor π_{β_0} ein minimales Linksideal erzeugt, findet man für beliebiges β ein solches von Null verschiedenes Element $e_{\beta_0}^\beta \in \{\pi_{\beta_0}\}\ G\{\pi_\beta\}$, daß sich bei linksseitiger Multiplikation von $e_\beta^{\beta_0}$ mit diesem Element $\pi_{\beta_0} = e_{\beta_0}^{\beta_0}$ ergibt. Für beliebige Indizes β_1 und β_2 setzen wir

$$e_{\beta_2}^{\beta_1} = e_{\beta_2}^{\beta_0} e_{\beta_0}^{\beta_1} , \tag{4.12}$$

wobei der Index β_0 fixiert ist und die Summierung über ihn nicht ausgeführt wird. Aus der Definition von $e_{\beta_4}^{\beta_0}$ und $e_{\beta_0}^{\beta_1}$ folgt

$$e_{\beta_0}^{\beta_1} e_{\beta_4}^{\beta_0} = \delta_{\beta_4}^{\beta_1} e_{\beta_0}^{\beta_0} , \tag{4.13}$$

woraus man unter Beachtung von (4.12)

$$e_{\beta_2}^{\beta_1} e_{\beta_4}^{\beta_3} = \delta_{\beta_4}^{\beta_1} e_{\beta_2}^{\beta_3} \tag{4.14}$$

erhält. Setzt man für ein beliebiges $g \in G$

$$q_{\beta_2}^{\beta_1} = e_\beta^{\beta_1} g e_{\beta_2}^\beta , \tag{4.15}$$

so folgt aus (4.14)

$$e_{\beta_4}^{\beta_3} q_{\beta_2}^{\beta_1} = q_{\beta_2}^{\beta_1} e_{\beta_4}^{\beta_3} = e_{\beta_4}^{\beta_1} g e_{\beta_2}^{\beta_3} ,$$

d. h., die Elemente $q_{\beta_2}^{\beta_1}$ sind mit allen $e_{\beta_4}^{\beta_3}$ vertauschbar. Multipliziert man $q_{\beta_2}^{\beta_1}$ mit $e_{\beta_1}^{\beta_2}$ und summiert über β_1 und β_2, so erhält man im Hinblick auf (4.14) und die Definition (4.15)

$$q_{\beta_2}^{\beta_1} e_{\beta_1}^{\beta_2} = e_\beta^{\beta_1} g \delta_{\beta_1}^\beta e_{\beta_2}^{\beta_2} = e_{\beta_1}^{\beta_1} g e_{\beta_2}^{\beta_2} .$$

Da $e_{\beta_1}^{\beta_1} = e_{\beta_2}^{\beta_2} = \sum \pi_\beta = e$ gilt, kann man ein beliebiges Element $g \in G$ in der Form

$$g = q_{\beta_2}^{\beta_1} e_{\beta_1}^{\beta_2} \tag{4.16}$$

schreiben.

Die Linksideale $G\{e_{\beta_2}^\beta\}$ und $G\{e_{\beta_3}^\beta\}$ fallen zusammen und sind gleich l_β, da π_β dieses minimale Linksideal erzeugt und $e_{\beta_2}^\beta \in \{\pi_{\beta_2}\}\ G\{\pi_\beta\}$, $e_{\beta_3}^\beta \in \{\pi_{\beta_3}\}\ G\{\pi_\beta\}$. Analog ist $\{e_\beta^{\beta_1}\}\ G = \{e_\beta^{\beta_4}\}\ G$. Hieraus folgt, daß der lineare Teilraum

$$Q = \{e_\beta^{\beta_1}\}\ G\{e_{\beta_2}^\beta\} \tag{4.17}$$

nicht von der Wahl der Indizes β_1 und β_2 abhängt, d. h., die Koeffizienten $q_{\beta_2}^{\beta_1}$ des Ausdrucks (4.16) sind bei beliebigen β_1 und β_2 Elemente ein und desselben Teilraums Q. Wir zeigen, daß die Elemente aus Q eine assoziative Divisionsalgebra über dem Körper der reellen Zahlen bilden. In der Tat enthält Q erstens das Einselement e, da $e_\beta^{\beta_1} e e_{\beta_2}^\beta = \delta_{\beta_2}^{\beta_1} e$ ist. Weiter existiert für $e_{\beta_3}^{\beta_1} g e_{\beta_2}^\beta \neq 0$ wegen der Minimalität des Linksideals l_β stets ein Element b mit

$$be_{\beta_3}^{\beta_1} g e_{\beta_2}^{\beta} = e_{\beta_1}^{\beta} . \tag{4.18}$$

Daher erhalten wir unter Beachtung von (4.14) und (4.18)

$$(e_{\beta}^{\beta_1} b e_{\beta_3}^{\beta'}) (e_{\beta}^{\beta_1} g e_{\beta_2}^{\beta}) = e_{\beta}^{\beta_1} (b e_{\beta_3}^{\beta_1} g e_{\beta_2}^{\beta}) = e_{\beta}^{\beta} = e ,$$

d. h., für ein beliebiges nichtverschwindendes Element $q = e_{\beta}^{\beta_1} g e_{\beta_2}^{\beta}$ aus Q existiert ein Element $q^{-1} = e_{\beta}^{\beta_1} b e_{\beta_3}^{\beta}$ aus Q mit $q^{-1} q = e$. Analog beweist man die Existenz eines rechtsinversen Elementes. Schließlich folgt aus (4.14), daß das Produkt zweier beliebiger Elemente aus Q wieder ein Element aus Q ist und für das Produkt dreier Elemente die Assoziativitätsbedingung erfüllt ist. Nach dem Theorem von Frobenius (siehe die Literaturhinweise) sind die einzigen assoziativen Divisionsalgebren über dem Körper der reellen Zahlen der Körper der reellen Zahlen, der Körper der komplexen Zahlen und der Schiefkörper der Quaternionen. Damit ist der Beweis des Theorems beendet.

4.4. Irreduzible Darstellungen einfacher zahlenwertiger Algebren

Wir untersuchen die Frage nach der Beziehung zwischen verschiedenen treuen irreduziblen Darstellungen einfacher zahlenwertiger assoziativer Algebren.

Darstellung der assoziativen Algebra G über dem Körper P heißt ein Homomorphismus, der eine eindeutige Korrespondenz zwischen der abstrakten Algebra G und einer assoziativen Algebra M aus quadratischen Matrizen mit Elementen aus dem Schiefkörper Q herstellt, wobei der letztere den Körper P als Bestandteil enthält. Es ist klar, daß Q speziell mit P zusammenfallen kann. Eine Darstellung heißt *irreduzibel*, wenn die durch die Matrizen aus M bewirkten Endomorphismen keinen anderen nicht verschwindenden Teilraum invariant lassen als den ganzen Vektorraum, auf den M wirkt. Die quadratische Matrix, die ein abstraktes Element g darstellt, werden wir mit diesem Buchstaben bezeichnen, aber einen Index in Klammern hinzufügen, zum Beispiel $g_{(i)}$, wobei der Index i die Nummer der Darstellung charakterisiert. Zwei Darstellungen heißen *äquivalent*, wenn eine inverse Matrix S mit Koeffizienten aus dem Schiefkörper Q derart existiert, daß für alle Matrizen $g_{(1)}$, $g_{(2)}$ mit $g \in G$ die Gleichung

$$g_{(2)} = S g_{(1)} S^{-1} \tag{4.19}$$

erfüllt ist. Wenn $e_{\gamma}^{\beta_0}$ (für festes β_0) die Basiselemente eines Linksideals $l_{(0)}$ durchläuft, so kann man ein beliebiges Element dieses Ideals in der Form $e_{\gamma}^{\beta_0} \psi^{\gamma}$ darstellen, wobei die ψ^{γ} Elemente aus dem Schiefkörper Q oder dem Körper P sind. Zum Beispiel können die Elemente eines minimalen Linksideals einer einfachen zahlenwertigen Algebra auf Grund des Theorems aus dem vorhergehenden Abschnitt in der Form $e_{\beta}^{\beta_0} \psi^{\beta}$ geschrieben werden, wobei ψ^{β} Elemente des Schiefkörpers Q sind. Oder man kann es, wenn die in 2.6 betrachtete Methode des Übergangs von komplexen und Quaternionenspaltenvektoren zu reellen Spaltenvektoren angewandt wird, in der Form $e_{\gamma}^{\beta_0} \psi^{\gamma}$ schreiben, wobei ψ^{γ} Elemente des Körpers der reellen Zahlen sind. Die beiden angeführten Arten der Beschreibung von Linksidealen sind einander äquivalent, und man kann sie gleichzeitig betrachten; ein Unterschied tritt nur in Verbindung mit der verschiedenartigen Wahl des Schiefkörpers Q und mit der unterschiedlichen Wertemenge des Index γ auf. Wenn g ein allgemeines Element der Algebra G ist, so gilt

$$g e_{\gamma}^{\beta_0} = e_{\gamma_1}^{\beta_0} g_{(0)\gamma}^{\gamma_1} , \tag{4.20}$$

wobei $g^{\gamma_1}_{(0)\gamma}$ Elemente des Schiefkörpers (oder Körpers) Q sind. Somit gilt

$$g(e^{\beta_0}_{\gamma}\psi^{\gamma}) = e^{\beta_0}_{\gamma}(g_{(0)}\psi)^{\gamma}\,, \tag{4.21}$$

wobei $g_{(0)}$ eine quadratische Matrix mit den Elementen $g^{\gamma_1}_{(0)\gamma_2}$ ist, so daß ein beliebiges Ideal $l_{(0)}$ eine Darstellung erzeugt, die jedes Element g aus G durch eine Matrix $g_{(0)}$ darstellt.

Theorem. *Alle treuen irreduziblen Darstellungen einer einfachen Algebra sind untereinander und zu einer durch ein beliebiges minimales von Null verschiedenes Linksideal $l_{(0)}$ erzeugten Darstellung äquivalent.*

Beweis. Zufolge der Minimalität des Linksideals $l_{(0)}$ ist die durch dieses Ideal erzeugte Darstellung irreduzibel. Wir zeigen, daß aus der Einfachheit der Algebra G die Treue der Darstellung folgt. In der Tat, es sei d der durch die Bedingung $dl_{(0)} = 0$ definierte lineare Teilraum. Er bildet ein zweiseitiges Ideal, da $(GdG)\,l_{(0)} \subseteqq G(dl_{(0)}) = 0$ ist, und wegen der Einfachheit gilt $d = 0$. Wenn daher g ein von Null verschiedenes Element der Algebra G ist, so gilt $\{g\}\,l_{(0)} \neq 0$, d. h., die diesem Element zugeordnete, durch (4.20) definierte Matrix ist von Null verschieden. Wir betrachten jetzt eine beliebige treue irreduzible Darstellung der Algebra G, die den Elementen g quadratische Matrizen $g_{(1)}$ mit Koeffizienten aus dem Schiefkörper Q und speziell den Elementen $e^{\beta_0}_{\gamma}$ die quadratischen Matrizen $e^{\beta_0}_{(1)\gamma}$ zuordnet. Da die Darstellung treu ist, sind alle diese Matrizen ungleich Null, so daß man für einen beliebig fixierten Wert des Index $\gamma = \gamma_0$ stets eine solche Spalte ψ_0 mit Koeffizienten aus Q finden kann, für die $e^{\beta_0}_{(1)\gamma_0}\psi_0 \neq 0$ ist. Da die $e^{\beta_0}_{\gamma}$ die Basiselemente eines Linksideals sind, werden die Spalten $S_{\gamma} = e^{\beta_0}_{(1)\gamma}\psi_0$ bei der linksseitigen Multiplikation mit Matrizen $g_{(1)}$ durch Linearkombinationen dieser Spalten ersetzt, d. h., sie bilden einen invarianten Teilraum. Aus der Irreduzibilität der Darstellung folgt erstens, daß die Anzahl dieser Spalten gleich der Dimension der irreduziblen Darstellung ist, so daß man die Komponenten dieser Spalten mit den Indizes γ durchnumerieren kann, mit denen die Basiselemente $e^{\beta_0}_{\gamma}$ numeriert sind, und zweitens, daß die Matrix S mit den Koeffizienten $S^{\gamma_1}_{\gamma}$ (wobei die $S^{\gamma_1}_{\gamma}$ die Komponenten der Spalte S_{γ} sind) eine inverse Matrix S^{-1} hat, da die S_{γ} linear unabhängig sind und beliebige Spalten, in diesem Fall solche, bei denen die γ-te Komponente gleich 1 und die restlichen gleich Null sind, linear durch die Spalten S_{γ} ausgedrückt werden können. Für die einem allgemeinen Element $g \in G$ zugeordnete Matrix $g_{(1)}$ gilt gemäß (4.20) $g_{(1)}S_{\gamma} = S_{\gamma_1}g^{\gamma_1}_{(0)\gamma}$, d. h.

$$(g_{(1)}S_{\gamma})^{\gamma_2} = S^{\gamma_2}_{\gamma_1}g^{\gamma_1}_{(0)\gamma}\,. \tag{4.22}$$

In Matrizenform geschrieben, erhält die Gleichung (4.22) die Form

$$g_{(1)}S = Sg_{(0)}\,, \tag{4.23}$$

und da die Matrix S eine Inverse hat, so ist

$$g_{(1)} = Sg_{(0)}S^{-1}\,. \tag{4.24}$$

Somit ist eine beliebige treue irreduzible Darstellung zu einer durch ein beliebiges minimales Linksideal $l_{(0)}$ erzeugten Darstellung äquivalent, was zu zeigen war.

4.5. Die Algebra der Alternionen, die Cliffordsche Algebra und die Basisalgebra der reellen Spinoren als zahlenwertige assoziative Algebren

Wir wenden die oben erhaltenen Resultate auf assoziative Algebren spezieller Art an, die wichtige physikalische und geometrische Anwendungen finden.

Eine assoziative Algebra mit $2n$ Erzeugenden e_α heißt *Algebra der Alternionen*, ${}^lA_{2n+1}$, wenn die Erzeugenden den Bedingungen

$$e_{\alpha_1}e_{\alpha_2} + e_{\alpha_2}e_{\alpha_1} = 2\varepsilon_{\alpha_1}\delta_{\alpha_1\alpha_2}e \qquad (\alpha = 1, 2, \dots, 2n) \tag{4.25}$$

genügen, wobei e das Einselement der Algebra ${}^lA_{2n+1}$ ist und ε_α in l Fällen gleich 1 und in den restlichen $2n - l$ Fällen gleich -1 ist. Algebren von Alternionen, deren Erzeugendenzahl ungerade ist, sind Teilalgebren von Alternionenalgebren mit gerader Erzeugendenzahl, weshalb man sie (die ungeraden) nur im Zusammenhang mit den geraden betrachten kann.

Eine Alternionenalgebra, bei der alle ε_α gleich 1 sind, nennt man in der physikalischen Literatur gewöhnlich Cliffordsche Algebra. Wird die Algebra nicht über dem Körper der reellen Zahlen, sondern über dem Körper der komplexen Zahlen oder dem Schiefkörper der Quaternionen betrachtet, so sind Alternionenalgebren mit verschiedenen l zu einer Cliffordschen Algebra isomorph. Daher nennen wir die Algebren ${}^lA_{2n+1}$ über dem Körper der reellen Zahlen reelle Formen einer komplexen Cliffordschen Algebra. Die Algebra $B_n = {}^nA_{2n+1}$, für die per definitionem $\varepsilon_1 = \dots = \varepsilon_n = 1$, $\varepsilon_{n+1} = \dots = \varepsilon_{2n} = -1$ ist, betrachten wir als reelle Normalform einer komplexen Cliffordschen Algebra und nennen sie *Basisalgebra der reellen Spinoren*. Die restlichen reellen Formen kann man mittels Ersetzung einer Erzeugenden e_α der Normalform durch $e'_\alpha = (ie_\alpha)$ erhalten.

Theorem. *Eine Alternionenalgebra mit gerader Erzeugendenzahl ist eine zahlenwertige assoziative Algebra. Sie enthält keine von Null und von der Algebra selbst verschiedenen zweiseitigen Ideale (d. h., sie ist einfach).*

Zum Beweis des ersten Teils des Theorems ist es notwendig, für Elemente $g \in {}^lA_{2n+1}$ die Operation der involutorischen Adjunktion und das Einsetzen von Zahlenwerten zu definieren und zu zeigen, daß dabei alle Eigenschaften der zahlenwertigen Algebren erfüllt sind.

Für die Basiselemente der Algebra ${}^lA_{2n+1}$ kann man 2^{2n} Elemente e_μ in der Form

$$e_\mu = e_{\alpha_1}e_{\alpha_2}\dots e_{\alpha_k} \quad (\alpha_1 < \alpha_2 < \dots < \alpha_k) \tag{4.26}$$

annehmen, wobei per definitionem $e_0 = e$ gesetzt wird. Die Anwendung der involutorischen Adjunktion auf die Basiselemente wird gemäß den Formeln

$$e_\mu^* = \varepsilon_{\alpha_1}\dots\varepsilon_{\alpha_k}e_{\alpha_k}\dots e_{\alpha_2}e_{\alpha_1}, \qquad e_0^* = e_0 = e \tag{4.27}$$

und das Einsetzen von Zahlenwerten gemäß den Formeln

$$\operatorname{Re} e_\mu = \delta_\mu^0 2^n \tag{4.28}$$

definiert. Für ein allgemeines Element $g = \varphi^\mu e_\mu$ der Algebra ${}^lA_{2n+1}$, wobei φ^μ beliebige reelle Zahlen sind, haben dann der adjungierte Wert, der Zahlenwert und die Norm die Form

$$g^* = \varphi^\mu e_\mu^*, \qquad \operatorname{Re} g = 2^n\varphi^0, \qquad n^2(g) = \operatorname{Re}(g^*g) = 2^n \sum_\mu \varphi^\mu\varphi^\mu .$$

Hieraus folgt, daß alle Eigenschaften der zahlenwertigen Algebren erfüllt sind; zum Beispiel folgt Eigenschaft 4 (siehe Seite 27) aus dem Ausdruck für $n^2(g)$, so daß $n^2(g) > 0$ für $g \neq 0$ ist.

Wir zeigen weiter

$$\sum_{\mu_1} e_{\mu_1} e_\mu e^*_{\mu_1} = \delta^0_\mu 2^{2n} e = 2^n(\mathrm{Re}\, e_\mu)\, e\,. \tag{4.29}$$

Ist $\mu = 0$, so folgt (4.29) aus (4.25), (4.27) und der Tatsache, daß die Anzahl aller Basiselemente e_{μ_1} gleich 2^{2n} ist. Ist $e_\mu = e_{\beta_1} \dots e_{\beta_k}$, so kann man e_{μ_1} in der Form $e_{\beta_1} \dots e_{\beta_i} e_{\gamma_1} \dots e_{\gamma_j}$ schreiben, wobei $\beta_1, \dots, \beta_i$ bzw. $\gamma_1, \dots, \gamma_j$ Indizes sind, die unter den Zahlen $\beta_1, \beta_2, \dots, \beta_k$ vorkommen bzw. nicht vorkommen. Dabei wird $e_{\beta_1} \dots e_{\beta_i} = e$ für $i = 0$ und $e_{\gamma_1} \dots e_{\gamma_j} = e$ für $j = 0$ verabredet. Unter diesen Annahmen gilt gemäß (4.25) $e_{\mu_1} e_\mu = (-1)^{jk+i(k-1)} e_\mu e_{\mu_1}$ für $\mu \neq 0$. Bei ungeradem k ist dann die Zahl der Fälle, in denen der Faktor vor $e_\mu e_{\mu_1}$ gleich $+1$ oder -1 ist, gleich der Anzahl der verschiedenen $e_{\gamma_1} \dots e_{\gamma_j}$, je nachdem, ob j gerade oder ungerade ist. Die erste dieser Anzahlen ist für $1 \leqq 2j_1 + 1 \leqq 2n - k$ gleich $n_1 = \binom{2n-k}{1} + \binom{2n-k}{3} + \dots + \binom{2n-k}{2n-k}$ und die zweite gleich $n_2 = \binom{2n-k}{0} + \binom{2n-k}{2} + \dots + \binom{2n-k}{2n-k-1}$. Da $n_2 - n_1 = (1-1)^{2n-k} = 0$ ist, folgt daraus die Richtigkeit von (4.29) für ungerades k. Analog läßt sich nachweisen, daß die Anzahl aller $e_{\beta_1} \dots e_{\beta_{2i_1}}$ gleich der Anzahl aller $e_{\beta_1} \dots e_{\beta_{2i_1+1}}$ ist, falls $1 \leqq 2i_1 + 1 \leqq k$. Somit ist Formel (4.29) für beliebiges k und infolgedessen auch für beliebiges μ richtig.

Wir zeigen, daß die Algebra ${}^lA_{2n-1}$ keine nichttrivialen zweiseitigen Ideale enthält, d. h. einfach ist. Aus (4.27) erhalten wir $\mathrm{Re}\,(e_\mu g) = \varphi^\mu 2^n$. Hieraus folgt unter Beachtung von (4.29), daß jedes von Null verschiedene zweiseitige Ideal der Algebra ${}^lA_{2n+1}$ zu $e = e_0$ proportionale Elemente enthalten muß, da in der Zerlegung eines beliebigen von Null verschiedenen Elementes g eines solchen Ideals einer der Koeffizienten φ^μ der Basiselemente ungleich Null sein würde. Da aber $G\{e\} = G$ ist, muß ein beliebiges von Null verschiedenes zweiseitiges Ideal die gesamte Algebra $G = {}^lA_{2n+1}$ enthalten. Damit ist der Beweis des Theorems erbracht.

Unter Ausnutzung der Resultate aus 4.3 folgt jetzt, daß die Algebra $G = {}^lA_{2n+1}$ isomorph zur Algebra der reellen, komplexen oder Quaternionenmatrizen über dem Körper der reellen Zahlen ist. Die zweite dieser Möglichkeiten ist ausgeschlossen, da die Dimension der Algebra ${}^lA_{2n+1}$ gleich 2^{2n}, die der Algebra der komplexen Matrizen der Ordnung m gleich $2m^2$ und die Gleichheit von 2^{2n} und $2m^2$ für ganze Zahlen n und m nicht erfüllbar ist. Daher ist die Algebra ${}^lA_{2n+1}$ entweder zur Algebra $R_{(2^n)}$ der reellen Matrizen der Ordnung 2^n oder zur Algebra $Q_{(2^{(n-1)})}$ der Quaternionenmatrizen der Ordnung 2^{n-1} isomorph. Durch Induktion nach n folgt:

Theorem. *Die Algebra ${}^lA_{2n+1}$ der Alternionen ist für $(-1)^{(n-l+1)(n-l)/2} = 1$ zu $R_{(2^n)}$ und für $(-1)^{(n-l+1)(n-l)/2} = -1$ zu $Q_{(2^{(n-1)})}$ isomorph.*

Aus diesem (infolge seines Umfanges hier nicht mit einem vollständigen Beweis versehenen) Theorem folgt, daß die Basisalgebra der reellen Spinoren $B_n = {}^nA_{2n+1}$ zur Algebra der reellen quadratischen Matrizen der Ordnung 2^n über dem Körper der reellen Zahlen bzw. zu ${}^{n+1}A_{2n+1}$ isomorph ist.

Zum Schluß dieses Abschnitts betrachten wir die Automorphismen der Algebra ${}^{\iota}A_{2n+1}$ der Alternionen, welche die Basiselemente e_μ durch Linearkombinationen e'_μ von ihnen ersetzen, ohne die Strukturkonstanten zu verändern, und zeigen folgendes

Theorem über Automorphismen. *Für eine beliebige einfache zahlenwertige assoziative Algebra G, und hier für $G = {}^{\iota}A_{2n+1}$, sind alle Automorphismen innere, d. h., es existiert ein invertierbares Element $s \in G$, so daß gilt*

$$e'_\mu \equiv u^\mu_{\mu_1} e_{\mu_1} = s e_\mu s^{-1} \,. \tag{4.30}$$

In der Tat erhält man, die Elemente eines minimalen Linksideals von links mit den Elementen e_μ und e'_μ multiplizierend, zwei treue irreduzible Darstellungen der Algebra G, die umkehrbar-eindeutige Beziehungen zwischen den Elementen e_μ bzw. e'_μ und Matrizen E_μ bzw. E'_μ herstellen. Zufolge des letzten Theorems aus 4.4 sind alle treuen irreduziblen Darstellungen der Algebra G einander äquivalent, d. h., man kann eine reguläre Matrix S derart finden, daß

$$E'_\mu = S E_\mu S^{-1} \tag{4.31}$$

gilt. Nun ist aber die einfache Algebra G zu einer Matrizenalgebra isomorph. Daher kann man die Matrix S in der Form

$$S = \sum_\mu s^\mu E_\mu \tag{4.32}$$

darstellen, wobei s^μ reelle Zahlen sind. Setzt man $s = \sum_\mu s^\mu e_\mu$ und ersetzt in (4.31) E_μ bzw. E'_μ durch e_μ bzw. e'_μ, so gehen die Beziehungen (4.31) in (4.30) über. Dies beweist das Theorem.

4.6. Die assoziative Algebra der Quantenfelder und Veranschaulichung grundlegender Theoreme

Die Theorie der quantisierten Fermionenfelder, die das Entstehen und Zerfallen von Teilchen mit halbzahligem Spin (Fermionen) beschreibt, beruht auf der Verwendung von Erzeugungs- und Vernichtungsoperatoren b_σ bzw. b^σ der Fermionen. Am Anfang der Erforschung der algebraischen Grundlagen dieser Theorie kann man sich auf den endlichdimensionalen Fall beschränken und vereinbaren, daß der Index σ die Werte $1, 2, \ldots, n$ annimmt.

Basisalgebra der quantisierten Fermionenfelder heißt eine assoziative Algebra mit den Erzeugenden b_σ, b^σ, die durch die Beziehungen

$$\begin{aligned} b^{\sigma_1} b_{\sigma_2} + b_{\sigma_2} b^{\sigma_1} &= \delta^{\sigma_1}_{\sigma_2} e \,, \\ b_{\sigma_1} b_{\sigma_2} + b_{\sigma_2} b_{\sigma_1} &= b^{\sigma_1} b^{\sigma_2} + b^{\sigma_2} b^{\sigma_1} = 0 \end{aligned} \tag{4.33}$$

miteinander verbunden sind, wobei e das Einselement ist und der Index σ für das betrachtete endlichdimensionale Modell Werte zwischen 1 und n annimmt.

Theorem. *Die Basisalgebra der quantisierten Fermionenfelder ist zur Basisalgebra B_n der reellen Spinoren isomorph.*

In der Tat folgt aus der Definition von B_n, daß seine Erzeugenden e_σ, $e_{\sigma+n}$ ($\sigma = 1, 2, \ldots$) durch die Beziehungen

$$\begin{aligned} &e_{\sigma_1}e_{\sigma_2} + e_{\sigma_2}e_{\sigma_1} = -(e_{n+\sigma_1}e_{n+\sigma_2} + e_{n+\sigma_2}e_{n+\sigma_1}) = 2\delta_{\sigma_1\sigma_2}e\,, \\ &e_{\sigma_1}e_{n+\sigma_2} + e_{n+\sigma_2}e_{\sigma_1} = 0 \end{aligned} \tag{4.34}$$

verknüpft sind. Setzt man

$$b_\sigma = \tfrac{1}{2}(e_\sigma + e_{n+\sigma})\,, \qquad b^\sigma = \tfrac{1}{2}(e_\sigma - e_{n+\sigma})\,, \tag{4.35}$$

so folgt aus (4.34), daß b_σ, b^σ durch die Beziehungen (4.33) verknüpft sind, was zu beweisen war.

Aus (4.33) folgen

$$(b_1b^1)(b_1b^1) = b_1b^1, \ldots; \qquad (b^1b_1)(b^1b_1) = b^1b_1, \ldots; \tag{4.36}$$

$$(b_1b^1)(b_2b^2) = (b_2b^2)(b_1b^1), \ldots; \qquad (b^1b_1)(b^2b_2) = (b^2b_2)(b^1b_1), \ldots; \tag{4.37}$$

$$(b_1b^1)(b^1b_1) = 0, \ldots; \qquad (b_1b^1)(b^2b_2) = (b^2b_2)(b_1b^1), \ldots, \tag{4.38}$$

wobei die Punkte bedeuten, daß man analoge Beziehungen durch Ersetzen der Indizes 1 (bzw. 1 und 2) durch andere Indizes erhält. Wir setzen

$$\pi_{\sigma_1\ldots\sigma_k} = (b_{\sigma_1}b^{\sigma_1})(b_{\sigma_2}b^{\sigma_2})\ldots(b_{\sigma_k}b^{\sigma_k})(b^{\sigma_{k+1}}b_{\sigma_{k+1}})\ldots(b^{\sigma_n}b_{\sigma_n})\,, \tag{4.39}$$

worin $\sigma_1, \ldots, \sigma_k$ k beliebige verschiedene der Zahlen $1, 2, \ldots, n$ und $\sigma_{k+1}, \ldots, \sigma_n$ die restlichen dieser Zahlen sind und die Summation über $\sigma_1, \ldots, \sigma_n$ nicht ausgeführt wird. Hierbei setzen wir

$$\pi_0 = (b^1b_1)(b^2b_2)\ldots(b^nb_n)\,. \tag{4.40}$$

Aus (4.36)–(4.39) folgt, daß sich $\pi_{\sigma_1\ldots\sigma_k}$ bei Vertauschung zweier benachbarter Indizes nicht ändert. Ferner folgt aus (4.35) und der Definition (4.27) der involutorischen Adjunktion für Algebren von Alternionen $\pi^*_{\sigma_1\ldots\sigma_k} = \pi_{\sigma_1\ldots\sigma_k}$. Wir bezeichnen den Mehrfachindex $\sigma_1 \ldots \sigma_k$ mit dem Buchstaben β. Bei gegebenem k ist die Anzahl der verschiedenen $\pi_{\sigma_1\ldots\sigma_k}$ gleich der Zahl $\binom{n}{k}$ der Kombinationen von n Elementen zu je k und die Zahl aller verschiedenen Werte des Symbols gleich

$$\sum_{k=0}^{n}\binom{n}{k} = 2^n\,. \tag{4.40a}$$

Unter Berücksichtigung von (4.33) und (4.36)–(4.39) erhalten wir

$$\pi_{\beta_1}\pi_{\beta_2} = \delta_{\beta_1\beta_2}\pi_{\beta_2}\,, \tag{4.41}$$

$$\sum_\beta \pi_\beta = (b^1b_1 + b_1b^1)(b^2b_2 + b_2b^2)\ldots(b^nb_n + b_nb^n) = e\,. \tag{4.42}$$

Die Beziehungen (4.41) und (4.42) fallen für minimale Projektoren, die im Zusammenhang mit dem grundlegenden Theorem über zahlenwertige assoziative Algebren eingeführt wurden, mit den Beziehungen (4.6) zusammen. Daher werden durch die Formeln (4.39) explizite Ausdrücke für diese Projektoren definiert.

Wir setzen

$$b_{[\beta]} = b_{\sigma_1}b_{\sigma_2}\ldots b_{\sigma_k}\,, \qquad b^{[\beta]} = b^{\sigma_k}\ldots b^{\sigma_2}b^{\sigma_1} = b^*_{[\beta]}\,, \tag{4.43}$$

wobei wir die Verabredung $b_{[0]} = b^{[0]} = e$ treffen. Die eckigen Klammern $[\beta]$ bei dem Mehrfachsymbol β in (4.43) sollen unterstreichen, daß (im Gegensatz zu π_β) $b_{[\beta]}$ und

$b^{[\beta]}$ gemäß (4.33) antisymmetrische Größen bezüglich der Indizes $\sigma_1, \sigma_2, \ldots, \sigma_k$ sind. Da $(b_{\sigma_k})^2 = (b^{\sigma_k})^2 = 0$ ist, folgt aus (4.40) $b^{[\beta]}\pi_0 = \pi_0 b_{[\beta]} = 0$ für $[\beta] \neq 0$, woraus sich im Hinblick auf (4.36)–(4.38)

$$\pi_0 b^{[\beta_2]} b_{[\beta_1]} \pi_0 = \delta^{\beta_2}_{\beta_1} \pi_0 \tag{4.44}$$

ergibt. Setzt man

$$e^{\beta_2}_{\beta_1} = b_{[\beta_1]} \pi_0 b_{[\beta_2]} \,, \tag{4.45}$$

so erhält man

$$e^{\beta_1}_{\beta_2} e^{\beta_3}_{\beta_4} = \delta^{\beta_1}_{\beta_4} e^{\beta_3}_{\beta_2} \,. \tag{4.46}$$

Dies zeigt, daß durch die Formeln (4.45) für die im Zusammenhang mit dem Theorem über den Aufbau einfacher zahlenwertiger Algebren eingeführten Elemente $e^{\beta_1}_{\beta_2}$ explizite Ausdrücke gegeben sind.

Zur Lösung des in der Auffindung expliziter Ausdrücke für $b_{[\beta]}$ und $b^{[\beta]}$ (und insbesondere für $e_\sigma = b_\sigma + b^\sigma$, $e_{n+\sigma} = b_\sigma - b^\sigma$) mittels der Elemente $e^{\beta_1}_{\beta_2}$ bestehenden umgekehrten Problems nutzen wir die Identität (4.42) aus, die unter Beachtung der Einsteinschen Summationskonvention in der Form $e^{\beta}_{\beta} = e$ geschrieben werden kann. Multiplizieren wir $b_{[\beta]}$ von rechts mit $e^{\beta_1}_{\beta_1} = e$ und $b^{[\beta]}$ von links mit $e^{\beta_1}_{\beta}$ und berücksichtigen (4.45), dann erhalten wir

$$b_{[\beta]} = (b_{[\beta]} b_{[\beta_1]}) \, \pi_0 b^{[\beta_1]} \,, \qquad b^{[\beta]} = b^*_{[\beta]} \,. \tag{4.47}$$

Zufolge (4.43) ist das Produkt $b_{[\beta]} b_{[\beta_1]}$ gleich Null, falls unter den in $[\beta]$ und $[\beta_1]$ eingehenden Indizes gleiche auftreten, und gleich irgend einem mit dem Vorzeichen Plus oder Minus versehenen Element $b_{[\beta_2]}$ sonst. Indem wir diese Produkte in (4.47) in der angegebenen Weise ausdrücken, erhalten wir die für $b_{[\beta]}$ und $b^{[\beta]}$ gesuchten Darstellungen in der Form von Linearkombinationen der $e^{\beta_1}_{\beta_2}$.

Zur Anwendung auf die Basisalgebra der quantisierten Fermionenfelder B_n könnte das am Ende des vorhergehenden Abschnitts bewiesene Automorphismen-Theorem auf folgende Art ausgesprochen werden. *Sind die Erzeugenden b_σ, b^σ und $\tilde{b}_\sigma$, $\tilde{b}^\sigma$ durch die gleichen Beziehungen* (4.33) *miteinander verknüpft, so existiert ein solches invertierbares Element s aus B_n, für welches gilt*

$$\tilde{b}_\sigma = s b_\sigma s^{-1} \,, \qquad \tilde{b}^\sigma = s b^\sigma s^{-1} \,. \tag{4.48}$$

Für den Übergang von der Theorie der quantisierten Fermionenfelder zur allgemeinen Theorie der quantisierten Fermionen-Bosonenfelder ist das direkte Produkt der assoziativen Basisalgebra der Fermionenfelder mit der assoziativen Basisalgebra der Bosonenfelder zu betrachten. Letztere besitzt als Erzeugende die Erzeugungs- und Vernichtungsoperatoren a_μ bzw. $a^\mu = (a_\mu)^*$, die miteinander durch die aus (4.33) durch Ersetzung hervorgehenden Identitäten

$$\begin{aligned} &a^{\mu_1} a_{\mu_2} - a_{\mu_2} a^{\mu_1} = \delta^{\mu_1}_{\mu_2} e \,, \\ &a_{\mu_1} a_{\mu_2} - a_{\mu_2} a_{\mu_1} = 0 \,, \qquad a^{\mu_1} a^{\mu_2} - a^{\mu_2} a^{\mu_1} = 0 \end{aligned} \tag{4.49}$$

verbunden sind. Aus (4.49) ist ersichtlich, daß die assoziative Algebra der Bosonenfelder das direkte Produkt von einander isomorphen assoziativen Algebren A mit involutorischen Adjunktionen und der Identität

$$a^* a - a a^* = e \tag{4.50}$$

genügenden Erzeugenden ist. Aus (4.50) folgt für $H = aa^* + \frac{1}{2}e$

$$Ha - aH = a\,, \tag{4.51}$$

$$Ha^* - a^*H = -a^*\,. \tag{4.52}$$

Da (4.51) und (4.52) die Form von Vertauschungsregeln zwischen dem Energie-Operator H eines harmonischen Oszillators und den Operatoren der Erhöhung a bzw. der Erniedrigung a^* für seine Eigenwerte hat, nimmt man in der Quantentheorie der Felder an, die Eigenwerte von H seien wie im Fall eines harmonischen Oszillators (in Einheiten, für die $\hbar\omega = 1$ ist) gleich 1/2, 3/2, 5/2, ..., so daß neben (4.50) die folgende Identität gilt:

$$\left(H - \frac{1}{2}e\right)\left(H - \frac{3}{2}e\right)\dots\left(H - \frac{2n+1}{2}e\right)\dots = 0\,. \tag{4.53}$$

In dieser Weise führt das Studium des Aufbaus der Basisalgebra der quantisierten Bosonenfelder auf die Untersuchung einer assoziativen Algebra A, deren Erzeugende a mit den Adjungierten a^* den Identitäten (4.50) und (4.53) genügen. Wir zeigen, daß man in der Algebra A Basiselemente $e^{n_1}_{n_2}$ einführen kann, wie sie im Zusammenhang mit dem Theorem über den Aufbau einfacher zahlenwertiger Algebren definiert wurden. Hieraus folgt, daß die Algebra A isomorph zur Algebra der Matrizen über dem Körper der reellen Zahlen, d. h. eine einfache zahlenwertige Algebra ist. Gemäß 2.6 ist das direkte Produkt von vollen Matrizenalgebren über einem Körper wieder eine volle Matrizenalgebra über diesem Körper, so daß auch *die volle Algebra der quantisierten Fermionen-Bosonenfelder eine einfache zahlenwertige Algebra ist.*

Zum Beweis der obigen Behauptung über die Existenz von Basiselementen schreiben wir (4.53) in der Form

$$\prod_{n=0}^{\infty}(aa^* - ne) = 0; \qquad (aa^* - me)\prod_{n\neq m}(aa^* - ne) = 0 \tag{4.54}$$

und setzen

$$\frac{\prod\limits_{n\neq m}(aa^* - ne)}{\prod\limits_{n\neq m}(m - n)} = e^m_m, \tag{4.55}$$

wobei die Summation auf der rechten Seite von (4.55) nicht ausgeführt wird, da der Index m auch in die linke Seite eingeht und daher „stumm" ist. Aus (4.55) folgt

$$(aa^* - me)\,e^m_m = 0\,, \qquad \prod_{n\neq m}\frac{(aa^* - ne)}{(m - n)}\,e^m_m = (e^m_m)^2 = e^m_m\,. \tag{4.56}$$

Insbesondere gilt für $m = 0$

$$aa^*e^0_0 = 0\,, \qquad e^0_0 aa^* = 0\,, \qquad (e^0_0)^2 = e^0_0\,. \tag{4.57}$$

Aus (4.50) schließt man auf folgende Identitäten:

$$a^*a^n - a^na^* = a^{n-1} + (a^*a^{n-1} - a^{n-1}a^*)\,a = \dots = na^{n-1}\,, \tag{4.58}$$

$$a(a^*)^n - (a^*)^n\,a = -na^{n-1}\,, \tag{4.59}$$

$$(a^*a)\,a^n - a^n(a^*a) = (a^*a^n - a^na^*)\,a = na^n\,, \tag{4.60}$$

$$(a^*a)\,(a^*)^n - (a^*)^n\,(a^*a) = -na^n\,. \tag{4.61}$$

Die Identitäten (4.60) und (4.61) kombinierend, erhalten wir

$$(a^*a)(a^*)^j(a)^j - (a^*)^j(a)^i(a^*a) = (a^*)^j\{(a^*a)a^i - a^i(a^*a)\} + \\ + \{(a^*a)(a^*)^j - (a^*)^j(a^*a)\} = (i-j)(a^*)^j a^i . \quad (4.62)$$

Aus den angeführten Identitäten folgt

$$e_0^0(a^*)^i a^i e_0^0 = i!\,\delta_i^j e_0^0 . \quad (4.63)$$

Für $i \neq j$ multipliziert man beide Seiten der Identität (4.62) von rechts und links mit e_0^0 und berücksichtigt (4.57), erhält also $e_0^0(a^*)^j a^i e_0^0 = 0$. Für $j = i$ gilt zufolge (4.58) und (4.57)

$$e_0^0(a^*)^i a^i e_0^0 = i e_0^0(a^*)^{i-1} a^{i-1} e_0^0 = \ldots = i! e_0^0 , \quad (4.63)$$

so daß Formel (4.63) sowohl für $i \neq j$ wie für $i = j$ richtig ist. Wir setzen

$$e_{j_2}^{j_1} = \frac{1}{\sqrt{j_1!}\sqrt{j_2!}} a^{j_2} e_0^0 (a^*)^{j_1} . \quad (4.64)$$

Dann folgt aus (4.63)

$$e_{i_2}^{i_1} e_{j_2}^{j_1} = \frac{1}{\sqrt{i_1!i_2!j_1!j_2!}} a^{j_2} e_0^0 (a^*)^{i_1} a^{j_2} e_0^0 (a^*)^{j_1} = \delta_{j_2}^{i_1} \frac{1}{\sqrt{i_2!j_1!}} a^{i_2} e_0^0 (a^*)^{j_1} = \delta_{j_2}^{i_1} e_{i_2}^{j_1}, \quad (4.65)$$

d. h., gemäß Formel (4.64) sind die gesuchten, sich auf das Theorem über den Aufbau einfacher zahlenwertiger Algebren beziehenden Basiselemente der Algebra A bestimmt. In Verbindung mit (4.65) kann man das Einselement e der Algebra A in der Form

$$e = \sum_{n=0}^{\infty} e_n^n \quad (4.66$$

schreiben. Wird (4.66) mit a und a^* multipliziert, so erhält man

$$a = ae = \sum_{n=0}^{\infty} \frac{\sqrt{n+1}}{\sqrt{n!(n+1)!}} a^{n+1} e_0^0 (a^*)^n = \sum_{n=0}^{\infty} \sqrt{n+1}\; e_{n+1}^n , \quad (4.67)$$

$$a^* = ea^* = \sum_{n=0}^{\infty} \sqrt{n+1}\; e_n^{n+1} . \quad (4.68)$$

Wird $e_{n_1}^{n_2}$ mit einer unendlichdimensionalen Matrix identifiziert, bei welcher im Schnittpunkt der n_1-ten Zeile und n_2-ten Spalte eine Eins und sonst Nullen stehen, so gehen die Formeln (4.67) und (4.68) in die bei der matrizentheoretischen Formulierung der quantenmechanischen Aufgabe bezüglich der Oszillatoren eingeführten Ausdrücke über.

In seiner Anwendung auf einen harmonischen Oszillator ist von den besprochenen Resultaten dasjenige neu, welches besagt, daß die kanonischen Basiselemente $e_{j_2}^{j_1}$ gemäß Formel (4.64) durch die Erzeugungs- und Vernichtungsoperatoren ausgedrückt werden können. Dabei wird eine Algebraisierung der Theorie vorgenommen; insbesondere *werden den Observablen die Elemente* $\varphi = \varphi_{j_1}^{j_2} e_{j_2}^{j_1}$ *der Algebra A zugeordnet, die sich gegenüber Adjunktion nicht verändern, und den quantenmechanischen Zuständen ordnet man minimale Projektoren zu.* Zum Beispiel sind die durch (4.55) definierten Größen e_m^m minimale Projektoren, die den m-ten Quantenzuständen eines harmonischen Oszillators zugeordnet sind, und der Mittelwert der Observablen $\varphi = \varphi_{j_1}^{j_2} e_{j_2}^{j_1}$ im Zustand $\pi_m = e_m^m$ ist im Hinblick auf (2.112) gleich

$$\bar{\varphi} = \mathrm{Re}\,(\pi_m, \varphi) = \mathrm{Sp}\,(e_m^m \cdot \varphi) = \varphi_m^m . \quad (4.69)$$

5. Liesche Algebren und Liesche Gruppen

5.1. Ein grundlegendes Theorem über den Zusammenhang zwischen Lieschen Algebren und Lieschen Gruppen

Die wichtigsten Resultate der Theorie der Lieschen Gruppen gründen sich auf die Existenz enger Beziehungen zwischen Lieschen Algebren und Lieschen Gruppen. Diese Beziehungen sind wie alle angewandten Resultate der lokalen Theorie der Lieschen Gruppen eine Folge tiefgehender, nichttrivialer Identitäten, die den Inhalt eines weiter unten bewiesenen Grundtheorems bilden.

Es seien e_λ die Basiselemente einer Lieschen Algebra vom Rang r, so daß $\lambda = 1, \dots, r$. Dann ist

$$[e_{\lambda_1}, e_{\lambda_2}] = c^{\lambda_3}_{\lambda_1\lambda_2} e_{\lambda_3}, \tag{5.1}$$

wobei die *Strukturkonstanten* $c^{\lambda_3}_{\lambda_1\lambda_2}$ in den beiden unteren Indizes antisymmetrisch und durch die aus (2.5) folgenden Jacobischen Identitäten verknüpft sind. Wegen der oben und unten gleichzeitig auftretenden Indizes λ (im vorliegenden Fall, wegen λ_3) erfolgt die Summation in Übereinstimmung mit der allgemeinen Regel von 1 bis r. *Treue Darstellung einer Lieschen Algebra l* mittels einer assoziativen Algebra G heißt eine Vorschrift, die jedem Element $\xi^\lambda e_\lambda \in l$, wobei ξ^λ beliebige reelle Zahlen sind, ein Element $\xi^\lambda X_\lambda \in G$ zuordnet, wobei die X_λ, die sogenannten *Generatoren der Darstellung der Lieschen Algebra*,[1]) linear unabhängig und durch die Beziehungen

$$X_{\lambda_1} X_{\lambda_2} - X_{\lambda_2} X_{\lambda_1} = c^{\lambda_3}_{\lambda_1\lambda_2} X_{\lambda_3} \tag{5.2}$$

miteinander verknüpft sind. Dabei ist zusätzlich erforderlich, daß G ein Einselement e enthält und die Reihe

$$T^\xi \equiv \exp(\xi^\lambda X_\lambda) = e + \frac{(\xi^\lambda X_\lambda)}{1!} + \frac{(\xi^\lambda X_\lambda)^2}{2!} + \dots + \frac{(\xi^\lambda X_\lambda)^n}{n!} + \dots \tag{5.3}$$

für alle reellen Werte von ξ^λ konvergiert. (Die letztere Annahme erübrigt sich in einer Reihe von Fällen, zum Beispiel für assoziative Algebren endlichen Ranges, sofern sie aus anderen Eigenschaften der Algebra G hervorgeht.) In der Quantentheorie würde auf der linken Seite von (5.2) die quantenmechanische Poissonsche Klammer $\frac{i}{\hbar}(X_{\lambda_1} X_{\lambda_2} - X_{\lambda_2} X_{\lambda_1})$ stehen; beim Übergang zu dieser Klammer muß in (5.2) und in allen weiteren Beziehungen der Generator X_λ durch $\left(\frac{\hbar}{i}\right)^{-1} X_\lambda$ ersetzt werden.

[1]) Im klassischen Fall der Lieschen Transformationsgruppen sind die Generatoren das, was man gewöhnlich „die infinitesimalen Transformationen“ nennt. Heute ist auch die Bezeichnung als „die Strukturformen“ im Gebrauch. (Anm. d. Übers.)

Wir führen die die nachstehende Darstellung einer Lieschen Algebra charakterisierende Matrix C_ξ r-ter Ordnung mit den Elementen

$$(C_\xi)^{\lambda_1}_{\lambda_2} \equiv c^{\lambda_1}_{\lambda\lambda_2}\xi^\lambda \tag{5.4}$$

ein. Wir setzen

$$U(\xi) = E - \frac{1}{2!}C_\xi + \frac{1}{3!}C_\xi^2 + \ldots = \frac{E - \exp(-C_\xi)}{C_\xi}, \tag{5.5}$$

worin E die Einheitsmatrix r-ter Ordnung bezeichnet. $U(\xi)$ und $U(-\xi)$ sind in einem gewissen Wertebereich der Parameter ξ^λ reguläre Matrizen[1]), d. h., für diesen Bereich existieren die inversen Matrizen. In der Tat gilt für $\xi^\lambda \to 0$

$$\lim U(\xi) = \lim U(-\xi) = E\,,$$

so daß die Matrizen $U(\xi)$ und $U(-\xi)$ für kleine Werte von ξ^λ Einheitsmatrizen und ihre Determinanten von Null verschieden sind.

Grundtheorem. *Für einen Wertebereich der Parameter ξ^λ, in welchem die Matrix $U(\zeta)$ regulär ist, gelten die Identitäten*

$$X_\lambda T^\xi = Y_\lambda T^\xi\,, \qquad T^\xi X_\lambda = Z_\lambda T^\xi\,, \tag{5.6}$$

wobei

$$Y_\lambda = U^{-1}(-\xi)^{\lambda_1}_\lambda \frac{\partial}{\partial\xi^{\lambda_1}}, \qquad Z_\lambda = U^{-1}(\xi)^{\lambda_1}_\lambda \frac{\partial}{\partial\xi^{\lambda_1}}. \tag{5.7}$$

Beweis. Wir führen die Zeilenmatrizen

$$\boldsymbol{X} = (X_1X_2 \ldots X_r)\,, \qquad \partial = (\partial_1\partial_2 \ldots \partial_r) \tag{5.8}$$

ein, deren Elemente entsprechend die Operatoren X_λ und $\partial_\lambda \equiv \frac{\partial}{\partial\xi^\lambda}$ sind. Unter der Multiplikation einer der Zeilen (5.8) von rechts bzw. links mit irgendwelchen Operatoren verstehen wir diejenige Zeile, die sich durch Multiplikation jedes Elementes dieser Zeile von rechts bzw. links mit diesem Operator ergibt. Zum Beispiel ist für $X = \xi^\lambda X_\lambda$

$$\partial X = \big((\partial_1 X)\,(\partial_2 X) \ldots (\partial_r X)\big) = (X_1X_2 \ldots X_r) = \boldsymbol{X}\,. \tag{5.9}$$

Gemäß (5.2) und (5.4) ist

$$XX_\lambda - X_\lambda X = c^{\lambda_2}_{\lambda_1\lambda}\xi^{\lambda_1}X_{\lambda_2} = (\boldsymbol{X}C_\xi)_\lambda\,, \tag{5.10}$$

somit

$$X\boldsymbol{X} - \boldsymbol{X}X = \boldsymbol{X}C_\xi = (X_1X_2 \ldots X_r)\begin{pmatrix} (C_\xi)^1_1 & (C_\xi)^1_2 \ldots \\ (C_\xi)^2_1 & (C_\xi)^2_2 \ldots \\ \cdot\;\cdot\;\cdot & \cdot\;\cdot\;\cdot \end{pmatrix}. \tag{5.11}$$

Zur Berechnung der partiellen Ableitung von $T^\xi = \sum_{n=0}^{\infty} \frac{X^n}{n!}$ nach ξ^λ beweisen wir zuerst durch Induktion nach n, daß für beliebige Werte $n \geqq 1$ die Identitäten

$$\partial X^n = \sum_{k=0}^{n-1} \frac{n!}{k!(n-k)!}\boldsymbol{X}(C_\xi)^{n-k-1}X^k\,, \tag{5.12}$$

$$\partial X^n = \sum_{k=0}^{n-1} \frac{n!}{k!(n-k)!}X^k\boldsymbol{X}(-C_\xi)^{n-k-1} \tag{5.13}$$

[1]) Oder, was dasselbe besagt, invertierbare Matrizen.

gelten. Für $n = 1$ fallen die Formeln (5.12) und (5.13) mit (5.9) zusammen und sind daher in diesem Fall richtig. Ist (5.12) für ein beliebiges n als richtig erkannt, so zeigen wir, indem wir die Identität

$$\frac{n!}{k!(n-k)!} + \frac{n!}{(k-1)!\,(n-k+1)!} = \frac{(n+1)!}{k!(n+1-k)!} \tag{5.14}$$

benutzen, daß dies auch für $n + 1$ zutrifft. In der Tat folgt aus (5.9), (5.11), (5.12) und (5.14)

$$\begin{aligned}
\partial X^{n+1} &= (\partial X)\, X^n + X(\partial X^n) = \boldsymbol{X} X^n + X \sum_{k=0}^{n-1} \frac{n!}{k!(n-k)!} \boldsymbol{X}(C_\xi)^{n-k-1}\, X^k = \\
&= \boldsymbol{X}\left[X^n + \sum_{k=0}^{n-1} \frac{n!}{k!(n-k)!} (X + C_\xi)\, C_\xi^{n-k-1} X^k\right] = \\
&= \boldsymbol{X}\left[\sum_{k=1}^{n} \left(\frac{n!}{k!(n-k)!} + \frac{n!}{(k-1)!\,(n-k+1)!}\right) C_\xi^{n-k} X^k + C_\xi^n\right] = \\
&= \sum_{k=0}^{n} \frac{(n+1)!}{k!(n+1-k)!} \boldsymbol{X}(C_\xi)^{n-k}\, X^k .
\end{aligned} \tag{5.15}$$

Damit ist Formel (5.12) für alle $n \geqq 1$ bewiesen. Analog überzeugt man sich von der Richtigkeit der Formel (5.13). Ferner verwenden wir: Wird die Summation über die Zeilen der unendlichen Matrix

$$\begin{pmatrix} a_0^1 & 0 & 0 & 0 \ldots \\ a_1^2 & a_0^2 & 0 & 0 \ldots \\ a_2^3 & a_1^3 & a_0^3 & 0 \ldots \\ \cdot & \cdot & \cdot & \cdot \cdots \end{pmatrix}$$

mit der Summation über die Diagonalen vertauscht (was bei absoluter Konvergenz von Doppelsummen zulässig ist), so erhält man

$$\sum_{n=1}^{\infty} \sum_{k=0}^{n-1} a_k^n = \sum_{k=0}^{\infty} \sum_{n=1}^{\infty} a_k^{n+k} = \sum_{n=1}^{\infty} \sum_{k=0}^{\infty} a_k^{n+k} . \tag{5.16}$$

Ersetzt man hierin die a_k^n durch die Ausdrücke, die in (5.12) und (5.13) hinter dem Summenzeichen stehen, so erhält man

$$\partial e^X = \boldsymbol{X}\left(\sum_{n=1}^{\infty} \frac{C_\xi^{n-1}}{n!}\right)\left(\sum_{k=0}^{\infty} \frac{X^k}{k!}\right) = \boldsymbol{X} U(-\xi)\, e^X , \tag{5.17}$$

$$\partial e^X = \left(\sum_{k=0}^{\infty} \frac{X^k}{k!}\right) \boldsymbol{X} \left(\sum_{n=1}^{\infty} \frac{(-C_\xi)^{n-1}}{n!}\right) = e^X \boldsymbol{X} U(\xi) . \tag{5.18}$$

In (5.17) und (5.18) kann man zur Komponentenschreibweise übergehen und erhält dann

$$\partial_\lambda T^\xi \equiv \frac{\partial}{\partial \xi^\lambda} e^X = X_{\lambda_1} U(-\xi)_\lambda^{\lambda_1}\, e^X = X_{\lambda_1} U(-\xi)_\lambda^{\lambda_1}\, T^\xi , \tag{5.19}$$

$$\partial_\lambda T^\xi = e^X\, U(\xi)_\lambda^{\lambda_1}\, X_{\lambda_1} = T^\xi U(\xi)_\lambda^{\lambda_1}\, X_{\lambda_1} . \tag{5.20}$$

Gemäß (5.5) ist

$$U(-\xi) = \sum_{n=1}^{\infty} \frac{C_\xi^{n-1}}{n!} = \frac{E - \exp C_\xi}{-C_\xi} = e^{C_\xi}\, U(\xi) . \tag{5.21}$$

Wir setzen die rechten Seiten von (5.19) und (5.20) einander gleich und erhalten entsprechend der Äquivalenz von (2.80), (2.81)

$$e^X X_\lambda e^{-X} = (\exp C_\xi)_\lambda^{\lambda_1} X_{\lambda_1} = \sum_{n=0}^{\infty} \frac{[X, \dots [X, X_\lambda] \dots]}{n!} . \tag{5.22}$$

Aus (5.21) folgt, daß mit $U(\xi)$ zugleich auch $U(-\xi)$ regulär ist. In dem Wertebereich der Parameter ξ^λ, in welchem die Matrizen $U(\xi)$ und $U(-\xi)$ regulär sind, kann man die Beziehungen (5.19) und (5.20) bzw. mit $U^{-1}(-\xi)^\lambda_{\lambda_2}$ und $U^{-1}(\xi)^\lambda_{\lambda_2}$ multiplizieren und anschließend die Summation über alle Werte des Index λ durchführen. Unter Beachtung der Definition (5.7) ergibt sich, daß (5.19) und (5.20) mit (5.6) zusammenfallen, womit der Beweis des Grundtheorems erbracht ist.

Es sei $g(\xi) \in G$ eine analytische Funktion der Parameter ξ^λ, so daß sie in einem gewissen Wertebereich der ξ^λ als eine Reihe der Form

$$g(\xi) = \sum_{n_1=0}^{\infty} \dots \sum_{n_r=0}^{\infty} g_{n_1 \dots n_r} (\xi^1)^{n_1} \dots (\xi^r)^{n_r}; \qquad g_{n_1 \dots n_r} \in G \tag{5.23}$$

dargestellt werden kann. Multipliziert man die Parameter ξ^λ mit der Eins e der Algebra G, so kann man sie auch als Elemente der Algebra betrachten.

Eine lineare Transformation T, welche die Elemente $g \in G$ in $Tg \in G$ überführt, heißt *Punkttransformation*, wenn für beliebige analytische Funktionen $g(\xi)$ gilt

$$Tg(\xi) \equiv Tg(\xi^1, \dots, \xi^r) = g\{(T\xi^1 e), \dots, (T\xi^r e)\} \equiv g(T\xi) . \tag{5.24}$$

Theorem über Punkttransformationen. *Für unendlich oft differenzierbare, mit der Eins der Algebra G multiplizierte Funktionen V^λ und $D = V^\lambda \, \partial/\partial\xi$ sei $T = \exp D$. Dann ist T eine Punkttransformation, d. h.*

$$e^D g(\xi) = g(e^D \xi) . \tag{5.25}$$

In der Tat hat man für Funktionen f_1 und f_2 von ξ^λ

$$D(f_1 f_2) = V^\lambda\{(\partial_\lambda f_1) f_2 + f_1(\partial_\lambda f_2)\} = (Df_1) f_2 + f_1(Df_2) . \tag{5.26}$$

Hieraus erhält man durch Induktion nach n und unter Berücksichtigung von (5.14)

$$D^n(f_1 f_2) = \sum_{k=0}^{n} \frac{n!}{k!(n-k)!} (D^k f_1)(D^{n-k} f_2) . \tag{5.27}$$

Nach Division beider Seiten von (5.27) durch $n!$ und Summation über n von 0 bis ∞ ergibt sich im Hinblick auf (5.16)

$$e^D (f_1 f_2) = \sum_{n=0}^{\infty} \sum_{k=0}^{n} \left(\frac{D^k f_1}{k!}\right)\left(\frac{D^{n-k} f_2}{(n-k)!}\right) = \sum_{k=0}^{\infty} \sum_{n=0}^{\infty} \left(\frac{D^k f_1}{k!}\right)\left(\frac{D^n f_2}{n!}\right). \tag{5.28}$$

Hieraus folgt

$$e^D (f_1 f_2 \dots f_m) = (e^D f_1)(e^D f_2) \dots (e^D f_m) . \tag{5.29}$$

Die Anwendung von (5.29) auf beide Seiten von (5.23) ergibt

$$e^D g(\xi) = \sum g_{n_1 \dots n_r} (e^D \xi^1)^{n_1} \dots (e^D \xi^r)^{n_r} = g(e^D \xi) , \tag{5.30}$$

womit das Theorem bewiesen ist.

Die auf beliebige Funktionen $g(\xi) \in G$ wirkenden Transformationen $T^\xi = \exp(\xi^\lambda X_\lambda)$ nennen wir *kontinuierliche Transformationen*, da sie von den Parametern ξ^λ stetig abhängen. Die Parameter ξ^λ, von denen die T^ξ abhängen, heißen *kanonische Parameter kontinuierlicher Transformationen.* Das Grundtheorem und das Theorem über Punkttransformationen ermöglichen den Nachweis, daß die *kontinuierlichen Transformationen in der Nähe der identischen Transformation* $T^0 = e$ *eine Gruppe bilden, die lokale Liesche Gruppe bezüglich der Lieschen Algebra l.* Zum Beweis muß man sich von der Gültigkeit aller Gruppenaxiome für Abbildungen der Form T^ξ überzeugen. Die zu $T^\xi = \exp(\xi^\lambda X_\lambda)$ inverse Transformation ist $T^{-\xi} = \exp(-\xi^\lambda X_\lambda)$. Die Assoziativitätsbedingung für kontinuierliche Transformationen folgt aus der Assoziativität der Algebra G, so daß man nur nachzuweisen braucht, daß das Produkt zweier Transformationen der Form $T^\xi = \exp(\xi^\lambda X_\lambda)$ gleichfalls diese Form annimmt. Ein Kriterium, das es gestattet, dies nachzuprüfen, und Formeln zur Auffindung der kanonischen Parameter des Produkts liefert das folgende

Theorem über das Produkt kontinuierlicher Transformationen. *In einem Wertebereich der kanonischen Parameter* ξ^λ, *in welchem die Matrix* $U(\xi)$ *regulär ist, sind die Produkte kontinuierlicher Transformationen* $T^\xi = \exp(\xi^\lambda X_\lambda)$ *und* $T^\eta = \exp(\eta^\lambda X_\lambda)$ *von der gleichen Form (d. h., sie sind Exponentiale von Linearkombinationen der* X_λ*). Die kanonischen Parameter der Produkte*

$$T^\zeta = T^\eta T^\xi\,, \qquad T^{\zeta'} = T^\xi T^\eta \tag{5.31}$$

sind analytische Funktionen von ξ^λ *und* η^λ, *die folgende Form besitzen,*

$$\zeta^\lambda = (\exp \eta^{\lambda_1} Y_{\lambda_1})\, \xi^\lambda\,, \qquad \zeta'^\lambda = (\exp \eta^{\lambda_1} Z_{\lambda_1})\, \xi^\lambda\,, \tag{5.32}$$

wobei Y_λ *und* Z_λ *aus dem Grundtheorem zu bestimmen sind* (vgl. (5.7)).

Beweis. Mittels des Grundtheorems erhalten wir eine übersichtliche Form der Produkte $T^\eta T^\xi$ und $T^\xi T^\eta$. Mit der Abkürzung $\eta^\lambda Y_\lambda = D$ ist gemäß (5.7) $DX_\lambda = X_\lambda D$ (denn X hängt nicht von ξ^λ ab). Daher gilt unter Berücksichtigung der ersten Formel aus (5.6)

$$(\eta^\lambda X_\lambda)^n\, T^\xi = (\eta^\lambda X_\lambda)^{n-1}\, DT^\xi = D(\eta^\lambda X_\lambda)^{n-1}\, T^\xi = \ldots = D^n T^\xi\,. \tag{5.33}$$

Nach Division beider Seiten dieser Identität durch $n!$ und Summation über n von 0 bis ∞ findet man

$$T^\eta T^\xi = \mathrm{e}^D\, T^\xi\,, \qquad D = \eta^\lambda U^{-1}(-\xi)_\lambda^{\lambda_1} \frac{\partial}{\partial \xi^{\lambda_1}}. \tag{5.34}$$

Da e^D eine Punkttransformation ist, hat man nach dem Theorem über Punkttransformationen

$$\mathrm{e}^D\, T^\xi = \exp\,[(\mathrm{e}^D\, \xi^\lambda)\, X_\lambda]\,. \tag{5.35}$$

Dies beweist alle die Behauptungen des Theorems, die sich auf $T^\eta T^\xi$ beziehen. Analog folgt aus der zweiten Formel in (5.6) und aus (5.7) die Richtigkeit des Theorems bezüglich des Produkts $T^\xi T^\eta$.

Da die in dem vorstehenden Theorem definierten analytischen Funktionen (5.32) nur von ξ^λ, η^λ und den Strukturkonstanten $c_{\lambda_1\lambda_2}^{\lambda_3}$ abhängen, nennen wir sie *strukturelle analytische Funktionen.*

5.2. Die Theorie der Lieschen Gruppen

Wie wir sahen, ist jeder treuen Darstellung einer Lieschen Algebra eine lokale Liesche Gruppe zugeordnet. Umgekehrt ist, wie in den Darlegungen der Theorie der kontinuierlichen Gruppen bewiesen wird (siehe die Literaturhinweise) jede durch eine endliche Zahl r von Parametern charakterisierte kontinuierliche Gruppe von Transformationen in der Nähe der identischen Transformation eine lokale Liesche Gruppe, so daß man für sie r Generatoren, die den Beziehungen (5.2) genügen, einführen kann. Dabei kann man die Transformationen der Gruppe entweder durch Vorgabe von kanonischen Parametern ξ^λ oder durch Vorgabe von verallgemeinerten Koordinaten a^λ charakterisieren, welche die Umkehrfunktionen der ξ^λ sind:

$$a^\lambda = a^\lambda(\xi^1, \dots, \xi^r), \qquad \xi^\lambda = \xi^\lambda(a^1, \dots, a^r). \tag{5.36}$$

Wir zeigen, wie aus dem Grundtheorem und aus ihm folgenden Identitäten andere zentrale Theoreme der Theorie der Lieschen Gruppen abgeleitet werden können. Wir berechnen mittels (5.20) $\partial_{\lambda_1}\partial_{\lambda_2}T^\xi$ und danach $\partial_{\lambda_2}\partial_{\lambda_1}T^\xi$, setzen die erhaltenen Ausdrücke einander gleich und finden unter Beachtung von (5.2)

$$\partial_{\lambda_2}U(\xi)^\lambda_{\lambda_1} - \partial_{\lambda_1}U(\xi)^\lambda_{\lambda_2} = U(\xi)^{\lambda_3}_{\lambda_1}\, U(\xi)^{\lambda_4}_{\lambda_2}\, c^\lambda_{\lambda_3\lambda_4}. \tag{5.37}$$

Analog ergibt sich mittels (5.19) oder durch Ersetzen von ξ^λ in (5.37) durch $-\xi^\lambda$

$$\partial_{\lambda_2}U(-\xi)^\lambda_{\lambda_1} - \partial_{\lambda_1}U(-\xi)^\lambda_{\lambda_2} = -U(-\xi)^{\lambda_3}_{\lambda_1}\, U(-\xi)^{\lambda_4}_{\lambda_2}\, c^\lambda_{\lambda_3\lambda_4}. \tag{5.38}$$

Ist die Transformation T^ξ nicht durch die kanonischen Parameter ξ^λ, sondern durch die verallgemeinerten Koordinaten a^λ charakterisiert und setzt man

$$A(a)^{\lambda_1}_{\lambda_2} = U(\xi)^{\lambda_1}_\lambda \frac{\partial \xi^\lambda}{\partial a^{\lambda_2}}, \tag{5.39}$$

so ergibt sich aus den Gleichungen (5.37)

$$\frac{\partial A^\lambda_{\lambda_1}}{\partial a^{\lambda_2}} - \frac{\partial A^\lambda_{\lambda_2}}{\partial a^{\lambda_1}} = A^{\lambda_3}_{\lambda_1} A^{\lambda_4}_{\lambda_2} c^\lambda_{\lambda_3\lambda_4}. \tag{5.40}$$

Die Gleichungen (5.39) werden *Maurer-Cartansche Gleichungen* (oder, bei einer gewissen anderen Schreibweise, *Cartansche Strukturgleichungen*) genannt; sie liegen den Anwendungen der Lieschen Gruppen in der Differentialgeometrie zugrunde (siehe die Literaturhinweise).

In allen obigen Konstruktionen wurde die Gestalt der (5.2) genügenden Generatoren nicht konkretisiert; dadurch tragen die formulierten Ergebnisse allgemeinsten Charakter. Der Begründer der Theorie der Lieschen Gruppen, Sophus Lie, nimmt in dem von ihm ausgearbeiteten Apparat Generatoren von der speziellen Form

$$X_\lambda = V_\lambda(x_0^1, x_0^2, \dots, x_0^n)^i \frac{\partial}{\partial x_0^i} \tag{5.41}$$

an. Setzt man $x^i = T^\xi x_0^i$ und berücksichtigt (5.20), so erhält man

$$\frac{\partial x^i}{\partial \xi^\lambda} = U(\xi)^{\lambda_1}_\lambda\, T^\xi V(x_0)^i_{\lambda_1} = U(\xi)^{\lambda_1}_\lambda\, V(x)^i_{\lambda_1} \tag{5.42}$$

oder, falls man zu den verallgemeinerten Koordinaten übergeht und (5.39) beachtet,

$$\frac{\partial x^i}{\partial a^\lambda} = V(x)^i_{\lambda_1}\, A(a)^{\lambda_1}_\lambda, \tag{5.43}$$

was mit dem *ersten Theorem von Lie* übereinstimmt.

Multipliziert man beide Seiten von (5.37) von links mit $(U^{-1})^{\lambda_1}_{\lambda_5} (U^{-1})^{\lambda_2}_{\lambda_6} (U^{-1})^{\lambda_7}_{\lambda}$ und summiert über λ_1, λ_2 und λ, so findet man im Ergebnis einfacher Umformungen die mit dem *dritten Theorem von Lie* übereinstimmende Beziehung

$$Z_{\lambda_1} Z_{\lambda_2} - Z_{\lambda_2} Z_{\lambda_1} = c^{\lambda_3}_{\lambda_1 \lambda_2} Z_{\lambda_3}, \tag{5.44}$$

wobei Z_λ durch (5.7) definiert ist. Analog ergibt sich aus (5.38)

$$Y_{\lambda_1} Y_{\lambda_2} - Y_{\lambda_2} Y_{\lambda_1} = -c^{\lambda_3}_{\lambda_1 \lambda_2} Y_{\lambda_3}\,. \tag{5.45}$$

Für Anwendungen der oben dargelegten Resultate auf konkrete praktische Aufgaben ist es notwendig, die Matrix $U^{-1}(\xi)$ auszurechnen, um dadurch mittels (5.32) die das Produkt zweier Transformationen einer Gruppe bestimmenden strukturellen analytischen Funktionen bilden zu können. Größere Vereinfachungen bei Berechnungen ähnlicher Art ermöglicht das folgende

Theorem über treue Darstellungen. *Zur Auffindung der strukturellen analytischen Funktionen in der Nähe der identischen Transformation genügt es, eine treue Darstellung der Lieschen Algebra durch quadratische Matrizen oder allgemeiner durch die Elemente einer assoziativen Algebra heranzuziehen, das Produkt zweier Matrizen (bzw. zweier Elemente der Algebra) $T^\zeta = T^\eta T^\xi$ zu berechnen und anschließend aus T^ζ einen Ausdruck für ζ^λ in Form einer Funktion von ξ^λ und η^λ aufzustellen.*

Der Beweis des Theorems folgt daraus, daß sich alle lokalen Eigenschaften Liescher Gruppen auf aus dem Grundtheorem folgende Identitäten stützen und nicht von der Wahl einer konkreten Darstellung Liescher Algebren abhängen.

Eine der Darstellungen Liescher Algebren, die *adjungierte Darstellung*, wird durch die Matrizen C^λ mit den Elementen $(C_\lambda)^{\lambda_1}_{\lambda_2} = c^{\lambda_1}_{\lambda\lambda_2}$ definiert. Dies folgt daraus, daß die in Matrizenform ausgedrückte Jacobische Identität für die Strukturkonstanten die Gestalt

$$C_{\lambda_1} C_{\lambda_2} - C_{\lambda_2} C_{\lambda_1} = c^{\lambda_3}_{\lambda_1 \lambda_2} C_{\lambda_3} \tag{5.46}$$

hat. Die adjungierte Darstellung ist genau dann treu, wenn das Zentrum der Lieschen Algebra gleich Null ist. Denn ist $k^\lambda_\mu X_\lambda$ ein Zentrumselement, so ist $k^\lambda_\mu C_\lambda = 0$ eine Folgerung aus $[k^\lambda_\mu X_\lambda, X_{\lambda_1}] = 0$. Doch führt auch in diesem Fall die Heranziehung der adjungierten Darstellung gemäß dem Theorem über treue Darstellungen für große r zu umfangreichen Rechnungen. Für einfache Liesche Algebren werden durch Verwendung der Spinordarstellungen dieser Algebra weitere bedeutende Vereinfachungen bewirkt.

Was die Liesche Gruppe im Großen anlangt, so ist sie durch die lokale Liesche Gruppe und also durch die Strukturkonstanten nicht eindeutig bestimmt. In jeder vollen Lieschen Gruppe kann man zuerst die sogenannte *Zusammenhangskomponente G_e der Eins* aufsuchen, die eine lokale Liesche Gruppe enthält und aus den Transformationen der Gruppe besteht, die stetig mit dem Einselement $e \in G$ zusammenhängen. Ist g_1 ein beliebiges nicht in G_e vorkommendes Element aus G, so bilden die Elemente gg_1, wobei g alle Elemente aus G_e durchläuft, eine weitere Zusammenhangskomponente der Lieschen Gruppe G. Schließlich zerfällt die Gruppe G in disjunkte Zusammenhangskomponenten, welche die Elemente der Faktorgruppe von G nach ihrer Untergruppe G_e sind. Ist zum Beispiel G die Gruppe der Drehungen des dreidimensionalen Raumes, die aus allen linearen Transformationen der reellen Koordinaten x^k besteht, die den quadratischen Abstand

$$r^2 = (x^1)^2 + (x^2)^2 + (x^3)^2 = \text{inv} \tag{5.47}$$

invariant lassen, so zerfällt G in zwei Zusammenhangskomponenten: die Einheitskomponente und die durch die sogenannte *räumliche Inversion* P mit

$$Px^k = -x^k\,, \qquad k = 1, 2, 3\,, \tag{5.48}$$

erzeugte Komponente. Analog zerfällt die *allgemeine Lorentz-Gruppe* L, die aus den linearen Transformationen der Koordinaten $x^\alpha, \alpha = 1, 2, 3, 4$, mit

$$(x^1)^2 + (x^2)^2 + (x^3)^2 - (x^4)^2 = \text{inv}\,, \quad x^4 = ct\,, \tag{5.49}$$

besteht, in vier Zusammenhangskomponenten: die Einheitskomponente, die auch die *eigentliche Lorentz-Gruppe* L_0 heißt, sowie drei weitere Komponenten, entsprechend erzeugt durch die zugleich mit (5.48) auch $Px^4 = x^4$ erfüllende räumliche Inversion P, durch die zeitliche Spiegelung T mit

$$Tx^k = x^k\,, \qquad Tx^4 = -x^4 \tag{5.50}$$

und durch ihr Produkt PT.

Wie in der globalen Theorie der Lieschen Gruppen bewiesen wird (siehe die Literaturhinweise), existiert zu gewissen Lieschen Gruppen, deren lokale Liesche Gruppen übereinstimmen, eine sogenannte *universale Überlagerungsgruppe* G_e derart, daß die angeführten Lieschen Gruppen Faktorgruppen der Gruppe G_e nach einem diskreten Normalteiler sind.

5.3. Liesche Gruppen und zahlenwertige assoziative Algebren

Wir betrachten jetzt die Verbindung zwischen Lieschen Gruppen und der Theorie der zahlenwertigen assoziativen Algebren. Damit ist es möglich, die Ergebnisse des vorigen Abschnitts (bzw. eine sich auf Algebren unendlichen Ranges beziehende Modifikation derselben) zur Erforschung der irreduziblen Darstellungen Liescher Gruppen zu verwenden. In dieser Absicht nutzen wir die oben studierten Identitäten in erster Linie zur Einführung von Begriffen über Integrationen auf einer Gruppe aus. Wir bezeichnen die kanonischen Parameter des Produkts

$$T^{\xi_1}T^{\xi_2} = T^{\xi_1\circ\xi_2} \tag{5.51}$$

mit $(\xi_1\circ\xi_2)^\lambda$. Indem wir beide Seiten von (5.51) nach $\xi_1^{\lambda_1}$ und $\xi_2^{\lambda_1}$ differenzieren und (5.19), (5.20) ausnutzen, erhalten wir

$$U(-\xi_1)^{\lambda_2}_{\lambda_1} = U(-\xi_1\circ\xi_2)^{\lambda_2}_{\lambda}\,\frac{\partial(\xi_1\circ\xi_2)^\lambda}{\partial\xi_\lambda^{\lambda_1}}\,, \tag{5.52}$$

$$U(\xi_2)^{\lambda_2}_{\lambda_1} = U(\xi_1\circ\xi_2)^{\lambda_2}_{\lambda}\,\frac{\partial(\xi_1\circ\xi_2)^\lambda}{\partial\xi_2^{\lambda_1}}\,. \tag{5.53}$$

Wir bezeichnen die Determinante der Matrix $U(\xi)$ mit $u(\xi)$ und setzen $\mathrm{d}\xi = \mathrm{d}\xi^1\,\mathrm{d}\xi^2 \ldots$ $\ldots \mathrm{d}\xi^r$. Dann gilt unter Berücksichtigung von (5.52) und (5.53)

$$\int_\xi f(\xi)\; u(-\xi)\;\mathrm{d}\;\xi = \int_{\xi_1} df(\xi_1\circ\xi_2)\; u(-\xi_1)\;\mathrm{d}\xi_1 = \int_\xi f(\xi\circ\xi_2)\; u(-\xi)\;\mathrm{d}\xi\,, \tag{5.54}$$

$$\int_\xi f(\xi)\; u(\xi)\;\mathrm{d}\xi = \int_{\xi_2} f(\xi_1\circ\xi_2)\; u(\xi_2)\;\mathrm{d}\xi_2 = \int_\xi f(\xi_1\circ\xi)\; u(\xi)\;\mathrm{d}\xi\,. \tag{5.55}$$

Hierbei ist $f(\xi)$ eine beliebige Funktion von ξ mit der Eigenschaft, daß $f(\xi)\,u(\xi)$ und $f(\xi)\,u(-\xi)$ über den Wertebereich der Variablen ξ integrierbar sind. Zum Beweis von (5.54) genügt es, von den Integrationsvariablen $\xi^\lambda = (\xi_1 \circ \xi_2)^\lambda$ zu den neuen Integrationsvariablen ξ_1^λ überzugehen und dabei ξ_2^λ als fixierte Zahl zu betrachten. Das weitere folgt aus (5.52), wenn $u(-\xi) \left| \frac{\partial \xi^{\lambda_1}}{\partial \xi_1^{\lambda_2}} \right|$ durch $(u{-}\xi_1)$ ersetzt wird und schließlich die Integrationsvariablen wieder mit ξ^λ bezeichnet werden. Analog wird (5.55) mittels (5.53) bewiesen. Durch die Formeln (5.54) und (5.55) werden die sogenannte *rechtsinvariante* und *linksinvariante Integration auf einer Gruppe*, d. h. eine Integration definiert, bei der sich das Integral gegenüber der Ersetzung von $f(\xi)$ entsprechend durch $f(\xi \circ \xi_1)$ und $f(\xi_1 \circ \xi)$, wobei ξ_1^λ beliebige fixierte kanonische Parameter sind, nicht ändert Die Formeln (5.54) und (5.55) lassen sich unter Beachtung von (5.39) leicht von der Integration über ξ^λ auf die Integration über die verallgemeinerten Koordinaten a^λ transformieren.

Wir erinnern daran, daß das Grundtheorem über den Zusammenhang zwischen Lieschen Algebren und Lieschen Gruppen unter der Bedingung der Regularität der Matrix, d. h., unter der Bedingung $u(\xi) \neq 0$, richtig ist. Demgemäß betrachten wir im weiteren ausschließlich den Fall, daß im Integrationsbereich $u(\xi) \neq 0$ ist. Die Integrale (5.54) und (5.55) fallen dann für alle $f(\xi)$ miteinander zusammen, wenn $u(\xi) = u(-\xi)$, und nur dann. Aus (5.21) folgt

$$u(-\xi) = u(\xi)\, |\exp C_\xi| \; . \tag{5.56}$$

Da $|\exp C_\xi| = \exp\,(\mathrm{Sp}\; C_\xi)$[1]), worin $\mathrm{Sp}\; C_\xi = c^\lambda_{\lambda_1\lambda}\xi^{\lambda_1}$ ist, so folgt hieraus, daß die Integrale (5.54) und (5.55) auf einer Lieschen Gruppe dann und nur dann zugleich rechts- und linksinvariant sind, wenn

$$c^\lambda_{\lambda_1\lambda} = 0\,, \qquad \lambda_1 = 1, 2, \dots, r\,, \tag{5.57}$$

gilt. Diese Bedingung ist für alle einfachen (und damit auch für alle halbeinfachen) Lieschen Algebren erfüllt (siehe die Literaturhinweise).

Wir führen die sogenannte *Gruppenalgebra* mit den Elementen

$$f = \int_\xi f(\xi)\, T^{-\xi} u(\xi)\, \mathrm{d}\xi \tag{5.58}$$

ein, worin $f(\xi)$ durch die Bedingung

$$\int_\xi f(\xi)\, f^*(\xi)\, u(\xi)\, \mathrm{d}\xi < \infty \tag{5.59}$$

eingeschränkte Funktionen sind, welche Werte aus dem Schiefkörper Q der reellen Zahlen, der komplexen Zahlen oder der Quaternionen annehmen. In Übereinstimmung mit Teil 2 setzen wir

$$f^\xi = f(\xi)\,, \qquad f_\xi = f^*(\xi)\, u(\xi)\, \mathrm{d}\xi\,, \qquad T_\xi = T^{-\xi} u(\xi)\, \mathrm{d}\xi\,. \tag{5.60}$$

Dann kann das Integral (5.58) unter Anwendung der Summationsregel bzw. durch Integration über „stumme" Indizes in der Form

$$f = f^\xi T_\xi = f^*_\xi T^{-\xi} \tag{5.61}$$

[1]) Zum Beweis genügt es, die Matrix $\exp C_\xi$ mittels der Transformation $M(\exp C_\xi)\, M^{-1}$ in die Jordansche Normalform zu überführen und danach zu berücksichtigen, daß sich Determinante und Spur bei einer solchen Transformation nicht ändern.

geschrieben werden. Die Elemente der Gestalt (5.61) bilden eine assoziative Algebra über dem Schiefkörper Q. In der Tat bilden die Elemente f einen Vektorraum über Q, und gemäß (5.51) und (5.55) ist das Produkt von $f = f^{\xi_1} T_{\xi_1}$ und $\varphi = \varphi^{\xi_2} T_{\xi_2}$ gleich

$$f\varphi = \int_{\xi_1}\int_{\xi_2} f(\xi_1)\,\varphi(\xi_2)\,T^{-(\xi_2\circ\xi_1)} u(\xi_1)\,u(\xi_2)\,d\xi_1\,d\xi_2$$
$$= \int_{\xi_1}\int_{\xi_2} f\big((-\xi_2)\circ\xi_1\big)\,\varphi(\xi_2)\,T^{-\xi_1} u(\xi_1)\,u(\xi_2)\,d\xi_1\,d\xi_2 = f^{\xi_1}_{\xi_2}\varphi^{\xi_2} T_{\xi_1}\,, \tag{5.62}$$

wobei gilt

$$f^{\xi_1}_{\xi_2} = f\big((-\xi_2)\circ\xi_1\big)\,u(\xi_2)\,d\xi_2\,,\qquad f^{\xi_1}_{\xi_2}\varphi^{\xi_2} = \int_{\xi_2} f\big((-\xi_2)\circ\xi_1\big)\,\varphi(\xi_2)\,u(\xi_2)\,d\xi_2\,. \tag{5.63}$$

Theorem. *Für $c^{\lambda}_{\lambda_1\lambda} = 0$ ist die Gruppenalgebra einer Lieschen Gruppe eine zahlenwertige assoziative Algebra.*

Zum Beweis sei per definitionem

$$\operatorname{Re} f = \operatorname{Re} f(0)\,,\qquad f^* = \int_{\xi} f^*(\xi)\,T^{\xi} u(\xi)\,d\xi\,. \tag{5.64}$$

Aus $u(\xi) = u(-\xi)$ folgt

$$\operatorname{Re}(f\varphi) = \operatorname{Re}\int_{\xi} f(-\xi)\,\varphi(\xi)\,u(\xi)\,d\xi = \operatorname{Re}\int_{\xi} f(\xi)\,\varphi(-\xi)\,u(\xi)\,d\xi = \operatorname{Re}(\varphi f)\,, \tag{5.65}$$

$$f^* = \int_{\xi} f^*(-\xi)\,T^{-\xi} u(\xi)\,d\xi\,. \tag{5.66}$$

Nunmehr ist es leicht, die Richtigkeit aller vier eine zahlenwertige assoziative Algebra definierenden Eigenschaften (siehe 2.8) einzusehen. In der Tat folgen die erste und dritte Eigenschaft aus der Definition (5.64), die zweite aus (5.65) und die vierte schließlich aus der gemäß (5.65) und (5.66) bestehenden Formel

$$\operatorname{Re}(f^* f) = n^2(f) = \int_{\xi} \big(\operatorname{Re} f^*(\xi)\,f(\xi)\big)\,u(\xi)\,d\xi\,. \tag{5.67}$$

Da die Determinante $u(\xi)$ auf allen Integrationsbereichen als von Null verschieden vorausgesetzt wurde und zufolge (5.5) $u(0) = 1$ ist, folgt aus der Stetigkeit von $u(\xi)$, daß $u(\xi) > 0$ ist. Daher ist $n^2(f) > 0$, falls $f(\xi) \neq 0$, und alle Eigenschaften der zahlenwertigen Algebren sind nachgewiesen. Damit ist das Theorem bewiesen.

Die gewonnenen Resultate übertragen sich unmittelbar auf den Fall endlicher Liescher Gruppen mit den Elementen g_k, wobei k die Nummer des Gruppenelementes ist. Per definitionem gelte

$$(g^k)^{-1} = g_k\,,\qquad g_0 = g^0 = e\,. \tag{5.68}$$

Setzt man in Analogie zu (5.61) und (5.64)

$$f = f^k g_k\,,\qquad \operatorname{Re} f = \operatorname{Re} f^0\,, \tag{5.69}$$

so werden die Größen f, wie leicht zu sehen, zu Elementen einer zahlenwertigen assoziativen Algebra.

Wir stellen uns jetzt die Aufgabe der Untersuchung von Gruppendarstellungen. Ersetzt man in den Formeln des Typs (5.69) die Gruppenelemente g_k durch die Matrizen einer Darstellung, so findet man, daß Darstellungen von Gruppen und Gruppenalgebren in eineindeutiger Beziehung zueinander stehen. Hieraus folgt, daß die im vorhergehenden Abschnitt betrachtete Theorie der treuen irreduziblen Darstellungen zahlenwertiger assoziativer Algebren endlichen Ranges die Erforschung aller treuen irreduziblen Darstellungen endlicher Gruppen ermöglicht. Was die Lieschen Gruppen betrifft, so führt ihre Darstellungstheorie unter den oben formulierten Voraussetzungen auch auf die Darstellungstheorie zahlenwertiger assoziativer Algebren.

Im Einklang mit den Resultaten des vorigen Teils kann die Gruppenalgebra G als zahlenwertige Algebra in Form einer direkten Summe (für nichtkompakte Liesche Algebren wird die Summation durch die Integration ersetzt) einfacher assoziativer Algebren $G_{(l)}$ dargestellt werden. Sind $e^2_{(l)m_1}$ die kanonischen Basiselemente der einfachen Algebra $G_{(l)}$, so kann ein beliebiges Element f aus G in der Form

$$f = f^{(l)m_2}_{m_1} e^{(l)m_1}_{m_2} \tag{5.70}$$

geschrieben werden, wobei für gleiche untere und obere Indizes wie gewöhnlich die Summation oder Integration gemeint ist. Insbesondere gilt

$$T^\xi = t^{(l)m_2}_{m_1}(\xi)\, e^{m_1}_{(l)m_2}\,. \tag{5.71}$$

Da

$$T^\xi T^{\xi_0} = t^{(l)m_1}_{m_0}(\xi_0)^{(l)m}_{m_1}\, t(\xi)\, e^{m_1}_{(l)m_0} \tag{5.72}$$

gilt, werden die Spalten $t^{(l)m_1}_{m_0}(\xi_0)$ für fixierte l, m_0 und ξ_0 entsprechend den irreduziblen Darstellungen der betrachteten Gruppe transformiert.

Die erhaltenen Beziehungen sind für den gruppentheoretischen Zugang zur Theorie verschiedener spezieller Funktionen grundlegend. So können im Fall der dreidimensionalen Drehgruppe die kanonischen Parameter mittels der Formeln

$$T^\xi = \exp\,(\xi^s M_s) = \mathrm{e}^{\varphi M_3}\, \mathrm{e}^{\theta M_1}\, \mathrm{e}^{\psi M_3} \tag{5.73}$$

durch die Eulerschen Winkel φ, θ, ψ ausgedrückt werden. $t^{(l)m_2}_{m_1}(\xi)$ kann dann (siehe die Literaturhinweise, zum Beispiel das dort zitierte Buch von Wilenkin) in der Form

$$t^{(l)m_1}_{m_2}(\varphi, \theta, \psi) = Y_{lm_1}(\theta, \varphi)\, \mathrm{e}^{-im_2\psi} \tag{5.73a}$$

geschrieben werden, worin $Y_{lm}(\theta, \varphi)$ Kugelfunktionen sind.

5.4. Der algebraische Apparat der Tensorrechnung und die Spinorgruppe

Die im vorhergehenden Teil eingeführten Alternionenalgebren ${}^lA_{2n+1}$ gestatten eine geometrische Interpretation, die auf der Verwendung der algebraischen Beschreibung der antisymmetrischen Tensoren im $2n$-dimensionalen pseudoeuklidischen Raum G_1 über dem Körper der reellen Zahlen beruht. Der Raum G_1 wird durch Angabe eines nichtentarteten metrischen Tensors $g_{\beta\alpha} = g_{\alpha\beta}$ charakterisiert, für den der inverse Tensor $g^{\alpha\beta} = g^{\beta\alpha}$ existiert (wobei $\alpha, \beta = 1, 2, \ldots, 2n$), so daß

$$g^{\alpha_1\beta} g_{\beta\alpha_2} = \delta^{\alpha_1}_{\alpha_2} \tag{5.74}$$

gilt. Mittels $g_{\alpha\beta}$ und $g^{\alpha\beta}$ kann man Indizes nach unten bzw. nach oben ziehen. Demnach kann man als Basiselemente des Vektorraums G_1 (die die Eigenschaft haben, daß sich ein beliebiger Vektor aus G_1 als eine Linearkombination von ihnen erweist) entweder $2n$ linear unabhängige Vektoren e_α oder $2n$ linear unabhängige Vektoren $e^\alpha = g^{\alpha\beta} e_\beta$ nehmen. Einen Vektor $a \in G$ kann man in der Form

$$a = a^\alpha e_\alpha = a_\alpha e^\alpha\,, \qquad a = g_{\alpha\beta} a^\beta \tag{5.75}$$

darstellen, wobei die a^α die Komponenten des Vektors a sind. Das Skalarprodukt der Vektoren a und b wird durch die Formel

$$a \cdot b = a^\alpha b^\beta (e_\alpha \cdot e_\beta) = a^\alpha b^\beta g_{\alpha\beta} \tag{5.76}$$

definiert, so daß

$$e_\alpha \cdot e_\beta = e_\beta \cdot e_\alpha = g_{\alpha\beta}\,, \qquad e^\alpha \cdot e^\beta = g\,, \qquad e^\alpha \cdot e_\beta = \delta^\alpha_\beta \tag{5.77}$$

gilt. Der Übergang von dem Vektorraum G_1 zur Alternionenalgebra G wird durch Gleichsetzung der e_α mit den Erzeugenden der assoziativen Algebra G realisiert, wobei

$$e_\alpha e_\beta + e_\beta e_\alpha = 2 g_{\alpha\beta} e \tag{5.78}$$

gilt. Hiernach ist das Skalarprodukt der Vektoren a und b mit ihrem Jordanschen Produkt

$$a \cdot b = \tfrac{1}{2}(ab + ba) \tag{5.79}$$

zu identifizieren. Für eine spezielle Basis des Vektorraums G_1 sind die Komponenten $g_{\alpha\beta}$ von der Form $\varepsilon_\alpha \delta_{\alpha\beta}$. In diesem Fall ist (5.78) mit (4.25) identisch, d. h., G wird zur Alternionenalgebra ${}^lA_{2n+1}$.

Einem antisymmetrischen Tensor mit den Komponenten $F^{\alpha_1 \dots \alpha_k}$ kann man die Elemente $F_{|k|}$ zuordnen:

$$F_{|k|} = \frac{1}{k!} F^{\alpha_1 \dots \alpha_k} e_{\alpha_1} \dots e_{\alpha_k} = \sum_{\alpha_1 < \alpha_2 < \dots < \alpha_k} F^{\alpha_1 \dots \alpha_k} e_{\alpha_1} \dots e_{\alpha_k}\,; \tag{5.80}$$

diesen Tensor nennen wir einen in algebraischer Form geschriebenen *antisymmetrischen Tensor k-ter Stufe*. Für $k = 1$ ist $F_{|1|}$ mit einem Vektor der Form (5.75) identisch, für $k = 0$ mit einem Vielfachen des Einselementes e der Algebra G. Als Vektorraum der Dimension 2^{2n} betrachtet, kann die Algebra G in Gestalt einer direkten Summe

$$G = G_0 + G_1 + \dots + G_{2n} \tag{5.81}$$

linearer Teilräume G_k, die aus Größen der Form (5.80) bestehen, dargestellt werden. Demgemäß besteht die Möglichkeit, ein beliebiges Element $g \in G$ in Gestalt einer direkten Summe antisymmetrischer Tensoren $F_{|k|}$ der Ordnungen $k = 0$ bis $k = m$ zu schreiben.

Für die oben betrachtete spezielle Wahl der Vektorraumbasis, für welche $g_{\alpha\beta} = \varepsilon_\alpha \delta_{\alpha\beta}$ gilt, ist das Längenquadrat des Radiusvektors $x = x^\alpha e_\alpha$ gleich

$$x^2 = x^\alpha x^\beta g_{\alpha\beta} = (x^1)^2 + \dots + (x^l)^2 - (x^{l+1})^2 - \dots - (x^{2n})^2\,. \tag{5.82}$$

Der Raum G_1 heißt für $0 < l < 2n$ *pseudoeuklidisch* und für $l = 0$ oder $l = 2n$ *euklidisch.*

Allgemeine Drehgruppe L heißt die Gruppe der das Längenquadrat (5.82) des Vektors x festlassenden linearen Transformationen der Koordinaten x^α. Im Einklang mit der allgemeinen Theorie der Lieschen Gruppen enthält die Gruppe L die eine zusammenhängende Einheitskomponente darstellende *eigentliche Drehgruppe* L_0 sowie eine weitere Zusammenhangskomponente oder drei weitere Zusammenhangskomponenten, falls G_1 euklidisch bzw. pseudoeuklidisch ist. Unter Beschränkung auf den Fall eines pseudoeuklidischen Raumes führen wir folgende Bezeichnungen ein. Für gerades l bezeichnen P und T Transformationen, welche die Vorzeichen bei $x^1, \dots, x^l$

bzw. $x^{l+1}, \ldots, x^{2n}$ ändern. Für ungerades l bezeichnen P und T Transformationen, welche die Vorzeichen bei $x^1, \ldots, x^{l-1}$ bzw. $x^{l+1}, \ldots, x^{2n-1}$ ändern. P, T, PT und die identische Transformation E bilden Vertreter der vier verschiedenen Zusammenhangskomponenten der Gruppe L. Die übrigen Transformationen aus diesen Komponenten erhält man durch Multiplikation der Vertreter mit den Transformationen aus L_0. Die Transformationen E, P, T und PT bilden eine zur Faktorgruppe der allgemeinen Drehgruppe L nach dem Normalteiler L_0 isomorphe und daher mit (L/L_0) bezeichnete abelsche Gruppe.

Größen, die sich gegenüber Transformationen aus L_0 nicht ändern, nennen wir Skalare. Gegenüber Transformationen aus (L/L_0) können sich Skalare unterschiedlich verhalten. Bezüglich P und T (und folglich auch bezüglich PT) ihr Vorzeichen nicht ändernde Skalare nennen wir *einfache Skalare*; solche, die das Vorzeichen bezüglich P und T ändern, *Pseudoskalare*; solche, die das Vorzeichen bezüglich T und PT ändern, *allgemeine Skalare* und schließlich solche, die das Vorzeichen bezüglich P und PT ändern, *allgemeine pseudoskalare*[1]) (vgl. die Tabelle):

	Einfacher Skalar	Pseudoskalar	Allgemeiner Skalar	Allgemeiner Pseudoskalar
P	$\chi_0' = \chi_0$	$\chi_{PT}' = -\chi_{PT}$	$\chi_T' = \chi_T$	$\chi_P' = -\chi_P$
T	$\chi_0' = \chi_0$	$\chi_{PT}' = -\chi_{PT}$	$\chi_T' = -\chi_T$	$\chi_P' = \chi_P$
PT	$\chi_0' = \chi_0$	$\chi_{PT}' = \chi_{PT}$	$\chi_T' = -\chi_T$	$\chi_P' = -\chi_P$

(5.83)

Durch Tabelle (5.83) sind alle verschiedenen irreduziblen Darstellungen der Gruppe (L/L_0) festgelegt. Daher existieren keine von einem der vier oben genannten Typen verschiedenen Skalare. Einen sich wie der Vektor $x = x^\alpha e_\alpha$ transformierenden $2n$-dimensionalen Vektor nennen wir *einfach*. Daneben definieren wir Vektoren noch eines anderen Typs, nämlich solche, die sich bezüglich der Transformationen aus der Einheitskomponente L_0 der Gruppe L wie einfache Vektoren verhalten und bezüglich der Transformationen aus anderen Komponenten der Gruppe L das Vorzeichen ändern können. Verhält sich ein Vektor gegenüber Transformationen aus der allgemeinen Drehgruppe wie ein einfacher Vektor, multipliziert mit einem Pseudoskalar, allgemeinen Skalar oder allgemeinen Pseudoskalar, so nennen wir ihn entsprechend *Pseudovektor*, *allgemeinen Vektor* oder *allgemeinen Pseudovektor*.

[1]) Gemeint ist, daß skalares Verhalten gegenüber der vollen Lorentz-Gruppe den „einfachen Skalar" charakterisiert und nicht den Fall des „allgemeinen Skalars" darstellt, in dem vom Autor nur skalares Verhalten gegen den orthochronen Teil der Lorentz-Gruppe verlangt wird.
In einer voll invarianten physikalischen Theorie muß die Hamilton-Funktion die Dichte eines — im Sprachgebrauch des Autors — einfachen Skalars sein. Paritätsverletzende Wechselwirkungen (β-Zerfall) erfordern Anteile der Hamilton-Funktion, die einfache Pseudoskalare sind. Die kombinierte Raumspiegelung P und Ladungsumkehr C läßt diese Terme wieder unverändert. Wechselwirkungen, die die CP-Invarianz verletzen, sollten auch die T-Invarianz verletzen. Das heißt, diese Wechselwirkungen müssen durch Anteile in der Hamilton-Funktion beschrieben werden, die nur Dichten „allgemeiner" Skalare bzw. Pseudoskalare sind. Nach einem allgemeinen, Lorentz-Invarianz und Kausalität voraussetzenden Satz müssen alle Wechselwirkungen invariant gegen die Kombination CPT sein. Seinen eigenen Standpunkt hierzu hat der Autor in [95b], Anhang I, S. 195—259, näher ausgeführt. (Anm. d. Übers.)

Im Unterschied zu einem pseudoeuklidischen Raum zerfällt die Gruppe L bei einem euklidischen Raum nicht in vier, sondern in nur zwei Zusammenhangskomponenten (die man mit L_0 und PL_0 bezeichnen kann), und anstelle von vier Größentypen existieren dann nur zwei: Skalare und Pseudoskalare, Vektoren und Pseudovektoren, usw.

Die Basisvektoren e_α gehen bezüglich der Transformationen aus der Gruppe L über in

$$e'_\alpha = h^\beta_\alpha e_\beta . \tag{5.84}$$

Dabei wird vorausgesetzt, daß alle Basisvektoren e_α vom gleichen Typ sind. Im Einklang mit der Definition der Gruppe L folgt hieraus

$$e'_\alpha \cdot e'_\beta = \tfrac{1}{2}(e'_\alpha e'_\beta + e'_\beta e'_\alpha) = \tfrac{1}{2}(e_\alpha e_\beta + e_\beta e_\alpha) = g_{\alpha\beta} e . \tag{5.85}$$

Aus Formel (5.85) geht hervor, daß die Transformationen (5.84) Automorphismen der Algebra $G = {}^l A_{2n+1}$ sind. Nach dem in 4.5 bewiesenen Automorphismentheorem sind alle Automorphismen der einfachen Algebra G innere Automorphismen, d. h., zu beliebigen (5.84) und (5.85) genügenden h^β_α existiert stets ein invertierbares Element s aus der Algebra ${}^l A_{2n+1}$, so daß gilt

$$e'_\alpha = h^\beta_\alpha e_\beta = s e_\alpha s^{-1} , \qquad \alpha = 1, 2, \dots , 2n . \tag{5.86}$$

Angenommen, es existiere neben s noch ein weiteres Element $s_1 \in G$, für welches $e'_\alpha = s_1 e_\alpha s_1^{-1}$ gilt. Beide Ausdrücke für e'_α gleichsetzend, erhalten wir

$$(s_1^{-1} s)\, e_\alpha = e_\alpha (s_1^{-1} s) , \tag{5.87}$$

d. h., das Element $s_1^{-1} s$ ist mit allen Elementen der Algebra G vertauschbar. Da G eine einfache zahlenwertige Algebra ist, so folgt hieraus im Hinblick auf die Resultate von Teil 4

$$s_1^{-1} s = k e , \qquad s_1 = k s , \tag{5.88}$$

worin k eine reelle Zahl ist. Dies zeigt, daß das Element s durch Formel (5.86) bis auf einen Faktor eindeutig bestimmt ist.

Mit dem Ziel einer weiteren Präzisierung der Gestalt von s betrachten wir die durch die Formeln

$$(e_{\alpha_1} \dots e_{\alpha_k})^+ = e_{\alpha_k} \dots e_{\alpha_1} , \qquad (p_1 g_1 + p_2 g_2)^+ = p_1 g_1^+ + p_2 g_2^+ , \tag{5.89}$$
$$g_1, g_2 \in {}^l A_{2n+1} , \qquad p_1, p_2 \in R$$

definierte spezielle involutorische Adjunktion, die, zur Unterscheidung von der in 4.5 eingeführten involutorischen Adjunktion in Standardform, mit einem stehenden Kreuz bezeichnet wird. Die Nacheinanderausführung des ‚Stern'- und des ‚Kreuz'-Antiautomorphismus ergibt einen gewöhnlichen Automorphismus. Zufolge des Automorphismentheorems für einfache Algebren existiert daher ein invertierbares Element $i_0 \in {}^l A_{2n+1}$, für welches gilt

$$g^* = i_0 g^+ i_0^{-1} . \tag{5.90}$$

Auf beide Seiten von (5.86) wenden wir den Operator der involutorischen Adjunktion der Form (5.89) an, berücksichtigen $e_\alpha^+ = e_\alpha$ und erhalten

$$s e_\alpha s^{-1} = (s^{-1})^+ e_\alpha s^+ = (s^+)^{-1} e_\alpha s^+ . \tag{5.91}$$

Hieraus ergibt sich gemäß (5.88)

$$(s^+)^{-1} = ks\,, \qquad ss^+ = k^{-1}e\,. \tag{5.92}$$

Wir ersetzen s für $k > 0$ durch $\sqrt{k}\,s$ und für $k < 0$ durch $\sqrt{-k}\,s$ und erhalten

$$ss^+ = s^+s = \pm e\,. \tag{5.93}$$

Durch die Beziehung (5.93) ist das die Transformation (5.86) festlegende Element s bis auf das Vorzeichen eindeutig bestimmt, d. h., es besteht das folgende

Theorem. *Jedem Element der allgemeinen Drehgruppe L des $2n$-dimensionalen pseudoeuklidischen Raumes, das x^α in $h^\alpha_\beta x^\beta$ (oder entsprechend e_α in $h^\beta_\alpha e_\beta$) überführt, ist zweideutig ein Element $s \in {}^lA_{2n+1}$ mit $ss^+ = s^+s = \pm e$ zugeordnet.*

Die Menge der mittels (5.86) und (5.93) durch die allgemeine oder die eigentliche Drehgruppe L bzw. L_0 bestimmten Elemente $s \in {}^lA_{2n+1}$ heißt *allgemeine* bzw. *eigentliche Spinorgruppe*. Da den Elementen s und $-s$ der Spinorgruppe gemäß dem obigen Theorem die gleiche Drehung des pseudoeuklidischen Raumes entspricht, sind die allgemeine und die eigentliche Drehgruppe des $2n$-dimensionalen Raumes zu der Faktorgruppe der allgemeinen bzw. der eigentlichen Spinorgruppe nach dem aus $+e$ und $-e$ bestehenden Normalteiler isomorph.

Eine beliebige Drehung aus der eigentlichen Drehgruppe ist durch Angabe der kanonischen Parameter $\varphi^{\alpha\beta} = -\varphi^{\beta\alpha}$ $(\alpha \neq \beta)$ festgelegt und entspricht einem Element der Spinorgruppe, das bis auf das Vorzeichen gleich

$$s = \exp\left(\tfrac{1}{2}\varphi^{\alpha\beta}M_{\alpha\beta}\right), \qquad M_{\alpha\beta} = \tfrac{1}{2}\,e_\alpha e_\beta \tag{5.94}$$

ist. Zum Beweis genügt es, eine unendlich kleine Drehung mit den Parametern $\delta\varphi^{\alpha\beta}$ zu betrachten, die dem Zuwachs $\delta a^\alpha = (\delta\varphi^{\alpha\beta})\,a_\beta$ der Komponente a^α des Vektors $a = a^\alpha e_\alpha$ entspricht. Kleine Größen höherer Ordnung vernachlässigend, erhalten wir aus (5.86) und (5.94)

$$\begin{aligned} a + \delta a &= (1 + \tfrac{1}{2}\,\delta\varphi^{\alpha\beta}\,M_{\alpha\beta})\,a(1 - \tfrac{1}{2}\,\delta\varphi^{\alpha\beta}\,M_{\alpha\beta})\,,\\ \delta a &= (\delta a^\alpha)\,e_\alpha = \tfrac{1}{2}\,\delta\varphi^{\alpha\beta}\,a^\gamma(\tfrac{1}{2}\,e_\alpha e_\beta e_\gamma - \tfrac{1}{2}\,e_\gamma e_\alpha e_\beta)\,. \end{aligned} \tag{5.94a}$$

Indessen folgt aus (5.78)

$$\tfrac{1}{2}\,e_\alpha e_\beta e_\gamma - \tfrac{1}{2}\,e_\gamma e_\alpha e_\beta = \tfrac{1}{2}\,(e_\alpha e_\beta e_\gamma + e_\alpha e_\gamma e_\beta - e_\alpha e_\gamma e_\beta - e_\gamma e_\alpha e_\beta) = g_{\beta\gamma}e_\alpha - g_{\alpha\gamma}e_\beta\,. \tag{5.95}$$

Hiernach läßt sich eine beliebige Drehung aus der eigentlichen Drehgruppe in Form eines durch ein Element der Gestalt (5.94) festgelegten inneren Automorphismus der Algebra ${}^lA_{2n+1}$ darstellen.

Da $(e_\alpha e_\beta)^+ = -(e_\alpha e_\beta)$ für $\alpha \neq \beta$ ist, so folgt aus (5.94), daß bei der eigentlichen Spinorgruppe auf der rechten Seite von (5.93) das Vorzeichen Plus stehen muß.

Wählen wir irgendeine treue irreduzible Darstellung der Algebra $G = {}^lA_{2n+1}$. Dann entsprechen den in die allgemeine Spinorgruppe eingehenden Elementen $s \in G$ Matrizen S.

Mehrdimensionaler Spinor heißt ein Spaltenvektor ψ, der bezüglich der durch eine Matrix S festgelegten Transformation aus der Spinorgruppe in $S\psi$ übergeht.

Gemäß 4.5 ist die Algebra $G = {}^lA_{2n+1}$ isomorph zur Algebra der Quaternionenmatrizen der Ordnung 2^{n-1} bzw. zur Algebra B_n der reellen Matrizen der Ordnung 2^n, falls $\dfrac{(n-l+1)\,(n-l)}{2}$ ungerade bzw. gerade ist. Im ersten Fall kann der Spinor ψ

in Form einer aus 2^{n-1} Elementen bestehenden Quaternionenspalte oder, falls gemäß den Formeln (2.67) der Übergang zu reellen Größen vollzogen wird, in Form einer reellen, aus 2^{n+1} Elementen bestehenden Spalte dargestellt werden. Im zweiten Fall kann der Spinor ψ in Form einer reellen, aus 2^n Elementen bestehenden Spalte dargestellt werden.

Das Auftreten der beiden beschriebenen Möglichkeiten ist wesentlich damit verbunden, daß wir den $2n$-dimensionalen Vektorraum G_1 über dem Körper R der reellen Zahlen betrachten. Würden wir hingegen diesen Raum über dem Körper C der komplexen Zahlen betrachten, d. h., würden wir von der allgemeinen Drehgruppe des $2n$-dimensionalen komplexen Raumes ausgehen, so würde der Spinor ψ entweder eine Quaternionenspalte aus 2^{n-1} Elementen oder eine komplexe Spalte aus 2^n Elementen sein, d. h., ψ wäre im allgemeinen Fall durch Angabe von 2^{n+1} reellen Zahlen festgelegt.

Die allgemeine Drehgruppe des Raumes G_1 ist zur Faktorgruppe der Spinorgruppe nach $\{e, -e\}$ isomorph. Somit realisieren die Spinoren eine zweideutige Darstellung der allgemeinen Drehgruppe des pseudoeuklidischen Raumes.

Wir ziehen nochmals das Automorphismentheorem heran und wenden es auf eine einfache Matrizenalgebra an, die durch eine treue irreduzible Darstellung der Algebra $G = {}^lA_{2n+1}$ gegeben ist. Den Elementen s aus der Algebra ${}^lA_{2n+1}$ mögen Matrizen S und den Elementen s^+ Matrizen S^+ entsprechen. Mit S^* werde die adjungierte Matrix bezeichnet, die man aus S im Fall einer reellen Darstellung durch Transponieren und im Fall einer Quaternionendarstellung durch Transponieren und Ersetzen aller Elemente der Matrix durch deren Adjungierten erhält. Die Nacheinanderausführung des ‚Stern'- und des ‚Kreuz'-Antiautomorphismus der Matrizenalgebra ergibt einen gewöhnlichen Automorphismus. Daher muß nach dem Theorem über die Automorphismen einfacher Algebren eine von der Wahl der Darstellung abhängige reguläre Matrix R existieren mit

$$S^* = RS^+R^{-1}\,. \tag{5.96}$$

Bei der Spinorgruppe gilt nach (5.93) $S^+S = \pm E$ und mit Rücksicht auf (5.96)

$$S^*RS = \pm R\,, \tag{5.97}$$

wobei für die eigentliche Spinorgruppe auf der rechten Seite von (5.97) das Vorzeichen Plus steht. Für zwei beliebige Spinoren $\psi_{(1)}$ und $\psi_{(2)}$ folgt aus (5.97)

$$(\psi^*_{(1)}S^*)\, R(S\psi_{(2)}) = \pm\psi^*_{(1)}R\psi_{(2)}\,, \tag{5.98}$$

so daß $\Omega_{(12)} = \psi^*_{(1)}R\psi_{(2)}$ bezüglich der Transformationen aus der eigentlichen Drehgruppe festbleibt und bezüglich der Transformationen P, T und PT sein Vorzeichen ändert, d. h. zu den Skalaren eines der vier in (5.83) angegebenen Typen gehört.

Es seien ψ^μ die Komponenten eines Spinors ψ, und es seien $\psi_\mu = (\psi^*R)_\mu$ die Komponenten des Zeilenvektors ψ^*R. Jedem Spinor ordnen wir eine Matrix P mit den Komponenten

$$P^{\mu_1}_{\mu_2} = \psi^{\mu_1}\psi_{\mu_2} = \psi^{\mu_1}(\psi^*R)_{\mu_2} \tag{5.99}$$

zu, die ein abstraktes Element π aus der Algebra ${}^lA_{2n+1}$ darstellt. Nach (5.99) hat man $(\psi^\mu)^*\,\psi^\mu = (PR^{-1})^{\mu\mu}$. Daher sind die Komponenten des Spinors ψ durch Angabe der Matrix P für reelle Spinoren bis auf ein gemeinsames Vorzeichen und für eine Quaternionendarstellung bis auf einen gemeinsamen Phasenfaktor eindeutig bestimmt. Bezüglich der Transformationen aus der eigentlichen Drehgruppe gehen die Matrix P und das Element π der abstrakten Algebra zufolge (5.98) entsprechend in SPS^{-1} bzw. $s\pi s^{-1}$ und bezüglich Transformationen aus der allgemeinen Drehgruppe entsprechend in $\pm SPS^{-1}$ bzw. $\pm s\pi s^{-1}$ über.

Ein Element $\pi \in {}^lA_{2n+1}$ kann man gemäß den allgemeinen Formeln (5.80) und (5.81) in der Form

$$\pi = \sum_{k=0}^{2n} \pi_{|k|} = P^0 e + \sum_{k=1}^{2n} \frac{1}{k!} P^{\alpha_1 \dots \alpha_k} e_{\alpha_1} \dots e_{\alpha_k} \tag{5.100}$$

darstellen. Bezüglich der Transformationen aus der eigentlichen bzw. allgemeinen Drehgruppe geht $\pi_{|k|} = \sum_{\alpha_1 < \dots < \alpha_k} P^{\alpha_1 \dots \alpha_k} e_{\alpha_1} \dots e_{\alpha_k}$ entsprechend über in $s\pi_{|k|}s^{-1}$ bzw. $\pm s\pi_{|k|}s^{-1}$, d. h., $\pi_{|k|}$ ist ein antisymmetrischer Tensor k-ter Stufe.

Hieraus folgt, daß man für die Algebra ${}^lA_{2n+1}$ zwei übereinstimmende Spinordefinitionen angeben kann. Einerseits kann ein Spinor ψ als ein Spaltenvektor definiert werden, der sich gemäß einer treuen irreduziblen Darstellung der Spinorgruppe der Algebra ${}^lA_{2n+1}$ transformiert. Andererseits können die Komponenten des Spinors π auch als System von Parametern definiert werden, die die durch Angabe von $\pi \in {}^lA_{2n+1}$ bestimmten Tensoren $P^{\alpha_1 \dots \alpha_k}$ festlegen. Bei dieser zweiten Betrachtungsweise sind die Komponenten von ψ bezüglich der gewählten Darstellung der Algebra ${}^lA_{2n+1}$ nur entweder bis auf ein gemeinsames Vorzeichen (falls ${}^lA_{2n+1}$ zu B_n isomorph ist) oder nur bis auf einen gemeinsamen Phasenfaktor eindeutig bestimmt, wobei dem Übergang von einer Darstellung der Algebra ${}^lA_{2n+1}$ zu einer anderen der Übergang von einem Parametersystem zu einem anderen entspricht. Der Vorzug der zweiten Betrachtungsweise beruht auf der Möglichkeit, so eine rein algebraische, nicht von der Wahl der Darstellung abhängige Formulierung der Spinortheorie zu erhalten.

Bei einem algebraischen Modell der Quantenwellenfelder tritt anstelle einer Spinorgruppe eine andere Untergruppe der Gruppe der Automorphismen der Basisalgebra der Quantenfelder auf, die für eine spezielle Darstellung der Algebra B_a mit der Gruppe der unitären Transformationen der Wellenfunktionen ψ übereinstimmt. Dennoch lassen sich einige der oben betrachteten algebraischen Ideen auch auf diesen Fall übertragen; insbesondere entspricht der zweiten Betrachtungsweise bei der Definition eines mehrdimensionalen Spinors die Auffassung einer Wellenfunktion als System der Mittelwerte von Observablen.

5.5. Anwendungen auf die klassische Elektrodynamik

Wir betrachten einige Anwendungen des im vorhergehenden Abschnitt dargelegten algebraischen Apparats auf die klassische Elektrodynamik und die relativistische Theorie der Teilchen vom Spin 1/2 genauer.

Wir nehmen $n = 2, l = 3$ an. In diesem Fall heißen der pseudoeuklidische Raum G_1 *Minkowski-Raum*, die Gruppe L *allgemeine Lorentz-Gruppe* und die Gruppe L_0 *eigentliche Lorentz-Gruppe*. Die vierdimensionalen Vektoren und antisymmetrischen Tensoren der relativistischen Mechanik und der Elektrodynamik können mittels (5.80) algebraisch beschrieben werden. So wird aus einem Vierervektor mit den Komponenten

$$x^1 = x\,, \qquad x^2 = y\,, \qquad x^3 = z\,, \qquad x^4 = ct \tag{5.101}$$

das Element $X = x^\alpha e_\alpha$ der Algebra $G = {}^3A_5$ und aus dem Vierervektor mit den Operatorkomponenten $\partial_\alpha \equiv \partial/\partial x^\alpha$ der Operator $\nabla = e^\alpha \partial_\alpha$, der das vierdimensionale algebraische Analogon des in der Vektoranalysis verwendeten Nablaoperators darstellt. Aus dem antisymmetrischen Tensor $F^{\alpha\beta}$ des elektromagnetischen Feldes mit

$$F^{12} = H_3\,, \qquad F^{23} = H_1\,, \qquad F^{31} = H_2\,, \qquad F = E_k \tag{5.102}$$

wird das Element

$$F = \tfrac{1}{2} F^{\alpha\beta} e_\alpha e_\beta = (e_1 e_2 e_3)\, e^k H_k + e_4 e^k E_k \tag{5.103}$$

(bei griechischen Indizes α, β, ... wird die Summation von 1 bis 4, bei lateinischen Indizes k, l, ... von 1 bis 3 ausgeführt).

Wir bezeichnen als Linearkombinationen der Elemente e_k dargestellte dreidimensionale Vektoren durch fette Buchstaben und setzen $i = e^1 e^2 e^3 e^4$, wobei gemäß (5.78) gilt

$$i^2 = -e\,, \qquad i e_\alpha = -e_\alpha i\,. \tag{5.104}$$

Dann bilden e, i, e_α, ie_α und $e_\alpha e_\beta$ $(\alpha \neq \beta)$ ein System aus 16 linear unabhängigen Basiselementen der Algebra G. Zahlreiche relativistische Sachverhalte können als Konsequenz folgender elementar beweisbarer Identitäten angesehen werden, die sich durch Multiplikation beliebiger in algebraischer Form geschriebener Vierervektoren $A = a^\alpha e_\alpha = \boldsymbol{a} + a^4 e_4$, $B = b^\alpha e_\alpha = \boldsymbol{b} + b^4 e_4$ und antisymmetrischer Tensoren $F_{(1)}$, $F_{(2)}$, ... ergeben:

$$\begin{aligned} AB &= (\boldsymbol{a} + a_4 e^4)(\boldsymbol{b} + b^4 e_4) = (\boldsymbol{ab}) + a_4 b^4 + e_1 e_2 e_3 [\boldsymbol{ab}] + e_4(-a_4 \boldsymbol{b} - \boldsymbol{a} b^4) \\ &= a_\alpha b^\alpha + \tfrac{1}{2} e^\alpha e^\beta (a_\alpha b_\beta - a_\beta b_\alpha)\,, \end{aligned} \tag{5.105}$$

$$BF = -[\boldsymbol{bH}] + b_4 \boldsymbol{E} + e^4(\boldsymbol{bE}) - i([\boldsymbol{bE}] + b_4 \boldsymbol{H} + e^4(\boldsymbol{bH}))\,, \tag{5.106}$$

$$FB = -[\boldsymbol{Hb}] + \boldsymbol{E} b^4 - e^4(\boldsymbol{Eb}) + i([\boldsymbol{Eb}] + \boldsymbol{H} b^4 - e^4(\boldsymbol{Hb}))\,, \tag{5.107}$$

$$\begin{aligned} F_{(1)} F_{(2)} &= (\boldsymbol{E}_{(1)} \boldsymbol{E}_{(2)}) - (\boldsymbol{H}_{(1)} \boldsymbol{H}_{(2)}) + i\big((\boldsymbol{H}_{(1)} \boldsymbol{E}_{(2)}) + (\boldsymbol{E}_{(1)} \boldsymbol{H}_{(2)})\big) \\ &\quad + e_1 e_2 e_3 ([\boldsymbol{E}_{(1)} \boldsymbol{E}_{(2)}] - [\boldsymbol{H}_{(1)} \boldsymbol{H}_{(2)}]) + e^4([\boldsymbol{H}_{(1)} \boldsymbol{E}_{(2)}] + [\boldsymbol{E}_{(1)} \boldsymbol{H}_{(2)}])\,. \end{aligned} \tag{5.108}$$

Zum Beweis der Gültigkeit der aufgeführten Gleichungen (in denen das Skalar- und Vektorprodukt dreidimensionaler Vektoren entsprechend durch runde und eckige Klammern gekennzeichnet ist) ist es hinreichend, die Koeffizienten der Basiselemente der Algebra G auf der rechten und linken Seite miteinander zu vergleichen.

Die Maxwellschen Gleichungen haben in Vektorschreibweise die Gestalt

$$\begin{aligned} &\operatorname{div} \boldsymbol{E} = 4\pi \varrho_{\mathrm{el}}\,, \qquad \operatorname{rot} \boldsymbol{H} - \frac{1}{c}\frac{\partial \boldsymbol{E}}{\partial t} = \frac{4\pi}{c} \boldsymbol{j}_{\mathrm{el}}\,, \\ &\operatorname{div} \boldsymbol{H} = 0\,, \qquad -\operatorname{rot} \boldsymbol{E} - \frac{1}{c}\frac{\partial \boldsymbol{H}}{\partial t} = 0\,. \end{aligned} \tag{5.109}$$

Führt man den Vierervektor der elektrischen Stromdichte in der Form $j_{\mathrm{el}} = \boldsymbol{j}_{\mathrm{el}} + c\varrho_{\mathrm{el}} e_4$ ein und setzt in Formel (5.106) $B = \nabla$, so erhält man für die Maxwellschen Gleichungen folgende algebraische Schreibweise:

$$\nabla F = -\frac{4\pi}{c} j_{\mathrm{el}}\,. \tag{5.110}$$

Hierbei kann F auf einfache Weise durch ein vierdimensionales Vektorpotential

$$A = A_1 e^\alpha = \boldsymbol{A} + A_4 e^4\,, \qquad A^4 = -A_4 = \varphi \tag{5.111}$$

ausgedrückt werden. Berücksichtigt man die Lorentz-Bedingung $\partial_\alpha A^\alpha = 0$ und ersetzt in (5.105) A durch ∇ und B durch A, so erhält man tatsächlich

$$F = \nabla A\,. \tag{5.112}$$

Aus (5.106) und (5.107) ergibt sich leicht folgender algebraische Ausdruck für den Vierervektor der auf elektrische Ladungen und Ströme einwirkenden Kraftdichte f_{el}:

$$\frac{1}{2}(F j_{\text{el}} - j_{\text{el}} F) = c\left(\varrho_{\text{el}} \boldsymbol{E} + \frac{1}{c}[\boldsymbol{j}_{\text{el}} \boldsymbol{H}]\right) + e_4(\boldsymbol{j}_{\text{el}} \boldsymbol{E}) = c f_{\text{el}}\,. \tag{5.113}$$

Der algebraische Apparat gestattet die Vereinfachung der Herleitung einiger elektromagnetischer Beziehungen. So ergibt zum Beispiel die Anwendung der involutorischen Adjunktion (5.89) auf (5.110) und die Berücksichtigung von $F^+ = -F$

$$-\partial_\alpha F e^\alpha = -\frac{4\pi}{c} j_{\text{el}}\,. \tag{5.114}$$

Multipliziert man (5.110) bzw. (5.114) von links bzw. rechts mit F, subtrahiert den zweiten Ausdruck vom ersten und beachtet (5.113), so findet man

$$f_{\text{el}} = -\frac{1}{8\pi}\frac{\partial(F e^\alpha F)}{\partial x^\alpha}\,. \tag{5.115}$$

Somit kann der Energie-Impuls-Tensor $T^{\alpha\beta}$ des elektromagnetischen Feldes, für welchen $-\partial_\beta T^{\alpha\beta} = f^\alpha_{\text{el}}$ ist, aus der algebraischen Beziehung

$$8\pi e_\alpha T^{\alpha\beta} = F e^\beta F \tag{5.116}$$

bestimmt werden.

Der algebraische Apparat ermöglicht die Aufstellung neuer Methoden in der Untersuchung des elektromagnetischen Feldes, deren Ausarbeitung mittels des üblichen umfangreicheren Tensorformalismus mühsam wäre. Als Beispiel betrachten wir die allgemeine Form des elektromagnetischen Feldes in einem räumlichen Bereich, in welchem Ladungen und Ströme nicht vorhanden sind, wo also die Maxwellschen Gleichungen (5.110) die Gestalt

$$\nabla F = 0 \tag{5.117}$$

annehmen. Wir betrachten die Gleichung

$$\nabla(A_{(1)} - iA_{(2)}) = 0 \tag{5.118}$$

mit $A_{(1)} = A^\alpha_{(1)} e_\alpha$, $A_{(2)} = A^\alpha_{(2)} e_\alpha$. Es seien $\widetilde{e^k}$ die Quaternioneneinheiten (d. h. $(\widetilde{e^1})^2 = -e$, $\widetilde{e^1}\widetilde{e^2} = \widetilde{e^3}$ usw.) und f eine komplexe Quaternionenfunktion der vier Veränderlichen x, y, z, ct. Dann ist (5.118) zu den Monogenizitätsgleichungen für komplexe Quaternionenfunktionen

$$\left(\widetilde{e^1}\frac{\partial}{\partial x} + \widetilde{e^2}\frac{\partial}{\partial y} + \widetilde{e^3}\frac{\partial}{\partial z} + i\frac{\partial}{c\,\partial t}\right) f = 0 \tag{5.119}$$

äquivalent. In der Tat fällt (5.118) mit (5.119) zusammen, falls $f = e_1 e_2 e_3 (A_{(1)} - iA_{(2)})$, $-e^k e_1 e_2 e_3 = \widetilde{e}^k$, $i = e^1 e^2 e^3 e^4$ gesetzt wird. Hängt f nur von x und y ab, so ergeben sich leicht mittels direkten Einsetzens (siehe die Literaturhinweise) nach Gleichsetzung der Koeffizienten gleicher Basiselemente der Algebra vier Gleichungspaare, die mit den Analytizitätsbedingungen für Funktionen einer komplexen Variablen identisch sind. Im allgemeinen Fall bilden die Gleichungen (5.119) und somit auch (5.118) algebraische Verallgemeinerungen der Cauchy-Riemannschen Differentialgleichungen aus der Theorie der Funktionen einer komplexen Veränderlichen. Aus (5.118) folgt

$$\nabla^2 A_{(1)} = 0 , \qquad \nabla^2 A_{(2)} = 0 . \tag{5.120}$$

Der Ausdruck

$$F = \nabla(A_{(1)} + iA_{(2)}) \tag{5.121}$$

für F genügt im Hinblick auf (5.120) den Maxwellschen Gleichungen, wobei sich mit Rücksicht auf (5.118) aus Formel (5.121)

$$F = 2\nabla A_{(1)} , \qquad F = -2i\nabla A_{(2)} \tag{5.122}$$

ergibt. In dieser Weise entspricht jeder Lösung der Gleichung (5.118) eine Lösung (5.121) der Maxwellschen Gleichungen und umgekehrt. Dies eröffnet eine neue Möglichkeit der Anwendung der Theorie der komplexen Quaternionenfunktionen in der Elektrodynamik.

Der Zusammenhang zwischen den Lösungen der Monogenizitätsgleichungen und dem System der Maxwellschen Gleichungen gestattet weiterhin die Aufdeckung der früher nicht bemerkten Invarianz der Maxwellschen Gleichungen, der sogenannten äußeren Invarianz. Es sei s ein invertierbares Element der Teilalgebra vom Rang 8 mit den Basiselementen e, i, $e_\alpha e_\beta$ ($\alpha \neq \beta$) der Algebra G. Dann bildet offensichtlich die Menge aller dieser s eine Gruppe, die sogenannte Gruppe der äußeren Transformationen.

Wir definieren in folgender Weise eine Transformationsvorschrift für das verallgemeinerte Potential $A = A_{(1)} - iA_{(2)}$:

$$A \to A' = As , \qquad A^+ \to A^{+\prime} = s^+A^+ . \tag{5.123}$$

Bezüglich der Transformationen (5.123) ist die Gleichung (5.118) invariant, da sie sich bezüglich der Multiplikation beider Seiten von rechts mit s nicht ändert. Die aus (5.121) folgende Änderungsvorschrift für F gegenüber äußeren Transformationen lautet:

$$F = \nabla A^+ \to F' = \nabla(s^+A^+) . \tag{5.124}$$

Die Invarianz der Maxwellschen Gleichungen (5.117) gegenüber den Transformationen (5.123) bedeutet: Hat man eine durch Anfangs- und Randbedingungen bestimmte Lösung der Gleichungen (5.117), so existiert eine 8-parametrige Schar von Lösungen, welche zu den transformierten Anfangs- und Randbedingungen gehört.

Bisher wurden die verschiedenen Typen von Vierervektoren und Tensoren bezüglich der Transformationen P und T nicht explizit angegeben. Die algebraische Schreibweise ist in der Hinsicht bequem, daß alle Gleichungen und Zusammenhänge unabhängig von den Typen der Tensoren selbsttätig invariant gegenüber den Transformationen aus der eigentlichen Lorentz-Gruppe L_0 sind. So gehen die Elemente ∇, F und j_{el} bezüglich der Transformationen aus L_0 in

$$\nabla' = s\nabla s^+ , \qquad F' = sFs^+ , \qquad j'_{\mathrm{el}} = sj_{\mathrm{el}}s^+ \tag{5.125}$$

über, wobei $ss^+ = s^+s = e$ ist. Hieraus folgt zum Beispiel die Invarianz der Maxwellschen Gleichungen (5.110) bezüglich L_0, da aus (5.110) nach Multiplikation von links und rechts mit s bzw. s^+

$$\nabla' F' = -\frac{4\pi}{c} j'_{\rm el} \tag{5.110'}$$

folgt.

5.6. Reelle Spinoren und zweikomponentige relativistisch invariante Theorie der Teilchen vom Spin 1/2

Zur präzisen Fassung der Transformationsvorschrift einzelner relativistischer Größen bezüglich der Transformationen P und T ist es zweckmäßig, folgendes allgemeine Prinzip der vollen Invarianz physikalischer Größen voranzustellen. *Sind physikalische Gleichungen oder Beziehungen gegenüber den Transformationen aus der zusammenhängenden Einheitskomponente einer Lieschen Gruppe (d. h. aus der die identische Transformation enthaltenden Zusammenhangskomponente) invariant und ist für einige der in diesen Gleichungen eingehenden Größen eine Transformationsvorschrift bezüglich anderer Zusammenhangskomponenten dieser Lieschen Gruppe gegeben, so ist die Transformationsvorschrift für die restlichen Größen derart zu wählen, daß die Gleichungen bezüglich der Ausdehnung der Transformationen auf diese Komponenten invariant bleiben.*

Dieses Prinzip trifft man implizit bereits in der klassischen Mechanik bei der Einführung einzelner Dreiervektoren mit pseuvektoriellen Eigenschaften an.[1]) Auf die Lorentz-Gruppe angewandt bedeutet dies: Sind physikalische Gleichungen bezüglich der Transformationen aus der eigentlichen Lorentz-Gruppe L_0 invariant und für einige der in diese Gleichungen eingehenden „Basisgrößen" eine Transformationsvorschrift bezüglich der allgemeinen Lorentz-Gruppe L gegeben, so ist die Transformationsvorschrift der restlichen Größen so zu definieren, daß die Gleichungen invariant gegenüber den Transformationen aus der Gruppe L bleiben.

Als Basisgrößen werden wir vor allem die gemäß (5.50) als die Bestandteile eines einfachen Vektors anzusehenden Komponenten x^α wählen. In der klassischen Mechanik ist die Eigenzeit τ eines Teilchens die Zeit eines Bezugssystems, in welchem das Teilchen ruht, so daß sich bei Zeitumkehr das Vorzeichen der Zeit x^4 und der Eigenzeit ändern muß. Folglich ist die (aus $c^2\,\mathrm{d}\tau^2 = -\mathrm{d}x^\alpha\,\mathrm{d}x_\alpha$) bestimmbare Eigenzeit τ ein allgemeiner Skalar. Hieraus folgt weiter, daß der Vierervektor $\mathrm{d}x^\alpha/\mathrm{d}\tau$ ein allgemeiner Vektor ist und seine vierte Komponente bezüglich beliebiger Transformationen positiv bleibt. Da sich die Ruhemasse m_0 wie ein einfacher Skalar verhält, so ist der Vierervektor des Impulses mit den Komponenten $p^\alpha = m_0\,\mathrm{d}x^\alpha/\mathrm{d}\tau$ ein allgemeiner Vektor; damit muß die Energie $E = cp^4$ bezüglich beliebiger Transformationen positiv bleiben.

Aus der Tatsache, daß relativistische Größen, die sich gegenüber den Transformationen aus der eigentlichen Lorentz-Gruppe gleichartig verhalten, bezüglich P, T

[1]) Gemeint ist die Unterscheidung polarer (echter) und axialer (Pseudo-) Vektoren und die Prüfung, daß in einer vektoriellen Gleichung alle Terme axialen oder alle Terme polaren Charakter haben müssen. Dabei ändert die Operation rot diesen Charakter. (Anm. d. Übers.)

und PT unterschiedliche Transformationseigenschaften haben können, ergeben sich unter Berücksichtigung des Prinzips der vollen Invarianz wichtige, besonders für die Quantentheorie bedeutungsvolle physikalische Schlußfolgerungen.

Es sei $\psi(x)$ die in eine Reihe oder ein Fourierintegral entwickelte, als Superposition ebener Wellen der Form $e^{ik_\alpha x^\alpha}\,\psi(k)$, wobei $k_\alpha k^\alpha \leqq 0$, dargestellte Wellenfunktion eines relativistischen Teilchens. Wir setzen $\varepsilon(k) = 1$ für $k^4 < 0$ und $\varepsilon(k) = -1$ für $k^4 > 0$. Da die Komponenten $\varepsilon(k)\,k^4$ bezüglich beliebiger Transformationen aus L positiv bleiben, ist der Vierervektor $\varepsilon(k)\,k^\alpha$ ein allgemeiner Vektor, und man kann den Operator $\hat{\varepsilon}$ einführen, für welchen in der Entwicklung von $\hat{\varepsilon}\psi(x)$ in ebene Wellen $\psi(k)$ durch $\varepsilon(k)\,\psi(k)$ ersetzt wird. Da $\partial_\alpha = \dfrac{\partial}{\partial x^\alpha}$ und die Eigenwerte p_α der Energie-Impulsoperatoren wie die Bestandteile eines einfachen bzw. eines allgemeinen Vierervektors transformiert werden, so ist es zweckmäßig, für den Energie-Impulsoperator in der relativistischen Theorie nicht $\dfrac{\hbar}{i}\,\partial_\alpha$, sondern

$$\hat{P} = \frac{\hbar}{i}\,\hat{\varepsilon}\partial_\alpha \tag{5.126}$$

zu nehmen.

Aus (5.126) folgt, daß die Eigenwerte der Operatoren $\hat{P}_\alpha$ durch $p^\alpha = \hbar\varepsilon(k)\,k^\alpha$ gegeben sind; somit ist die Energie cp^4 für Zustände mit negativen Frequenzen k^4 streng positiv. Danach ist es möglich, den Teilchen die Zustände mit positiven Frequenzen und den Antiteilchen die Zustände mit negativen Frequenzen zuzuordnen. Dies führt zu einer vollständig symmetrischen Beschreibung von Teilchen und Antiteilchen (anstatt der Diracschen Darstellung der Teilchen als „Löcher"). Den oben eingeführten Operator $\hat{\varepsilon}$ kann man als Operator der Ladung interpretieren, wobei im nichtrelativistischen Fall, in welchem Zustände mit negativen Frequenzen nicht betrachtet werden, $\hat{\varepsilon}$ durch 1 ersetzt werden kann. Die indirekt mittels des Prinzips der vollen Invarianz zu begründende Einführung des Operators der Ladung steht im Einklang mit der Feynmanschen Theorie der Positronen. In der Tat führt das Ersetzen des Operators $\dfrac{\partial}{\partial t}$ der zeitlichen Verschiebung durch $\hat{\varepsilon}\dfrac{\partial}{\partial t}$ zu folgendem: Wenn sich die Teilchen mit positiven Frequenzen mit der Zeit vorwärts bewegen, so bewegen sich die Antiteilchen mit negativen Frequenzen gemäß der Definition von $\hat{\varepsilon}$ zeitlich entgegengesetzt, wie es der Methode von Feynman entspricht.

Es sollen jetzt feinere algebraische Methoden angewandt werden, die mit der weiter oben betrachteten Darstellungstheorie assoziativer Algebren und der im vorhergehenden Abschnitt dargelegten algebraischen Spinortheorie verbunden sind.

Wir führen dazu die komplexen Diracschen Matrizen γ_α ($\alpha = 1, 2, 3, 4$) und γ_5 ein, zwischen denen die Beziehungen

$$\gamma_\alpha\gamma_\beta + \gamma_\beta\gamma_\alpha = 2\delta_{\alpha\beta}\,, \qquad \gamma_5 = \gamma_1\gamma_2\gamma_3\gamma_4 \tag{5.127}$$

bestehen. Setzt man

$$R_1 = \gamma_1\,, \qquad R_2 = \gamma_2\,, \qquad R_3 = \gamma_3\,, \qquad R_4 = -i\gamma_4\,, \qquad J = i\gamma_5\,, \tag{5.128}$$

so erzeugen die R_α die assoziative Algebra ${}^3A_5$, die gemäß 4.5 zur Algebra der reellen Matrizen vierter Ordnung isomorph ist. Daher kann man die Matrizen R_α reell wählen;

und von einer beliebigen Darstellung Diracscher Matrizen kann man mittels der Transformation $A\gamma_\alpha A^{-1}$ zu einer reellen Darstellung übergehen. Als Beispiel einer reellen Darstellung kann man die Matrizen

$$\begin{aligned} R_1 &= OBS_1O^{-1}, \quad & R_2 &= OBS_2O^{-1}, \quad & R_3 &= OBS_3O^{-1}, \\ R_4 &= -OBO^{-1}, \quad & J &= OIO^{-1} = R^1R^2R^3R^4 \end{aligned} \tag{5.129}$$

wählen, wobei

$$S_1 = \begin{pmatrix} 0 & 1 & 0 & 0 \\ 1 & 0 & 0 & 0 \\ 0 & 0 & 0 & 1 \\ 0 & 0 & 1 & 0 \end{pmatrix}, \quad S_2 = \begin{pmatrix} 0 & 0 & 0 & 1 \\ 0 & 0 & -1 & 0 \\ 0 & -1 & 0 & 0 \\ 1 & 0 & 0 & 0 \end{pmatrix}, \quad S_3 = \begin{pmatrix} 1 & 0 & 0 & 0 \\ 0 & -1 & 0 & 0 \\ 0 & 0 & 1 & 0 \\ 0 & 0 & 0 & -1 \end{pmatrix},$$

$$B = \begin{pmatrix} 0 & 0 & 0 & 1 \\ 0 & 0 & -1 & 0 \\ 0 & 1 & 0 & 0 \\ -1 & 0 & 0 & 0 \end{pmatrix}, \quad I = \begin{pmatrix} 0 & 0 & -1 & 0 \\ 0 & 0 & 0 & -1 \\ 1 & 0 & 0 & 0 \\ 0 & 1 & 0 & 0 \end{pmatrix} \tag{5.130}$$

und O eine beliebige reelle orthogonale Matrix vierter Ordnung ist. Die Willkür in der Wahl von O kann man ausnutzen, um von einer reellen Darstellung zu einer anderen überzugehen. Aus der Orthogonalität der Matrix O ergibt sich mit Rücksicht auf (5.130)

$$R_1' = R_1, \quad R_2' = R_2, \quad R_3' = R_3, \quad R_4' = -R_4, \quad J' = -J. \tag{5.131}$$

Wir betrachten die Ergebnisse aus 2.6 bezüglich der Formeln für die zwischen vierdimensionalen reellen und zweidimensionalen komplexen Größen bestehenden Beziehungen im Detail hinsichtlich ihrer Anwendung auf die oben eingeführte reelle Darstellung der Matrizen R_α. Die zweikomponentigen komplexen Spaltenvektoren $\xi_{(k)}$ und die komplexen Matrizen $\alpha_{(k)}$ zweiter Ordnung seien gemäß den Formeln

$$\xi_{(k)} = \varphi_{(k)} + i\chi_{(k)}, \qquad \alpha_{(k)} = \beta_{(k)} + i\gamma_{(k)} \tag{5.132}$$

durch die reellen Spalten $\varphi_{(k)}$, $\chi_{(k)}$ und die reellen Matrizen $\beta_{(k)}$, $\gamma_{(k)}$ ausgedrückt. Wir ordnen jedem $\xi_{(k)}$ und $\alpha_{(k)}$ eindeutig eine reelle vierkomponentige Spalte $\psi_{(k)}$ und eine reelle Matrix $A_{(k)}$ vierter Ordnung zu:

$$\psi_{(k)} = O\begin{pmatrix} \varphi_{(k)} \\ \chi_{(k)} \end{pmatrix}, \qquad A_{(k)} = O\begin{pmatrix} \beta_{(k)} & -\gamma_{(k)} \\ \gamma_{(k)} & \beta_{(k)} \end{pmatrix} O^{-1}. \tag{5.133}$$

Ist die orthogonale Matrix O mit der Einheitsmatrix identisch, so folgen aus der zweiten Formel in (5.133) insbesondere die Formeln (2.64) und (2.65) für $n = 2$. Sind die Matrizen $\alpha_{(1)}, \alpha_{(2)}$ gemäß (5.133) den reellen Matrizen $A_{(1)}, A_{(2)}$ zugeordnet, so bestätigt man unmittelbar, daß dem Produkt $\alpha_{(1)}\alpha_{(2)}$ das Produkt $A_{(1)}A_{(2)}$ und den hermitesch adjungierten Matrizen $\alpha^*_{(k)}$ die transponierten Matrizen $A'_{(k)}$ entsprechen. Eine notwendige und hinreichende Bedingung für die Übereinstimmung (im Sinne der Formeln (5.133)) der reellen quadratischen Matrix A vierter Ordnung mit der Matrix α zweiter Ordnung ist demnach die Vertauschbarkeit von A mit der durch die Formeln (5.129) und (5.130) definierten Matrix J. Nimmt man für die reellen Matrizen $A_{(k)}$

speziell die mit J vertauschbaren Matrizen R_4R_1, R_4R_2, R_4R_3, so folgt aus den oben angeführten Formeln, daß ihnen die Pauli-Matrizen

$$\begin{aligned} R_4R_1 &\leftrightarrow \sigma_1 = \begin{pmatrix} 0 & 1 \\ 1 & 0 \end{pmatrix}, \quad R_4R_2 \leftrightarrow \sigma_2 = \begin{pmatrix} 0 & -i \\ i & 0 \end{pmatrix}, \\ R_4R_3 &\leftrightarrow \sigma_3 = \begin{pmatrix} 1 & 0 \\ 0 & -1 \end{pmatrix} \end{aligned} \tag{5.134}$$

entsprechen, wobei $\leftrightarrow$ das Symbol der durch (5.133) definierten Korrespondenz ist.

Wir wählen eine reelle Darstellung der Algebra ${}^3A_5$, bei der den Basiselementen e_α die oben eingeführten Matrizen R_α entsprechen. Dann werden die Elemente s der Spinorgruppe durch die zugehörigen reellen Matrizen S, für welche ein Spinor ψ in $S\psi$ transformiert wird, dargestellt. Ein reeller Spinor (d. h. eine vierkomponentige, zu einer zweikomponentigen komplexen Spalte äquivalente reelle Spalte) bleibt bezüglich beliebiger Transformationen aus der allgemeinen Lorentz-Gruppe reell. Die einer Transformation aus der eigentlichen Lorentz-Gruppe entsprechende Matrix S ist durch (5.94) bestimmt. Worin ein reeller Spinor bezüglich der Transformationen P und T übergeht, läßt sich auf Grund der Formeln (5.86) und (5.93) ermitteln. Die e_α setzen wir als einfache Basisvektoren voraus; nur unter dieser Bedingung verhalten sich $x^\alpha e_\alpha$ und $\nabla = e^\alpha \partial_\alpha$ wie einfache Vektoren. Aus (5.86) folgt dann im Hinblick auf die Definitionen (5.48) und (5.50), daß das Element s bezüglich der Transformation P bzw. T gleich $\pm e_4$ bzw. $\pm e_1e_2e_3$ ist. Daher kann ein reeller Spinor bezüglich P, T und PT nur gemäß folgenden Formeln transformiert werden:

$$\begin{aligned} &\psi_P = R_4\psi\,, && \psi_T = JR_4\psi\,, && \psi_{PT} = J\psi\,, \\ &\psi_P = -R_4\psi\,, && \psi_T = -JR_4\psi\,, && \psi_{PT} = J\psi\,, \\ &\psi_P = R_4\psi\,, && \psi_T = -JR_4\psi\,, && \psi_{PT} = -J\psi\,, \\ &\psi_P = -R_4\psi\,, && \psi_T = JR_4\psi\,, && \psi_{PT} = -J\psi\,. \end{aligned} \tag{5.135}$$

Wie leicht mittels (5.131) einzusehen ist, muß als Matrix R in (5.98) $R = R_1R_2R_3 = JR_4$ genommen werden, da

$$R'_\alpha = RR_\alpha R^{-1}\,, \qquad (R_\alpha R_\beta)' = RR_\beta R_\alpha R^{-1} \qquad (\alpha \neq \beta), \ldots \tag{5.136}$$

gilt, was zu (5.96) äquivalent ist.

Aus Formel (5.135) folgt die Existenz von vier Typen reeller Spinoren, die sich voneinander nur durch die Änderungsvorschriften bezüglich P und T unterscheiden. Dies entspricht der Existenz von vier Typen relativistischer Skalare. Denn gehört der reelle Spinor $\psi_{(1)}$ in dem Ausdruck $\Omega_{(12)} = \psi'_{(1)}R\psi_{(2)}$ zu einem der in (5.135) berechneten Typen und wird demgemäß $\psi_{(2)}$ gleich einem reellen Spinor je eines der vier Typen gesetzt, so wird $\Omega_{(12)}$ folglich mit Skalaren jedes der vier in der Tabelle (5.83) berechneten Typen identisch. Das Prinzip der vollen Invarianz schränkt die Willkür in der Wahl der Typen reeller Spinoren ein. Es seien zum Beispiel $\psi_{(1)}$ und $\psi_{(2)}$ zwei reelle Spinoren. Wir betrachten die relativistische Gleichung

$$\nabla\psi_{(1)} = R^\alpha \frac{\partial\psi_{(1)}}{\partial x^\alpha} = \psi_{(2)} \tag{5.137}$$

mit $\nabla = R^\alpha\partial_\alpha$. Wären $\psi_{(1)}$ und $\psi_{(2)}$ Spinoren verschiedenen Typs, so gingen die reellen Spinoren $\psi_{(1)}$ und $\psi_{(2)}$ bezüglich der Transformationen P und T bzw. in $\tilde{\psi}_{(1)} = S\psi_{(1)}$ und $\tilde{\psi}_{(2)} = -S\psi_{(2)}$ über, der einfache Vektor $\nabla = R^\alpha\partial_\alpha$ ginge in $\tilde{\nabla} = S\nabla S^{-1}$ und Gleichung (5.137) in $\tilde{\nabla}\tilde{\psi}_{(1)} = -\tilde{\psi}_{(2)}$ über. Daher ist die bezüglich L_0 invariante Gleichung (5.137) unter der gemachten Annahme nicht bezüglich L invariant. Damit diese Gleichung dem Prinzip der vollen Invarianz genügt, müssen $\psi_{(1)}$ und $\psi_{(2)}$ Spinoren gleichen Typs sein.

Mittels der am Schluß des vorhergehenden Abschnitts dargelegten (auf den Formeln (5.99), (5.100) und analogen, nicht einen, sondern mehrere reelle Spinoren betreffenden Beziehungen beruhenden) Methoden kann man Gleichungen des Typs (5.137) in Form von Tensorgleichungen schreiben (siehe auch die Literaturhinweise). Dabei ist (bezüglich geeigneter Definitionen der Transformationseigenschaften von Spinoren) die Möglichkeit besonders offenkundig, diese Gleichungen nicht nur gegenüber L_0, sondern auch gegenüber der allgemeinen Lorentz-Gruppe L invariant zu machen. Man kann diese Gleichungen auch in die zweikomponentige komplexe Form überführen, wenn man berücksichtigt, daß der vierkomponentigen reellen Spalte $R_2\psi_{(k)}$ gemäß (5.133) die zweikomponentige Spalte $\bar{\xi}_{(k)}$ entspricht, wobei der Strich die konjugiert-komplexe Spalte bezeichnet. Hieraus folgt, daß beim Übergang von reellen Spaltenvektoren $\psi_{(2)}$ zu den komplexen Spalten $\xi_{(k)}$ letztere bezüglich der Transformationen P und T antilinear transformiert werden, d. h., $\xi_{(k)}$ geht in $\pm\sigma_2\bar{\xi}_{(2)}$ oder in $\pm i\sigma_2\bar{\xi}_{(k)}$ über. Multipliziert man (5.137) von links mit R_4 und berücksichtigt (5.133), (5.134), so erhält man

$$\left(\frac{\partial}{\partial x^4} + \sigma_1\frac{\partial}{\partial x^1} + \sigma_2\frac{\partial}{\partial x^2} + \sigma_3\frac{\partial}{\partial x^3}\right)\bar{\xi}_{(1)} = \sigma_2\xi_{(2)}\,. \tag{5.138}$$

Für $\xi_{(2)} = 0$ fällt (5.138) mit der zweikomponentigen Weylschen Gleichung zusammen.

Wir führen folgenden Begriff ein. Ein Spaltenvektor ψ heiße *Spinor vom Diracschen Typ*, falls er gemäß der Formel

$$\psi = \tfrac{1}{2}\left[(\psi_{(2)} + \psi_{(1)}) + iJ(\psi_{(2)} - \psi_{(1)})\right] \tag{5.139}$$

durch die reellen Spinoren $\psi_{(1)}$ und $\psi_{(2)}$ ausgedrückt werden kann.

Hierbei können $\psi_{(1)}$ und $\psi_{(2)}$ durch die Spiegelungen P und T in verschiedene Typen transformiert werden, wobei zu fordern ist, daß ein reeller (oder, was auf dasselbe hinausläuft, ein zweikomponentiger komplexer) Spinor durch den ursprünglichen Wert desselben (und nicht eines anderen) reellen Spinors ausgedrückt werden kann, was dazu führt, daß eine große Zahl von Transformationsmöglichkeiten für ψ, die bei Spiegelungen mit der Überführung von $\psi_{(1)}$ in $\psi_{(2)}$ und von $\psi_{(2)}$ in $\psi_{(1)}$ bestehen, ausgeschlossen wird.

Es besteht die folgende Aussage.

Es seien φ, χ, ψ Spinoren vom Diracschen Typ, $\hat{A}$ eine Matrix oder ein Operator der Form

$$\hat{A} = \tfrac{1}{2}\left[(\hat{A}_{(2)} + \hat{A}_{(1)}) + iJ(\hat{A}_{(2)} - \hat{A}_{(1)})\right], \tag{5.140}$$

wobei $\hat{A}_{(1)}$, $\hat{A}_{(2)}$ reell sind und $\chi = \hat{A}\psi$ ist. Dann gilt für $\hat{A}J = J\hat{A}$

$$\chi_{(1)} = \hat{A}_{(1)}\chi_{(1)}\,, \qquad \chi_{(2)} = \hat{A}_{(2)}\psi_{(2)}\,, \tag{5.141}$$

$$2\varphi^*\hat{A}\psi = \varphi'_{(1)}\hat{A}_{(1)}\psi_{(1)} + \varphi'_{(2)}\hat{A}_{(2)}\psi_{(2)} + i[(\varphi'_{(2)}J\hat{A}_{(2)}\psi_{(2)}) - (\varphi'_{(1)}J\hat{A}_{(1)}\psi_{(1)})], \tag{5.142}$$

$$2\varphi'\hat{A}\psi = \varphi'_{(2)}\hat{A}_{(1)}\psi_{(1)} + \varphi'_{(1)}\hat{A}_{(2)}\psi_{(2)} + i[(\varphi'_{(1)}J\hat{A}_{(2)}\psi_{(2)}) - (\varphi'_{(2)}J\hat{A}_{(1)}\psi_{(1)})]. \tag{5.143}$$

Für $\hat{A}J = -J\hat{A}$ gilt dagegen

$$\chi_{(1)} = \hat{A}_{(2)}\psi_{(2)}\,, \qquad \chi_{(2)} = \hat{A}_{(1)}\psi_{(1)}\,, \tag{5.144}$$

$$2\varphi^*\hat{A}\psi = \varphi'_{(1)}\hat{A}_{(2)}\psi_{(2)} + \varphi'_{(2)}\hat{A}_{(1)}\psi_{(1)} + [(\varphi'_{(2)}J\hat{A}_{(1)}\psi_{(1)}) - (\varphi'_{(1)}J\hat{A}_{(2)}\psi_{(2)})]\,, \tag{5.145}$$

$$2\varphi'\hat{A}\psi = \varphi'_{(1)}\hat{A}_{(1)}\psi_{(1)} + \varphi'_{(2)}\hat{A}_{(2)}\psi_{(2)} + i[(\varphi'_{(1)}J\hat{A}_{(1)}\psi_{(1)}) - (\varphi'_{(2)}J\hat{A}_{(2)}\psi_{(2)})]\,. \tag{5.146}$$

Der Beweis ergibt sich unmittelbar durch Einsetzen und elementare Umformungen.

Als erstes Anwendungsbeispiel betrachten wir die der Bestimmung der Wellenfunktion eines zweikomponentigen Neutrinos dienenden Beziehungen

$$(1 + \gamma_5)\,\psi = 0 \quad \text{oder} \quad (1 - \gamma_5)\,\psi = 0\,. \tag{5.147}$$

Wir ersetzen im Einklang mit (5.128) γ_5 durch $-iJ$ und erhalten aus (5.140) im ersten Fall $\hat{A}_{(2)} = 0$, $\hat{A}_{(1)} = 1$ und im zweiten Fall $-\hat{A}_{(1)} = 0$, $\hat{A}_{(2)} = 1$. Da die Matrix $\hat{A}$ mit J vertauschbar ist, gilt hier Formel (5.141). Demnach ist die erste Beziehung in (5.147) zur Bedingung $\psi_{(1)} = 0$ und die zweite zu $\psi_{(2)} = 0$ äquivalent. Daher ist ein Neutrino unter der Bedingung (5.147) durch einen reellen Spinor festgelegt. Dabei kann die Weylsche Gleichung, die zur Beschreibung eines zweikomponentigen Neutrinos verwendet wurde, gemäß den vorhergehenden Ergebnissen als invariant bezüglich aller Transformationen aus der allgemeinen Lorentz-Gruppe angesehen werden.

Als zweites Beispiel betrachten wir den Hamilton-Operator der universalen schwachen Wechselwirkungen

$$\begin{aligned} H = {} & G[\psi_A^* R_4 R_\alpha (1 - iJ)\,\psi_B] \cdot [\psi_C^* R_4 R^\alpha (1 - iJ)\,\psi_D] \\ & + \text{hermitesch adjungierte Glieder.} \end{aligned} \tag{5.148}$$

Hierin sind G eine universale Konstante, ψ_A, ψ_B, ψ_C und ψ_D vierkomponentige Wellenfunktionen vom Diracschen Typ für die Teilchen A, B, C und D vom Spin 1/2. Die auftretenden Matrizen werden von der Mehrzahl der Autoren gewöhnlich etwas anders bezeichnet (anstelle von $(1 - iJ)$ wird $(1 + \gamma_5)$ geschrieben, usw.). Setzt man in (5.140) $\hat{A} = R_4R^\alpha(1 - iJ)$, $\hat{A}_{(2)} = 0$, $\hat{A}_{(1)} = R_4R^\alpha$, so findet man gemäß (5.142)

$$\begin{aligned} H_\sigma = {} & -\frac{G}{2}\,[\psi'_{(A_1)} R_4 R_\alpha \psi_{(B_1)}]\,[\psi'_{(C_1)} R_4 R^\alpha \psi_{(D_1)}] \\ & + \frac{G}{2}\,[\psi'_{(A_1)} J R_4 R_\alpha \psi_{(B_1)}]\,[\psi'_{(C_1)} J R_4 R^\alpha \psi_{(D_1)}] \end{aligned} \tag{5.149}$$

oder, nach Übergang von den vierkomponentigen reellen Spalten $\psi_{(A_1)}, \ldots$ zu den ihnen entsprechenden zweikomponentigen komplexen Spalten $\xi_A, \ldots$

$$H_\sigma = -\frac{G}{4}\,(\xi_A^* \sigma_\alpha \xi_B)\,(\xi_C^* \sigma^\alpha \xi_D) + \text{hermitesch adjungierte Glieder,} \tag{5.150}$$

wobei $\sigma_k = \sigma^k$ Pauli-Matrizen sind und $\sigma_4 = -\sigma^4 = 1$ ist. Hieraus ergibt sich folgende Behauptung: Die universale Theorie der schwachen Wechselwirkungen bestätigt die These, daß die Zustände aller Teilchen vom Spin 1/2 mittels zweikomponentiger relativistischer Wellenfunktionen oder zu ihnen äquivalenter vierkomponentiger reeller Wellenfunktionen beschrieben werden müssen. Die vierkomponentigen komplexen Diracschen Wellenfunktionen müssen als abgeleitete, durch die zweikomponentigen Ausgangs-Wellenfunktionen bestimmte Größen angesehen werden. Ferner zeigt sich, daß der Ausdruck (5.149) gegenüber beliebigen Transformationen aus der allgemeinen

Lorentz-Gruppe invariant ist, falls $\psi_{(A_1)}, \ldots$ reelle Spinoren gleichen Typs sind. Hiernach gestattet es die Festlegung der Transformationseigenschaften einzelner Größen bezüglich P und T, für die mit der universalen Theorie der schwachen Wechselwirkungen verbundenen Experimente die Übereinstimmung mit dem Prinzip der vollen Invarianz physikalischer Gleichungen zu erreichen.

Wir betrachten jetzt die vierkomponentige Diracsche Gleichung und die mit ihr übereinstimmende zweikomponentige relativistische Gleichung für ein Elektron oder Positron in einem äußeren elektromagnetischen Feld, das durch ein Vektorpotential A_α bestimmt ist. Wir setzen ein so schwaches elektromagnetisches Feld voraus, daß die Erzeugung von Teilchen und Antiteilchen vernachlässigt werden kann und die Wellenfunktion eines Teilchens die Eigenfunktion des Operators der Ladung ist:

$$\hat{\varepsilon}\psi = \varepsilon\psi\,, \qquad \varepsilon = \pm 1\,, \tag{5.151}$$

wobei für ein Elektron $\varepsilon = -1$ und für ein Positron $\varepsilon = +1$ zu setzen ist. Dann erhält die Diracsche Gleichung die Form

$$\left(\hbar\varepsilon\nabla - i\frac{e}{c}A\right)\psi = m_0 c\psi\,, \tag{5.152}$$

wobei $\nabla = R^\alpha\partial_\alpha$, $A = R^\alpha A_\alpha$ und e die Ladung des Elektrons sind. Bildet man den konjugiert-komplexen Wert beider Seiten von (5.152), so zeigt sich, daß die Ersetzung von ψ durch $\overline{\psi}$ dem Übergang von Teilchen zu Antiteilchen entspricht. Im Einklang mit (5.140) setzen wir

$$\hat{A} = \hbar\varepsilon\nabla - i\frac{e}{c}A = \frac{1}{2}\,[(\hat{A}_{(2)} + \hat{A}_{(1)}) + iJ(\hat{A}_{(2)} - \hat{A}_{(1)})]\,, \tag{5.153}$$

wonach

$$\hat{A}_{(2)} = \hbar\varepsilon\nabla - \frac{e}{c}JA\,, \quad \hat{A}_{(1)} = \hbar\varepsilon\nabla + \frac{e}{c}JA\,, \tag{5.154}$$

gilt, und die Formeln (5.144) ergeben weiter

$$m_0 c\psi_{(1)} = \hat{A}_{(2)}\psi_{(2)} = \left(\hbar\varepsilon\nabla - \frac{e}{c}JA\right)\psi_{(2)}\,, \tag{5.155}$$

$$m_0 c\psi_{(2)} = \hat{A}_{(1)}\psi_{(1)} = \left(\hbar\varepsilon\nabla + \frac{e}{c}JA\right)\psi_{(1)}\,. \tag{5.156}$$

Wir setzen voraus, daß der Zustand eines Teilchens vom Spin 1/2 nicht nur bezüglich schwacher Wechselwirkungen, sondern auch im Fall elektromagnetischer Wechselwirkungen mittels der zu einem reellen Spinor $\psi_{(1)}$ äquivalenten zweikomponentigen Wellenfunktion ξ beschrieben werden soll. Dann muß als vierkomponentige komplexe Diracsche Wellenfunktion eine abgeleitete Größe genommen werden. Durch Einsetzen von (5.156) in (5.155) erhalten wir als Wellengleichung für $\psi_{(1)}$

$$\left(\varepsilon\nabla - \frac{e}{\hbar c}JA\right)\left(\varepsilon\nabla + \frac{e}{\hbar c}JA\right)\psi_{(1)} = \frac{m_0^2c^2}{\hbar^2}\,\psi_{(1)}\,. \tag{5.157}$$

Mittels (5.133), (5.134) von reellen zu komplexen Größen übergehend, erhält man nach Ausführung elementarer Rechnungen (siehe auch die Literaturhinweise)

$$\left[\frac{1}{c^2}\left(\varepsilon\hbar i\frac{\partial}{\partial t}+eA_4\right)^2-\sum_{k=1}^{3}\left(\varepsilon\hbar i\partial_k+\frac{e}{c}A_k\right)^2-m_0^2c^2-\frac{e\varepsilon\hbar}{c}i\sigma_{\alpha_1\alpha_2}F^{\alpha_1\alpha_2}\right]\xi(x)=0\,, \tag{5.158}$$

worin $F^{\alpha_1\alpha_2}=\partial^{\alpha_1}A^{\alpha_2}-\partial^{\alpha_2}A^{\alpha_1}$, $i\sigma_{\alpha_1\alpha_2}F^{\alpha_1\alpha_2}=i\sigma^kE_k-\sigma^kH_k$ ist. Die zweikomponentige Gleichung (5.157)—(5.158) wurde zuerst, ausgehend von mit der relativistischen Verallgemeinerung der nichtrelativistischen zweikomponentigen Paulischen Gleichung verbundenen Überlegungen, im Jahre 1955 durch den Autor eingeführt und danach im Jahre 1958 durch FEYNMAN und GELL-MANN im Zusammenhang mit der oben betrachteten universalen Theorie schwacher Wechselwirkungen wiederentdeckt.

Ist die Lösung der zweikomponentigen relativistischen Gleichung (5.158) oder (5.157) bekannt, so ergibt sich $\psi_{(2)}$ mit Hilfe von (5.156), wonach die durch (5.139) definierte vierkomponentige Wellenfunktion vom Diracschen Typ der Diracschen Gleichung genügt. Gegenüber der räumlichen Spiegelung P werden die reellen Spinoren $\psi_{(1)}$ und $\psi_{(2)}$ gleichzeitig mit ein und derselben, durch (5.135) bestimmten und mit J antivertauschbaren Matrix multipliziert. Ist beispielsweise $\psi_{(1)P}=R_4\psi_{(1)}$, so ist $JR_4=-R_4J$ und nach (5.139) $\psi_P=R_4\bar{\psi}$. Hieraus folgt die Gültigkeit der Diracschen Gleichung, falls man von der Gültigkeit der voll relativistischen zweikomponentigen Gleichung (5.157) oder (5.158) ausgeht. Doch muß die Diracsche Wellenfunktion bei räumlichen Spiegelungen mit Ersetzung durch die Konjugiert-komplexe antilinear, d. h., nach einer kombinierten Invertierungsvorschrift, transformiert werden.

6. Gruppeninvariante Bestimmung physikalischer Systeme

6.1. Die Poincarésche Gruppe und die spezielle Relativitätstheorie

Es seien x^α vier Koordinaten, die der Bedingung

$$g_{\alpha\beta}x^\alpha x^\beta \equiv \sum_{\alpha=1}^{4} \sum_{\beta=1}^{4} g_{\alpha\beta}x^\alpha x^\beta = \mathrm{inv} \tag{6.1}$$

genügen, wobei $g_{\alpha\beta}$ die Komponenten eines metrischen Tensors des vierdimensionalen Raumes und in unserem Falle gleich

$$g_{11} = g_{22} = g_{33} = 1\,, \qquad g_{44} = -1\,, \qquad g_{\alpha\beta} = 0 \quad \text{für}\, \alpha \neq \beta \tag{6.2}$$

sind. Die aus

$$g^{\alpha_1\beta}g_{\beta\alpha_2} = \delta^{\alpha_1}_{\alpha_2} \tag{6.3}$$

zu bestimmenden Komponenten $g^{\alpha\beta}$ des inversen Tensors sind gemäß (6.2) mit den $g_{\alpha\beta}$ identisch, d. h., $g^{\alpha\beta} = g_{\alpha\beta}$.

Die allgemeine Lorentz-Gruppe besteht aus denjenigen linearen Transformationen der Koordinaten x^α, die (6.1) unverändert lassen. Ihre Generatoren sind zufolge (6.1): erstens die Generatoren der Drehgruppe des dreidimensionalen Raumes:

$$M_1 = x_2\partial_3 - x_3\partial_2\,, \qquad M_2 = x_3\partial_1 - x_1\partial_3\,, \qquad M_3 = x_1\partial_2 - x_2\partial_1\,, \tag{6.4}$$

wobei $x_\alpha = g_{\alpha\beta}x^\beta$, $\partial_\alpha = \dfrac{\partial}{\partial x^\alpha}$ ist, und zweitens die den Dehnungen in der Ebene (6.4) entsprechenden Generatoren:

$$N_k = \frac{1}{c}\,(x_4\partial_k - x_k\partial_4) = -t\,\frac{\partial}{\partial x^k} - \frac{x^k}{c^2}\frac{\partial}{\partial t}\,. \tag{6.5}$$

Aus (6.4) und (6.5) ergeben sich für die Generatoren der Lorentz-Gruppe folgende Vertauschbarkeitsrelationen

$$[M_1, M_2] = -M_3, \ldots, [N_1, N_2] = \frac{1}{c^2}\,M_3, \ldots, \tag{6.6}$$

$$[N_1, M_2] = -\,[N_2, M_1] = -N_3, \ldots \tag{6.7}$$

(wobei die Punkte analoge, durch zyklische Vertauschung der Indizes 1, 2, 3 entstehende Relationen bedeuten).

Die inhomogene (10-*parametrige*) *Lorentz-Gruppe* (auch Poincarésche Gruppe genannt) bewahrt die metrische Form

$$g_{\alpha\beta}\,\mathrm{d}x^\alpha\,\mathrm{d}x^\beta = -c^2\,\mathrm{d}\tau^2 \tag{6.8}$$

und entsteht aus der allgemeinen Lorentz-Gruppe durch Hinzunahme der räumlichen Verschiebungstransformationen mit den Generatoren $P_k = \partial_k$ und der zeitlichen Verschiebungstransformation mit dem Generator $H = c\partial_4 = cP_4 = \frac{\partial}{\partial t}$. Aus den Formeln für die Verschiebungsgeneratoren folgt, daß sie untereinander und mit den Generatoren der allgemeinen Lorentz-Gruppe durch die Vertauschbarkeitsrelationen

$$[P_{k_1}, P_{k_2}] = 0\,, \qquad [H, P_k] = 0\,, \tag{6.9}$$

$$[N_{k_1}, P_{k_2}] = \frac{1}{c^2}\delta_{k_1k_2}H\,, \qquad [H, N_k] = -P_k\,, \qquad [H, M_k] = 0\,, \tag{6.10}$$

$$[P_1, M_2] = -[P_2, M_1] = -P_3, \ldots \tag{6.11}$$

verbunden sind.

Eine zehnparametrige Liesche Gruppe G, deren Generatoren den Vertauschbarkeitsrelationen (6.6), (6.7), (6.9)—(6.11) genügen, soll abstrakte *Poincarésche Gruppe* genannt werden, wobei die Form der Generatoren beliebig ist. Eine Liesche Gruppe G, deren Vertauschbarkeitsrelationen für die Generatoren aus den obigen dadurch hervorgehen, daß die Konstante $1/c$ in (6.6) und (6.10) gleich Null gesetzt wird, heißt *Galileische Gruppe*. Somit erhält man eine Galileische Gruppe aus einer Poincaréschen Gruppe als Grenzfall $c \to \infty$; und im allgemeinen Fall hat die als Grenzgeschwindigkeit (Lichtgeschwindigkeit) interpretierte Konstante c eine einleuchtende gruppeninvariante Bedeutung. Die Poincarésche Gruppe entsteht ihrerseits durch den Grenzübergang $R \to \infty$ aus der Bewegungsgruppe eines Friedmannschen Raumes konstanter negativer Krümmung. Die Bewegungsgruppe eines Friedmannschen Raumes ist als die Gruppe definiert, für deren Generatoren P_α und $M_{\alpha\beta}$

$$M_{12} = M_3\,, \qquad M_{23} = M_1\,, \qquad M_{31} = M_2\,, \qquad M_{4k} = cN_k\,, \qquad P_4 = H/c \tag{6.12}$$

gilt und sich die Vertauschbarkeitsrelationen dieser Gruppe von denen der Poincaréschen Gruppe nur dadurch unterscheiden, daß (6.9) durch

$$[P_\alpha, P_\beta] = -M_{\alpha\beta}/R^2 \tag{6.13}$$

zu ersetzen ist.

Gleichungen der Physik sind gegenüber einer Lieschen Gruppe G invariant, wenn folgende zwei Bedingungen erfüllt sind.

1. Für alle physikalischen Größen ist ihre Änderungsvorschrift bezüglich der Gruppe G festgelegt. Dabei können unter physikalische Größen Observable, Zahlenwerte von Observablen, physikalische Konstanten (zum Beispiel Ladungen von Teilchen) und physikalisch sinnvolle Zahlenparameter (zum Beispiel die Zeit) verstanden werden. Unter der Änderungsvorschrift physikalischer Größen bezüglich einer Gruppe G ist die Abhängigkeit der ‚einen' physikalischen Größen von den ‚anderen' Größen und von den Parametern der Gruppe G zu verstehen.

2. Kommen in einer beliebigen physikalischen Aufgabe neben den einen physikalischen Größen Φ_0, die als vorgegeben angesehen werden, andere, sogenannte definierte physikalische Größen vor, so überführt eine auf das System vorgegebener Größen Φ_0 angewandte Transformation T aus G dieses in ein solches neues physikalisch mögliches System von vorgegebenen Größen $T\Phi_0$, dessen definierte Größen die $T\Phi$ sind. Die Frage, welche Größen als vorgegebene und welche als definierte

anzusehen sind, hängt von den konkreten praktischen Bedingungen ab, und die Auswahl kann in verschiedenen Aufgaben unterschiedlich sein.

Die invariante Eigenschaften physikalischer Erscheinungen charakterisierende Struktur einer Gruppe G ist eng mit den Besonderheiten von Grundgesetzen und Gleichungen der Physik verbunden, wobei die Forderung der Invarianz bezüglich irgendeiner Gruppe die Auswahlmöglichkeit von physikalischen Grundgleichungen einschneidend einengt. Da außerdem auch die physikalischen Größen selbst nicht willkürlich definiert werden dürfen, sondern physikalische Gesetzmäßigkeiten beachtet werden müssen, so macht der Übergang von einer zugrunde gelegten Gruppe zu einer anderen, aus der sich die erstere durch einen Grenzübergang ergibt, auch die Abänderung der zugrunde gelegten Begriffe und Größen notwendig. Mit dieser Notwendigkeit ist eben auch die von EINSTEIN hinsichtlich der Begründung der speziellen Relativitätstheorie vorgeschlagene Änderung der die Eigenschaften von Raum und Zeit betreffenden Begriffe verbunden.

Die Unterscheidung der speziellen Relativitätstheorie von der nichtrelativistischen Theorie von Raum und Zeit auf Grund von Gruppenbegriffen entspricht der zuerst von KLEIN eingeführten gruppentheoretischen Behandlung der Geometrie. Vom Kleinschen Standpunkt aus ist das Ausschlaggebende in der Geometrie eine Transformationsgruppe, während die Eigenschaften der transformierten Objekte nebensächlich sind. Der Wunsch nach der Aufstellung einer allgemeinen Theorie, die gewisse Grenztheorien der Physik und Geometrie in sich vereinigt, führte zu der folgenden Verallgemeinerung des Kleinschen Programms (siehe die Literaturhinweise). Es ist notwendig, von der im Sinne KLEINS zu verstehenden (d. h. durch die zugrunde gelegte Gruppe bestimmten) gruppeninvarianten Untersuchung einer einzelnen physikalischen Theorie oder Geometrie zur gleichzeitigen Untersuchung irgendeiner Menge von Grenztheorien überzugehen. Dann werden einige physikalische und geometrische Eigenschaften als invariante Charakteristiken einer ganzen Reihe von Theorien erscheinen; und solche Eigenschaften sollte man in erster Linie betrachten. Andere Eigenschaften sind nur für konkrete Darstellungen der Reihe spezifisch und ändern sich beim Grenzübergang von einer Theorie zu einer anderen.

Hinsichtlich der Verallgemeinerung des Kleinschen Programms betrachten wir allgemein für Theorien Eigenschaften, denen als Gruppe G eine der drei, untereinander durch eine Kette von Grenzübergängen verbundene Gruppen, die Galileische Gruppe, die Poincarésche Gruppe oder die Bewegungsgruppe des Friedmannschen Raumes, zugrunde liegt. Unter Verwendung verbandoidtheoretischer Bezeichnungen führen wir folgende Definition ein. Es sei l ein aus Elementen der Lieschen Algebra einer Gruppe G bestehender linearer Vektorraum, so daß $[l, l] \subseteqq l$ ist. Ein linearer Teilraum m von l heißt *spezielle Liesche Teilalgebra*, falls l in Form einer direkten Summe $m + n$ dargestellt werden kann, d. h.,

$$l = m \cup n\,, \qquad m \cap n = 0\,, \tag{6.14}$$

wobei die Teilräume m und n durch die Beziehungen

$$[m, m] \subseteqq m\,, \qquad [m, n] \subseteqq n \tag{6.15}$$

verbunden sind (siehe auch (3.17)). Die Bedingung, daß die Lieschen Teilalgebren dritten und sechsten Ranges mit den Erzeugenden M_k bzw. N_k speziell sind, ist zufolge (6.6)–(6.7) und (6.9)–(6.13) eine invariante (d. h. sich bei den Grenzübergängen $c \to \infty$, $R \to \infty$ nicht ändernde) Eigenschaft der drei oben genannten Lieschen

Gruppen. Einer speziellen Zerlegung der Lieschen Algebra l entspricht eine spezielle Zerlegung der endlichen Gruppentransformationen T der Gruppe G, die auf einer Ersetzung der kanonischen Parameter durch neue, die sogenannten speziellen Gruppenparameter, beruht. In unserem Fall hat die spezielle Zerlegung die Form

$$T = \exp(r^a P_a) \exp(u^k N_k) \exp(\omega^s M_s), \tag{6.16}$$

wobei $P_4 = \frac{1}{c} H$ ist, während r^α, u^k, ω^s zehn unabhängige spezielle Parameter sind, die durch zehn kanonische Parameter ξ^λ ausgedrückt werden können, falls die rechte Seite von (6.16) gleich $\exp(\xi^\lambda X_\lambda)$ gesetzt wird.

Wir bezeichnen mit e_μ und e_ν die Basiselemente der speziellen Lieschen Teilalgebra m bzw. des komplementären Teilraums n. Dann folgt aus (6.14)

$$c^\nu_{\mu_1\mu_2} = 0, \qquad c^{\mu_1}_{\mu_2\nu} = -c^{\mu_1}_{\nu\mu_2} = 0. \tag{6.17}$$

Demnach zerfallen die Matrix C_ξ mit den Elementen

$$(C_\xi)^{\lambda_1}_{\lambda_2} = c^{\lambda_1}_{\lambda\lambda_2}\xi^\lambda \equiv c^{\lambda_1}_{\mu\lambda_2}\xi^\mu + c^{\lambda_1}_{\nu\lambda_2}\xi^\nu$$

und solche Matrizenfunktionen von ihr, welche die Gestalt einer Potenzreihe haben, in zwei diagonal liegende Blöcke, so daß zum Beispiel

$$(C_\xi)^\mu_\nu = 0, \quad (C_\xi)^\nu_\mu = 0, \quad U^{-1}(\xi)^\nu_\mu = 0, \quad U^{-1}(\xi)^\mu_\nu = 0 \tag{6.18}$$

gilt. Hieraus ergibt sich insbesondere

$$\begin{aligned} &\exp(\xi^\mu_{(1)} X_\mu) [\exp(\xi^\nu X_\nu) \exp(\xi^\mu_{(2)} X_\mu)] \\ &= [\exp(\xi^\mu_{(1)} X_\mu) \exp(\xi^\nu X_\nu) \exp(-\xi^\mu_{(1)} X_\mu)] \exp(\xi^\mu_{(1)} X_\mu) \exp(\xi^\mu_{(2)} X_\mu), \end{aligned} \tag{6.19}$$

wobei wir auf Grund von (5.22)

$$\begin{aligned} &\exp(\xi^\mu_{(1)} X_\mu) \exp(\xi^\nu X_\nu) \exp(-\xi^\mu_{(1)} X_\mu) = \exp[(\xi^\nu)' X_\nu], \\ &(\xi^\nu)' = (\exp C_{\xi_{(2)}})^\nu_{\nu_1} \xi^{\nu_1} \end{aligned} \tag{6.20}$$

haben. Die Formeln (6.19) und (6.20) liegen physikalischen Anwendungen der speziellen Lieschen Teilalgebren und Untergruppen zugrunde.

Bezüglich der die invarianten Eigenschaften physikalischer Theorien charakterisierenden Galileischen und Poincaréschen Gruppe gehen wir davon aus, daß die Generatoren P_k und der Generator $H = cP_4$ für Quantensysteme wie für klassische Systeme entsprechend die Bedeutung der räumlichen Verschiebungsoperatoren bzw. eines zeitlichen Verschiebungsoperators haben. Anders ausgedrückt, hat die Transformation

$$T^{r,t} = \exp(r^a P_a) = \exp(r^1 P_1 + r^2 P_2 + r^3 P_3 + tH), \qquad r^4 \equiv ct \tag{6.21}$$

die Bedeutung einer Transformation, welche ein im Zeitpunkt $t = 0$ betrachtetes physikalisches System in ein solches System überführt, das zum Zeitpunkt t um den Vektor $\boldsymbol{r}$ verschoben ist.[1]) In dieser Weise wird sowohl in der nichtrelativistischen wie der relativistischen Theorie mittels gruppentheoretischer Überlegungen die Än-

[1]) Es sei bemerkt, daß die Untersuchung der Gruppe der Transformationen des Bezugssystems, in welchem gegebene Figuren betrachtet werden, und die Untersuchung der Gruppe der Transformationen dieser Figuren bei unverändertem Bezugssystem mathematisch äquivalent sind. Demnach läßt sich eine Transformation T entweder als Transformation physikalischer Systeme bei festem Bezugssystem oder als Transformation des Bezugssystems deuten.

derung der Zahlenwerte der Raum-Zeit-Koordinaten exakt bestimmt, während die Zahlenwerte derselben Koordinaten in der klassischen statistischen und der Quantenmechanik nur als Mittelwerte bestimmt werden können.

Wir erläutern die physikalische Bedeutung der in (6.16) eingehenden Gruppenparameter u^k zugleich für den Fall der Poincaréschen und der Galileischen Gruppe (wobei für die letztere in allen Formeln $1/c = 0$ zu setzen ist). Komponiert man $T^{r,t}$ von links mit der Transformation $T^u = \exp(u^k N_k)$, so wird die Transformation $T^{r,t}$ durch die folgende spezielle Zerlegung ersetzt:

$$T^u T^{r,t} = (T^u T^{r,t} T^{-u})\, T^u = T^{r',t'} T^u . \tag{6.22}$$

Wir setzen in (6.20) $\xi^\nu = (r^k, t)$, $X_\nu = (P_k, H)$ und beachten, daß die Matrix C_u in Blöcke entlang der Diagonalen zerfällt und davon der auf die Komponenten r^α wirkende Teil gemäß (6.9)—(6.11) die Gestalt

$$C = \begin{pmatrix} 0 & 0 & 0 & u^1 \\ 0 & 0 & 0 & u^2 \\ 0 & 0 & 0 & u^3 \\ u^1/c^2 & u^2/c^2 & u^3/c^2 & 0 \end{pmatrix} \tag{6.23}$$

hat. Aus (6.23) folgt $(C_u^{(\nu)})^3 = \dfrac{u^2}{c^2} C_u^{(\nu)}$ mit $u^2 = \boldsymbol{u}^2$, wonach

$$\mathrm{e}^{C_u^{(\nu)}} = E + \left[\frac{1}{1!} + \frac{1}{3!}\left(\frac{u}{c}\right)^2 + \frac{1}{5!}\left(\frac{u}{c}\right)^4 + \dots\right] C_u^{(\nu)} + \left[\frac{1}{2!} + \frac{1}{4!}\left(\frac{u}{c}\right)^2 + \dots\right] (C_u^{(\nu)})^2$$

$$= E + \frac{\sinh(u/c)}{(u/c)} C_u^{(\nu)} + \frac{\cosh(u/c) - 1}{(u/c)^2} (C_u^{(\nu)})^2 \tag{6.24}$$

gilt. Wird $\boldsymbol{v}$ aus der Formel $\boldsymbol{u} = \dfrac{u}{v}\boldsymbol{v}$ bestimmt, wobei

$$\sinh\frac{u}{c} = \frac{v/c}{\sqrt{1 - (v/c)^2}} = \frac{\beta}{\sqrt{1 - \beta^2}}, \qquad \cosh\frac{u}{c} = \frac{1}{\sqrt{1 - \beta^2}}, \qquad \beta = v/c \tag{6.25}$$

ist, und setzt man (6.24) in (6.20) ein, so ergibt sich

$$\begin{pmatrix} r^{1'} \\ r^{2'} \\ r^{3'} \\ t' \end{pmatrix} = \left[\begin{pmatrix} 1 & 0 & 0 & 0 \\ 0 & 1 & 0 & 0 \\ 0 & 0 & 1 & 0 \\ 0 & 0 & 0 & 1 \end{pmatrix} + \frac{1}{\sqrt{1 - \beta^2}} \begin{pmatrix} 0 & 0 & 0 & v^1 \\ 0 & 0 & 0 & v^2 \\ 0 & 0 & 0 & v^3 \\ v^1/c^2 & v^2/c^2 & v^3/c^2 & 0 \end{pmatrix}\right.$$

$$\left. + \frac{1}{v^2}\left(\frac{1}{\sqrt{1 - \beta^2}} - 1\right) \begin{pmatrix} v^1v^1 & v^1v^2 & v^1v^3 & 0 \\ v^2v^1 & v^2v^2 & v^2v^3 & 0 \\ v^3v^1 & v^3v^2 & v^3v^3 & 0 \\ 0 & 0 & 0 & v^2 \end{pmatrix}\right] \begin{pmatrix} r^1 \\ r^2 \\ r^3 \\ t \end{pmatrix} \tag{6.26}$$

oder in vektorieller Schreibweise

$$\boldsymbol{r}' = \boldsymbol{r} + \frac{\boldsymbol{v}t}{\sqrt{1 - \beta^2}} + \boldsymbol{v}\left[\frac{(\boldsymbol{r}\boldsymbol{v})}{v^2}\left(\frac{1}{\sqrt{1 - \beta^2}} - 1\right)\right], \qquad t' = \frac{t + (\boldsymbol{r}\boldsymbol{v})/c^2}{\sqrt{1 - \beta^2}}, \tag{6.27}$$

was mit den in Vektorform geschriebenen allgemeinen Formeln für die Lorentz-Transformation identisch ist (siehe die Literaturhinweise). Im Grenzfall $c \to \infty$ geht (6.27) in

$$\boldsymbol{r}' = \boldsymbol{r} + \boldsymbol{v}t\,, \qquad t' = t \tag{6.28}$$

über. Hiernach entspricht die Transformation T^μ sowohl im relativistischen wie nichtrelativistischen Fall einer dem physikalischen System hinzugesetzten konstanten Geschwindigkeit $\boldsymbol{v}$ (oder dem Übergang zu einem Bezugssystem, das sich mit der Geschwindigkeit $-\boldsymbol{v}$ bewegt). Im nichtrelativistischen Grenzfall stimmt $\boldsymbol{u}$ mit dem Geschwindigkeitsvektor $\boldsymbol{v}$ überein, während $\boldsymbol{u}$ und $\boldsymbol{v}$ im relativistischen Fall einander proportional sind und der mit Rücksicht auf (6.25) aus $\beta = v/c = \tanh\,(u/c)$ zu bestimmende zugehörige Proportionalitätsfaktor gleich

$$\frac{u}{v} = \frac{1}{\beta}\,\mathrm{artanh}\,\beta = \frac{1}{2\beta}\ln\frac{1+\beta}{1-\beta} = 1 + \frac{\beta^2}{3} + \frac{\beta^4}{5} + \dots \tag{6.29}$$

ist.

Hinsichtlich der in den allgemeinen Ausdruck (6.16) eingehenden Gruppenparameter ω^s ist auf analogem Wege mittels (6.18) und (6.20) unter Beachtung der Beziehungen (6.6), (6.7), (6.11) leicht einzusehen, daß die Richtung des Vektors $\boldsymbol{w}$ und der Drehachse im dreidimensionalen Raum für jede der betrachteten Gruppen G übereinstimmen, während sein absoluter Wert ω gleich dem Wert des Drehwinkels ist.

Der angegebenen physikalischen Bedeutung der in (6.16) eingehenden speziellen Parameter entsprechend, ergeben sich mittels der oben abgeleiteten Grundgleichungen der Theorie der Lieschen Gruppen leicht alle Grundgleichungen der relativistischen und klassischen Kinematik. Da hierbei nur die Struktur der zugrunde gelegten Gruppe berücksichtigt, nicht aber irgend eine spezielle Hypothese über die Eigenschaften der transformierten Objekte herangezogen wird, so ist die einzige der speziellen Relativitätstheorie zugrunde zu legende Forderung diejenige nach dem Ersetzen der Galileischen durch die Poincarésche Gruppe.

6.2. Zahlenwertige Liesche Algebren und Invarianten algebraischer Zustände

Unter der Voraussetzung, daß die invarianten Eigenschaften eines physikalischen Systems durch Angabe einer Lieschen Gruppe mit der Lieschen Algebra l charakterisiert werden können, nehmen wir an, daß dabei als Generatoren X_λ dieser Lieschen Algebra die Observablen des gegebenen physikalischen Systems gewählt werden können. (Dabei sind in der Quantentheorie die X_λ hermitesche Operatoren, entsprechend dem Auftreten des Faktors $i/\hbar$ bei den quantenmechanischen Poissonschen Klammern.)

Hiernach sind die Observablen X_λ die Erzeugenden einer Lie-Jordanschen Algebra von Observablen bzw. der zugehörigen Lie-assoziativen Algebra G_A mit der Eigenschaft, daß, für beliebige durch die Generatoren X_λ ausgedrückte Observablen g_1 und g_2, $g_1 + ig_2 \in G_A$. Ist G_A eine zahlenwertige assoziative Algebra, so können die Zahlenwerte $\langle\pi \mid X_\lambda\rangle$ der Observablen X_λ den Zahlenwerten der Basiselemente e_λ der abstrakten Lieschen Algebra l im algebraischen Zustand π gleichgesetzt werden:

$$\pi_\lambda = \langle\pi \mid e_\lambda\rangle = \langle\pi \mid X_\lambda\rangle\,. \tag{6.30}$$

Bei den infinitesimalen Transformationen, welche die e_λ in $[e_{\lambda_1}, e_\lambda]$ überführen, gehen die Zahlenwerte π_λ in

$$\pi_\lambda \to \langle \pi \mid [e_{\lambda_1}, e_\lambda] \rangle = c_{\lambda_1 \lambda}^{\lambda_2} \pi_{\lambda_2} \tag{6.31}$$

über, d. h., die π_λ werden gemäß der adjungierten Darstellung einer Lieschen Gruppe mit der Lieschen Algebra l transformiert. Sind $\pi_\lambda^0 = \langle \pi^0 \mid e_\lambda \rangle$ gewisse fixierte Werte der Größen π_λ, so gehen sie bei einer Transformation aus der adjungierten Darstellung der Gruppe gemäß (2.80) und (5.22) in

$$\pi_\lambda(\xi) = \langle \pi_\lambda \mid e_\lambda \rangle = \sum_{n=0}^{\infty} \left\langle \pi_0 \left| \frac{[g(\xi), \dots, [g(\xi), e_\lambda] \dots]}{n!} \right. \right\rangle = (\exp C_\xi)_\lambda^{\lambda_1} \pi_{\lambda_1}^0 \tag{6.32}$$

über, wobei $g(\xi) = \xi^\lambda e_\lambda$ ist. Der algebraische Zustand einer von den Generatoren X_λ erzeugten Lie-assoziativen Algebra G_A (nicht aber der Lieschen Algebra l) ist durch Angabe aller Zahlenwerte

$$\pi_{\lambda_1 \dots \lambda_k} = \langle \pi \mid X_{\lambda_1} \dots X_{\lambda_k} \rangle \tag{6.33}$$

bestimmt. Durch die Liesche Algebra l mit den Generatoren X_λ ist die Untergruppe G_l der Automorphismengruppe der Lie-assoziativen Algebra G_A bestimmt, welche die Basiselemente $(X_{\lambda_1} X_{\lambda_2} \dots X_{\lambda_k})$ in

$$(X_{\lambda_1} \dots X_{\lambda_k})' = e^D (X_{\lambda_1} \dots X_{\lambda_k}), \qquad Df = \xi^\lambda [X_\lambda, f] \tag{6.34}$$

überführt. Es seien $\pi_{\lambda_1 \dots \lambda_k}^0$ gewisse fixierte Zahlenwerte der Elemente $X_{\lambda_1} \dots X_{\lambda_k}$. Setzt man

$$u_{\lambda_2}^{\lambda_1}(\xi) = (\exp C_\xi)_{\lambda_2}^{\lambda_1}, \qquad u(\xi) = \exp C_\xi \tag{6.35}$$

und berücksichtigt die Gültigkeit der Formeln (5.27)–(5.29) für den Operator D, so erhält man

$$\pi_{\lambda_1 \dots \lambda_k}(\xi) = u_{\lambda_1}^{\lambda_1'}(\xi)\, u_{\lambda_2}^{\lambda_2'}(\xi) \dots u_{\lambda_k}^{\lambda_k'}(\xi)\, \pi^0_{\lambda_1' \dots \lambda_k'} . \tag{6.36}$$

Im Spezialfall der klassischen nichtstatistischen Theorie ist der Wert des Produkts der Observablen gleich dem Produkt der Werte der Observablen, d. h.

$$\pi_{\lambda_1 \dots \lambda_k} = \pi_{\lambda_1} \pi_{\lambda_2} \dots \pi_{\lambda_k} . \tag{6.37}$$

In diesem Fall sind die Zahlenwerte der Elemente der Algebra G_A vollständig durch die Zahlenwerte der Elemente der Lieschen Algebra l bestimmt.

Invariante algebraische Zustände einer Lieschen Algebra l sind solche Funktionen von $\pi_\lambda(\xi)$, die nicht von den kanonischen Parametern ξ^λ der Lieschen Gruppe G_l abhängen. Zur Auffindung dieser Invarianten nutzen wir die Tatsache aus, daß die durch (6.35) definierte Matrix $u(\xi)$ einen Automorphismus der Lieschen Algebra l bewirkt; d. h., in Übereinstimmung mit (2.48)–(2.51) bestehen die Beziehungen (2.50):

$$u_{\lambda_1}^{\lambda_4} u_{\lambda_2}^{\lambda_5} c_{\lambda_4 \lambda_5}^{\lambda_6} = c_{\lambda_1 \lambda_2}^{\lambda_3} u_{\lambda_3}^{\lambda_6} . \tag{6.38}$$

Um (6.38) abzuleiten genügt es, beide Seiten von (5.2) von links mit e^X und von rechts mit e^{-X} zu multiplizieren und danach (5.22) anzuwenden. Indem wir beide Seiten von (6.38) mit $\pi_{\lambda_6}^0$ multiplizieren, über λ_6 summieren und, in Übereinstimmung mit (6.32), $u_{\lambda_3}^{\lambda_6} \pi_{\lambda_6}^0$ durch π_{λ_3} ersetzen, erhalten wir

$$c_{\lambda_1 \lambda_2}^{\lambda_3} \pi_{\lambda_3} = u_{\lambda_1}^{\lambda_1'} u_{\lambda_2}^{\lambda_2'} (c_{\lambda_1' \lambda_2'}^{\lambda_3'} \pi_{\lambda_3'}^0) . \tag{6.39}$$

Aus (6.39) folgt für

$$g_{\lambda_1\lambda_2} = c^{\lambda_4}_{\lambda_1\lambda_3} c^{\lambda_3}_{\lambda_2\lambda_4} = \mathrm{Sp}\,(C_{\lambda_1} C_{\lambda_2})\,, \tag{6.40}$$

wobei die Gleichheit von Indizes wie üblich die Summation bedeutet,

$$g_{\lambda_1\lambda_2} = u^{\lambda'_1}_{\lambda_1} u^{\lambda'_2}_{\lambda_2} g_{\lambda'_1\lambda'_2}\,. \tag{6.41}$$

Gemäß (6.39) und (6.41) sind die Invarianten der algebraischen Zustände Eigenwerte ν der charakteristischen Gleichung

$$|c^{\lambda_3}_{\lambda_1\lambda_2}\pi_{\lambda_3} - \nu g_{\lambda_1\lambda_2}| = 0\,. \tag{6.42}$$

Sind allgemeiner Y_λ durch die Vertauschbarkeitsrelationen

$$Y_{\lambda_1} Y_{\lambda_2} - Y_{\lambda_2} Y_{\lambda_1} = c^{\lambda_3}_{\lambda_1\lambda_2} Y_{\lambda_3} \tag{6.43}$$

verknüpfte Matrizen n-ter Ordnung und ersetzt man in (5.22) X_λ durch Y_λ und berücksichtigt die Unabhängigkeit der Spur von der Reihenfolge der Faktoren, so erhält man

$$\mathrm{Sp}(Y_{\lambda_1} Y_{\lambda_2}) = \mathrm{Sp}\,(\mathrm{e}^{Y}\, Y_{\lambda_1} Y_{\lambda_2}\, \mathrm{e}^{-Y}) = u^{\lambda'_1}_{\lambda_1} u^{\lambda'_2}_{\lambda_2}\, \mathrm{Sp}\,(Y_{\lambda'_1} Y_{\lambda'_2})\,, \tag{6.44}$$

d. h., die Invarianten der algebraischen Zustände sind die aus

$$|c^{\lambda_3}_{\lambda_1\lambda_2}\pi_{\lambda_3} - \nu\,\mathrm{Sp}\,(Y_{\lambda_1} Y_{\lambda_2})| = 0 \tag{6.45}$$

zu bestimmenden Eigenwerte ν. Hat schließlich $g_{\lambda_1\lambda_2}$ eine inverse Matrix $g^{\lambda_1\lambda_2}$, so daß

$$g_{\lambda_1\lambda_2} g^{\lambda_2\lambda_3} = \delta^{\lambda_3}_{\lambda_1} \tag{6.46}$$

gilt (nach der Theorie der Lieschen Algebren existiert eine solche Matrix genau dann, wenn die Liesche Algebra halbeinfach ist), so sind die Invarianten der algebraischen Zustände die Eigenwerte ν der charakteristischen Gleichung

$$|g^{\lambda_1\lambda_2}\pi_{\lambda_1} Y_{\lambda_2} - \nu E| = 0\,, \tag{6.47}$$

worin E die Einheitsmatrix n-ter Ordnung ist.

Der Beweis folgt aus

$$g^{\lambda_1\lambda_2}\pi_{\lambda_1} Y_{\lambda_2} = e^{Y}(g^{\lambda_1\lambda_2}\pi^0_{\lambda_1} Y_{\lambda_2})\, e^{-Y}\,, \qquad Y = \xi^\lambda Y_\lambda \tag{6.48}$$

und daraus, daß die Determinante eines Produkts von Matrizen gleich dem Produkt der Determinanten dieser Matrizen ist. Eine Verallgemeinerung von (6.47) ist die folgende charakteristische Gleichung, deren Eigenwerte Invarianten der algebraischen Zustände der Lie-assoziativen Algebra G_A sind:

$$|g^{\lambda_1\lambda'_1} g^{\lambda_2\lambda'_2} \ldots g^{\lambda_k\lambda'_k}\pi_{\lambda_1\ldots\lambda_k} Y_{\lambda'_1} \ldots Y_{\lambda'_k} - \nu E| = 0\,. \tag{6.49}$$

Die mittels der obigen Methoden bestimmbaren Invarianten können zur algebraisch invarianten Klassifizierung der Zustände physikalischer Systeme verwendet werden.

6.3. Gruppeninvariante Bestimmung der Energie, des Impulses, des Massenmittelpunktes und des Eigenmoments abgeschlossener physikalischer Systeme

Als Beispiel für die Anwendung der Theorie der algebraischen Zustände betrachten wir ein physikalisches System, dessen invariante Eigenschaften im Großen durch die

Poincarésche oder, im Grenzfall $c \to \infty$, die Galileische Gruppe bestimmt sind. Demgemäß ist die Liesche Algebra l durch die Vertauschbarkeitsrelationen (6.6), (6.7), (6.9)–(6.11) gegeben. Die Zahlenwerte der Generatoren der Lieschen Gruppe, die der Lieschen Algebra l entspricht, bezeichnen wir durch

$$\begin{aligned} p_k &= \langle \pi \mid P_k \rangle, \qquad p_4 = 1/c \langle \pi \mid H \rangle, \\ m_k &= \langle \pi \mid M_k \rangle, \qquad n_k = \langle \pi \mid N_k \rangle \end{aligned} \tag{6.50}$$

oder in vierdimensionaler Schreibweise, in Übereinstimmung mit (6.12), durch

$$p_\alpha = \langle \pi \mid P_\alpha \rangle, \qquad m_{12} = m_3, \quad m_{23} = m_1, \quad m_{31} = m_2, \quad m_{4k} = c n_k. \tag{6.51}$$

Im allgemeinen Fall besitzen die eingeführten Zahlenwerte die physikalische Bedeutung von Mittelwerten gewisser Observabler. Um die algebraischen Invarianten zu bestimmen und die Bedeutung einzelner Größen weiter zu präzisieren, wenden wir (6.32) auf den Fall von Gruppentransformationen in der zerlegten Form (6.16) an, wobei die physikalische Bedeutung der Parameter ω^s, u^k und r^α oben beschrieben wurde. Bei den durch die Parameter ω^s charakterisierten dreidimensionalen Drehungen verhalten sich die Größen $\boldsymbol{p}, \boldsymbol{m}, \boldsymbol{n}$ wie dreidimensionale Vektoren, während sich p_4 nicht ändert. Bei einer Transformation mit den Parametern u^k verhalten sich die Größen p_λ und $m_{\alpha\beta}$ wie ein vierdimensionaler Vektor bzw. ein antisymmetrischer Tensor; insbesondere werden die p_α gemäß den Formeln (6.27) transformiert, worin $\boldsymbol{r}$ und t durch $\boldsymbol{p}$ bzw. $-p_4/c$ zu ersetzen sind. Eine sich gegenüber Transformationen aus der eigentlichen Lorentz-Gruppe nicht ändernde relativistische Invariante des vierdimensionalen Vektors p_α ist $p_\alpha p^\alpha$. Ist diese Zahl kleiner oder gleich Null, so kann man

$$p_\alpha p^\alpha = -m_0^2 c^2 \tag{6.51'}$$

setzen. Hiernach sind die Mittelwerte p_α in einem geeigneten Bezugssystem gleich

$$p_k^0 = 0, \qquad p_4^0 = m_0 c. \tag{6.52}$$

Wir wenden hierauf die einer Bewegung des ganzen Systems mit der Geschwindigkeit $\boldsymbol{v}$ entsprechende Lorentz-Transformation und auf p^0 die Formeln vom Typ (6.27) an. So erhalten wir

$$\boldsymbol{p} = \frac{m_0 v}{\sqrt{1-\beta^2}}, \qquad p_4 = \frac{m_0 c}{\sqrt{1-\beta^2}}. \tag{6.53}$$

Aus den Formeln (6.53) geht hervor, daß die p_α sowohl im klassischen wie im quantentheoretischen Fall physikalisch gedeutet den mittleren Energie-Impuls-Vierervektor des physikalischen Systems im Großen bilden und die Invariante m_0 als mittlere Ruhemasse des Gesamtsystems interpretiert werden kann.

Bezüglich der Anwendung von Raum-Zeit-Verschiebungstransformationen mit den Parametern r^α gehen p_α und $m_{\alpha\beta}$ gemäß (6.21) und (6.23) in

$$p_\alpha \to p_\alpha, \qquad m_{\alpha\beta} \to m_{\alpha\beta} + r_\alpha p_\beta - r_\beta p_\alpha \tag{6.54}$$

über. Wie die erste Formel in (6.54) zeigt, bleiben die Bestandteile des Energie-Impuls-Vierervektors des Systems im Großen gegenüber Raum-Zeit-Verschiebungen unverändert, so daß die Ruhemasse m_0 eine Invariante der algebraischen Zustände ist.

Unter der Annahme $m_0 \neq 0$ finden wir eine zweite Invariante der algebraischen Zustände. Wir gehen zu einem Bezugssystem über, in welchem $p_k^0 = 0$ ist, und erhalten aus der zweiten Formel in (6.54)

$$\boldsymbol{n} \to \boldsymbol{n} - m_0 \boldsymbol{r} . \tag{6.55}$$

Hieraus folgt, daß der Vektor $\boldsymbol{n}$ mittels einer geeigneten räumlichen Verschiebung in dem gegebenen Bezugssystem in Null transformiert werden kann. Den Wert des Vektors $\boldsymbol{m}$ bezeichnen wir in diesem Fall mit $\boldsymbol{s}$, d. h., in dem erreichten algebraischen Zustand ist

$$\boldsymbol{p}^0 = \boldsymbol{0}, \qquad \boldsymbol{n}^0 = \boldsymbol{0}, \qquad \boldsymbol{m}^0 = \boldsymbol{s}, \qquad p_4^0 = m_0 c . \tag{6.56}$$

Nach Ausführung einer durch den Vektor $\boldsymbol{r}$ dargestellten räumlichen Verschiebung erhalten wir

$$\boldsymbol{n} = -m_0 \boldsymbol{r} . \tag{6.57}$$

Den gemäß (6.57) eingeführten Vektor $\boldsymbol{r}$ und den mittels (6.56) definierten Vektor $\boldsymbol{s}$ nennen wir den Vektor der mittleren Lage des Massenmittelpunktes des Gesamtsystems bzw. das mittlere Eigenmoment der Bewegungsgröße des Systems oder seinen mittleren Spin. Der Betrag s des Vektors $\boldsymbol{s}$ ist die zweite Invariante der algebraischen Zustände.

Wir wenden auf den algebraischen Zustand (6.56) eine eigentliche Lorentz-Transformation an und bezeichnen die dabei erhaltenen Werte $m_{\alpha\beta}$ mit $s_{\alpha\beta}$. Der relativistische Tensor $s_{\alpha\beta}$ heißt antisymmetrischer Tensor des mittleren Eigenmoments der Bewegungsgröße des Systems oder des mittleren Spins. Die anschließende Ausführung von Raum-Zeit-Verschiebungstransformationen mit den Gruppenparametern r^α ergibt

$$m_{\alpha\beta} = s_{\alpha\beta} + r_\alpha p_\beta - r_\beta p_\alpha \tag{6.58}$$

oder komponentenweise ($s_{12} = s_3$, $s_{23} = s_1$, $s_{31} = s_2$),

$$\boldsymbol{m} = \boldsymbol{s} + \boldsymbol{r} \times \boldsymbol{p}, \qquad n_k = s_{4k}/c - t p_k - m_0 r_k . \tag{6.59}$$

Notwendig und hinreichend dafür, daß die Bestandteile s_{4k} für $\boldsymbol{p} = \boldsymbol{0}$ zu Null werden, ist das Bestehen der relativistisch invarianten Gleichungen

$$p^\alpha s_{\alpha\beta} = 0 . \tag{6.60}$$

Der Zuwachs der Zahlenwerte mit der Zeit t wird gemäß (6.31) aus

$$\frac{\mathrm{d}\pi_\lambda}{\mathrm{d}t} = \langle \pi \mid [H, X_\lambda] \rangle \tag{6.61}$$

bestimmt. Hieraus ergibt sich

$$\frac{\mathrm{d}p_\alpha}{\mathrm{d}t} = 0, \qquad \frac{\mathrm{d}\boldsymbol{m}}{\mathrm{d}t} = 0, \qquad \frac{\mathrm{d}\boldsymbol{n}}{\mathrm{d}t} = -\boldsymbol{p} . \tag{6.62}$$

Die ersten dieser Gleichungen drücken die Gesetze der Erhaltung der Energie, des Impulses und des vollen Moments der Bewegungsgröße eines physikalischen Systems im Großen aus. Um eine physikalische Deutung der restlichen Beziehungen anzugeben nehmen wir an, daß der in (6.59) eingehende Vektor $\boldsymbol{r}$ die Lage des Massenmittelpunktes des Systems zur Anfangszeit bestimmt, während der Radiusvektor des Massenmittelpunktes zur Zeit t gleich

$$r_k(t) = \frac{\sqrt{1-\beta^2}}{m_0}\left(\frac{s_{4k}}{c} - n_k\right) \tag{6.63}$$

ist. Hieraus folgt im Hinblick auf (6.53), (6.59) und (6.62)

$$\boldsymbol{r}(t) = \boldsymbol{r} + \boldsymbol{v}t\,, \tag{6.64}$$

d. h., der Massenmittelpunkt des Systems bewegt sich mit der konstanten Geschwindigkeit $\boldsymbol{v}$.

Man kann die Formeln (6.58) und (6.59) auch unter einem etwas anderen Gesichtswinkel betrachten. Die Zahlenwerte der Basiselemente der Lieschen Algebra l, die zum Zeitpunkt $t = 0$ gleich $\pi_\lambda = \langle\pi \mid e_\lambda\rangle$ sind, haben gemäß (6.32) die Gestalt

$$\pi_\lambda(t) = \langle\pi \mid \mathrm{e}^{-t[H}, e_\lambda]\rangle = (\exp C_t)_\lambda^{\lambda_1}\,\pi_{\lambda_1}\,, \tag{6.65}$$

worin $\mathrm{e}^{-t[H}, e_\lambda] = e_\lambda + \sum\limits_{n=1}^{\infty} \frac{(-t)^n\,[H,[H,\ldots[H,e_\lambda]\ldots]}{n!}$ ist. In unserem Fall sind die $\pi_\lambda(t)$ Funktionen der konstanten Größen m_0, $\boldsymbol{v}$, $s_{\alpha\beta}$ und des Vektors $\boldsymbol{r}(t)$, dessen Abhängigkeit von der Zeit durch Formel (6.64) gegeben ist. Die bei der Ersetzung von $\boldsymbol{r}(t)$ durch $\boldsymbol{r}(t) - \boldsymbol{v}t$ entstehenden Größen

$$\pi_\lambda = (\exp(-C_t))_\lambda^{\lambda_1}\,\pi_{\lambda_1}(t) \tag{6.66}$$

hängen zufolge (6.65) nicht von der Zeit t ab. Damit können die Größen p_α und $m_{\alpha\beta}$ als Bestandteile von π_λ betrachtet werden, wobei $\frac{\mathrm{d}\pi_\lambda}{\mathrm{d}t} = 0$ ist. Im Hinblick darauf kann man (6.58) in der Form

$$m_{\alpha\beta} = s_{\alpha\beta} + r_\alpha(t)\,p_\beta - r_\beta(t)\,p_\alpha\,, \qquad \frac{\mathrm{d}m_{\alpha\beta}}{\mathrm{d}t} = 0\,, \qquad r_4 = -ct \tag{6.67}$$

schreiben. Demgemäß sind $\boldsymbol{m}$ und $\boldsymbol{n}$ in (6.59) konstante Vektoren und die r_k Bestandteile des Vektors $\boldsymbol{r}(t)$, der die Lage des Massenmittelpunktes des Systems in Abhängigkeit von der Zeit t bestimmt.

In der klassischen nichtstatistischen Theorie sind durch die Zahlenwerte π_λ und die Invarianten der algebraischen Zustände der Lieschen Algebra l gemäß (6.37) die Zahlenwerte und Invarianten der algebraischen Zustände der (die Eigenschaften eines physikalischen Systems im Großen charakterisierenden) Lie-assoziativen Observablenalgebra G_A vollständig bestimmt. In der Quantentheorie trifft dies schon nicht mehr zu. Insbesondere ist die durch

$$\left\langle\pi\right|\left(\frac{H^2}{c^2} - P_1^2 - P_2^2 - P_3^2\right)\left.\right\rangle = (m_0')^2\,c^2 \tag{6.67'}$$

definierte Invariante m_0' der algebraischen Zustände im allgemeinen nicht mit der durch Formel (6.51′) definierten Invariante identisch.

6.4. Die Gruppe C_{15} und die durch sie bestimmten invarianten Eigenschaften der nichtrelativistischen Coulombschen und Newtonschen Wechselwirkungen zweier Teilchen

In 2.7 wurde gezeigt, daß man sowohl in der klassischen wie der Quantenmechanik aus dem Hamilton-Operator $H = \frac{p^2}{2m} - \frac{K_0}{r}$ mittels eines nichtkanonischen Übergangs den neuen Hamilton-Operator

$$K = \frac{p^2 r}{2m} - H_0 r \tag{6.68}$$

erhalten kann.

Wir wählen als Erzeugende einer Lieschen Algebra die Bestandteile r_s des Vektors $\boldsymbol{r}$ und den neuen Hamilton-Operator K. In dieser Weise erhält man leicht mittels elementarer Rechnungen eine Liesche Algebra vom Rang 15. Die ihr entsprechende fünfzehnparametrige Liesche Gruppe C_{15} ist zur sogenannten Gruppe der konformen Transformationen des pseudoeuklidischen Raumes mit dem durch $g_{11} = g_{22} = g_{33} = -g_{44} = 1$ und $g_{\alpha\beta} = 0$ für $\alpha \neq \beta$ festgelegten metrischen Tensor $g_{\alpha\beta}$ isomorph.

Als Generatoren X_λ der Gruppe C_{15} mit den Erzeugenden K, r_s wählen wir:

$$M_{12} = p_2 r_1 - p_1 r_2, \ldots, M_{4s} = -p_s r\,, \qquad S = \left(\boldsymbol{p} \cdot \frac{r}{r}\right) r\,, \tag{6.69}$$

$$K_4 = -\frac{1}{2} K = \left(\frac{H_0}{2} - \frac{p^2}{4m}\right) r\,, \qquad L_4 = -\frac{1}{2} L = -\left(\frac{H_0}{2} + \frac{p^2}{4m}\right) r\,, \tag{6.70}$$

$$K_s = -\frac{H_0}{2} r_s + \left(\frac{p^2}{4m} \cdot \frac{r_s}{r}\right) r - \frac{1}{2m}\left(p_s \cdot \left(\boldsymbol{p} \cdot \frac{r}{r}\right)\right) r\,, \tag{6.71}$$

$$L_s = \frac{H_0}{2} r_s + \left(\frac{p^2}{4m} \cdot \frac{r_s}{r}\right) r - \frac{1}{2m}\left(p_s \cdot \left(\boldsymbol{p} \cdot \frac{r}{r}\right)\right) r\,. \tag{6.72}$$

Diese Ausdrücke bestehen gleichzeitig in der klassischen und der Quantenmechanik, wobei der Punkt das Jordansche Produkt von Observablen bezeichnet. In der klassischen Mechanik ist das Jordansche mit dem gewöhnlichen Produkt identisch, so daß sich die Ausdrücke (6.69)—(6.72) etwas vereinfachen; zum Beispiel ist in diesem Fall $S = (\boldsymbol{rp})$ usw. Gemäß (6.69)—(6.72) gelten für die 15 Generatoren $M_{\alpha\beta}$, K_α, L_β, $S (\alpha, \beta = 1, 2, 3, 4)$ in der klassischen wie der Quantentheorie die Vertauschbarkeitsrelationen

$$[M_{\alpha_1\alpha_2}, M_{\beta_1\beta_2}] = g_{\alpha_1\beta_2} M_{\alpha_2\beta_1} + g_{\alpha_2\beta_1} M_{\alpha_1\beta_2} - g_{\alpha_1\beta_1} M_{\alpha_2\beta_2} - g_{\alpha_2\beta_2} M_{\alpha_1\beta_1}; \tag{6.73}$$

$$[M_{\alpha_1\alpha_2}, K_\beta] = g_{\alpha_2\beta} K_{\alpha_1} - g_{\alpha_1\beta} K_{\alpha_2}\,, \qquad [K_\alpha, K_\beta] = -\frac{H_0}{2m} M_{\alpha\beta}; \tag{6.74}$$

$$[M_{\alpha_1\alpha_2}, L_\beta] = g_{\alpha_2\beta} L_{\alpha_1} - g_{\alpha_1\beta} L_{\alpha_2}\,, \qquad [L_\alpha, L_\beta] = \frac{H_0}{2m} M_{\alpha\beta}\,, \qquad [S, M_{\alpha\beta}] = 0; \tag{6.75}$$

$$[K_\alpha, L_\beta] = -\frac{H_0}{2m} g_{\alpha\beta} S\,, \qquad [S, K_\alpha] = -L_\alpha\,, \qquad [S, L_\alpha] = -K_\alpha\,. \tag{6.76}$$

Die physikalische Bedeutung der Gruppe C_{15}, welche die invarianten Eigenschaften der Coulombschen Wechselwirkung beschreibt, ist nicht nur von den Vertauschungsrelationen (6.73)—(6.76), sondern auch von den algebraischen Gleichungen abhängig, welche die Generatoren der Gruppe C_{15} miteinander verbinden. Wir betrachten diese Frage im Fall der klassischen Mechanik ausführlicher.

Aus (6.69)—(6.72) ergeben sich für die Generatoren X_λ der Gruppe C_{15} folgende Gleichungen:

$$K_\alpha K^\alpha = \frac{H_0}{2m} S^2 , \qquad L_\alpha L^\alpha = -\frac{H_0}{2m} S^2 , \tag{6.77}$$

$$K_\alpha L^\beta - K_\beta L_\alpha = \frac{H_0 S}{2m} M_{\alpha\beta} , \qquad K_\alpha L^\alpha = 0 . \tag{6.78}$$

Die Symbole $m_{\alpha\beta}$, k_α, l_β, s bezeichnen die Zahlenwerte der Generatoren $M_{\alpha\beta}$, K_α, L_β, S im algebraischen Zustand π. Die Zahlenwerte der Observablen r_s, p_s werden durch die gleichen Buchstaben wie die Observablen selbst bezeichnet. Aus (6.77), (6.78) folgt dann, daß in der klassischen Mechanik

$$k_\alpha k^\alpha = -l_\alpha l^\alpha = \frac{H_0}{2m} s^2 , \qquad k_\alpha l_\beta - k_\beta l_\alpha = \frac{H_0 s}{2m} m_{\alpha\beta} , \qquad k_\alpha l^\alpha = 0 \tag{6.79}$$

gilt.

Nach (6.79) ist $(k_4 \pm l_4)^2 = (\boldsymbol{k} \pm \boldsymbol{l})^2$, d. h.

$$k = -2k_4 = \sqrt{(\boldsymbol{l} + \boldsymbol{k})^2} - \sqrt{(\boldsymbol{l} - \boldsymbol{k})^2} . \tag{6.80}$$

Gemäß (1.99) ist $\mathrm{d}\tau = \mathrm{d}t/r$. Daher wird die Änderung der Zahlenwerte $\pi_\lambda = \langle \pi \mid X_\lambda \rangle$ mit der Zeit t in unserem Fall durch die Formel

$$\frac{\mathrm{d}\pi_\lambda}{\mathrm{d}\tau} = r \frac{\mathrm{d}\pi_\lambda}{\mathrm{d}t} = r \langle \pi \mid [K, X_\lambda] \rangle \tag{6.81}$$

beschrieben. Wie man hieraus mit Rücksicht auf (6.68)—(6.76) ersieht, sind die zeitlich sich nicht ändernden Bewegungsintegrale: $k = \langle \pi \mid K \rangle$, wobei für die Coulombsche und Newtonsche Wechselwirkung entsprechend

$$k = -e_1 e_2 , \qquad k = -\gamma m_1 m_2 \qquad (H_0 = p^2/2m - k_0/r) \tag{6.82}$$

gilt, aber auch der Vektor $\boldsymbol{m} = \boldsymbol{r} \times \boldsymbol{p}$ des Moments der Bewegungsgröße und der Vektor

$$\boldsymbol{l} = \left(\frac{H_0}{2} + \frac{p^2}{4m}\right) \boldsymbol{r} - \frac{1}{2m} (\boldsymbol{r}\boldsymbol{p})\, \boldsymbol{p} \equiv \frac{1}{2} \left(-\frac{\boldsymbol{m} \times \boldsymbol{p}}{m} - \frac{k\boldsymbol{r}}{r}\right), \tag{6.83}$$

der in der Theorie der Coulombschen Wechselwirkung als Lenzscher Vektor oder Vektor von Runge-Lenz bekannt ist. Wir setzen weiterhin $\varepsilon = 1$ für $H_0 > 0$ und $\varepsilon = -1$ für $H_0 < 0$, berücksichtigen, daß das Vorzeichen von $k_4 - l_4 = \sqrt{(\boldsymbol{l} - \boldsymbol{k})^2}$ mit dem Vorzeichen von H_0 übereinstimmt und $k_4 + l_4 \leqq 0$ ist, und notieren, daß zufolge (6.71) und (6.72) $\boldsymbol{k} + \boldsymbol{l} = 2\boldsymbol{l} - H_0 \boldsymbol{r}$ gilt. Dann erhalten wir gemäß (6.80)

$$k/\varepsilon H_0 = \sqrt{(\boldsymbol{r} - 2\boldsymbol{l}/H_0)^2} - \varepsilon \sqrt{\boldsymbol{r}^2} . \tag{6.84}$$

(6.84) ist die Gleichung einer Kurve zweiter Ordnung, und zwar für $\varepsilon = -1$ die Gleichung einer Ellipse und für $\varepsilon = 1$ die Gleichung einer Hyperbel. Für $H_0 = 0$ sind

K_α, r_s, r, $M_{\alpha\beta}$, S als Generatoren für C_{15} anzunehmen, und aus (6.73)–(6.76) erhalten wir (für $H_0 = 0$) die Gleichung

$$2\boldsymbol{lr} = \boldsymbol{m}^2/m - kr\,, \qquad \boldsymbol{k} = \boldsymbol{l}\,, \tag{6.85}$$

die eine Parabel darstellt. Somit ergibt sich aus den algebraischen Gleichungen für die Generatoren der Gruppe C_{15} die Gleichung einer durch den Vektor $\boldsymbol{r}(t)$ beschriebenen Trajektorie.

Zum Fall $H_0 \neq 0$ übergehend, bemerken wir, daß der Vektor $2\boldsymbol{l}/H_0$ gemäß (6.84) den Abstand zwischen den beiden Brennpunkten einer Kurve zweiter Ordnung bestimmt, während $\boldsymbol{r}$ und $\boldsymbol{r} - 2\boldsymbol{l}/H_0$ Verschiebungsvektoren der beiden Brennpunkte bedeuten. Entsprechend bestimmt der Vektor

$$\boldsymbol{\varrho} = \boldsymbol{r} - \boldsymbol{l}/H_0 = -\boldsymbol{k}/H_0 \tag{6.86}$$

den Abstand des Mittelpunktes einer Kurve zweiter Ordnung zu einem Kurvenpunkt. Aus (6.86) und (6.81) erhalten wir

$$\begin{aligned} \frac{\mathrm{d}\varrho_s}{\mathrm{d}\tau} &= \left\langle \pi \middle| \left[-2K_4 - \frac{K_s}{H_0}\right]\right\rangle = -\frac{1}{m} m_{4s}\,, \\ \frac{\mathrm{d}^2\varrho_k}{\mathrm{d}\tau^2} &= \frac{2}{m}\langle \pi \mid [K_4, M_{4s}]\rangle = -\frac{2}{m}\langle \pi \mid K_s\rangle = \frac{2H_0}{m}\varrho_s\,. \end{aligned} \tag{6.87}$$

Hieraus folgt, daß eine nichtrelativistische Coulombsche Bewegung nach Ersetzen der Zeit t durch einen neuen Parameter τ, für welchen $\mathrm{d}\tau = \mathrm{d}t/r$ gilt, in eine unter der Einwirkung einer zum Mittelpunkt der Kurve zweiter Ordnung hin gerichteten harmonischen Kraft stehende Bewegung übergeht.

Im Hinblick auf (6.32) hängen die Zahlenwerte π_λ von gewissen fixierten Werten π_λ^0 und von den Gruppenparametern ξ^λ ab. Wir zeigen, daß der fixierte Standardzustand π_λ^0 in unserem Fall in wohlbestimmter Weise gewählt werden kann und dann ein beliebiger, durch Angabe der Zahlenwerte der Vektoren $\boldsymbol{r}$ und $\boldsymbol{p}$ bestimmter Zustand des aus zwei Teilchen bestehenden Systems eindeutig durch die Parameter der π_λ^0 in π_λ überführenden Gruppe festgelegt ist.

Wir betrachten die Konstante H_0 als von Null verschieden und setzen

$$Q_\alpha = \frac{L_\alpha - K_\alpha}{H_0}\,, \tag{6.88}$$

so daß $\langle \pi \mid Q_s\rangle = r_s$, $\langle \pi \mid Q_4\rangle = -n$ gilt. Dann folgt aus (6.74)–(6.76)

$$[\xi^\beta Q_\beta, M_{\alpha_1\alpha_2}] = \xi_{\alpha_1} Q_{\alpha_2} - \xi_{\alpha_2} Q_{\alpha_1}\,, \qquad [\xi^\beta Q_\beta, Q_\alpha] = 0\,. \tag{6.89}$$

Hieraus ergibt sich mit $\xi^s - p^s$ und $\xi^4 = 0$

$$\langle \pi \mid \exp\,(p^s[Q_s, M_{\alpha_1\alpha_2}])\rangle = m_{\alpha_1\alpha_2} + p^s\langle \pi \mid [Q_s, M_{\alpha_1\alpha_2}]\rangle = 0\,. \tag{6.90}$$

Gemäß (6.69)–(6.72) folgt aus $m_{4s} = 0$

$$S = 0\,, \qquad l_\alpha = -k_\alpha = H_0 r_\alpha/2\,.$$

Daher ist nach Ausführung der Transformation

$$\pi_\lambda = \langle \pi \mid X_\lambda\rangle \to \langle \pi \mid \exp\,(p^s[Q_s, X_\lambda])\rangle \tag{6.91}$$

für die Zahlenwerte π_λ in allen Ausdrücken $\boldsymbol{p} = \boldsymbol{0}$ zu setzen, d. h., die neuen π_λ hängen nur von drei unabhängigen Parametern ab, nämlich von den Komponenten des Vektors $\boldsymbol{r}$.

Nach Ausführung der Transformation

$$\pi_\lambda = \langle \pi \mid X_\lambda \rangle \to \langle \pi \mid \exp\left(-\ln r[S, X_\lambda]\right)\rangle \tag{6.92}$$

und unter Beachtung von $[S, Q_\alpha] = Q_\alpha$ und

$$\exp\left(-\ln r[S, Q_\alpha]\right) = e^{-\ln r} Q_\alpha = \frac{1}{r} Q_\alpha\,, \tag{6.93}$$

nimmt der Vektor $\boldsymbol{r}$ die Länge Eins an. Die beiden restlichen Parameter entsprechen in willkürlicher Reihenfolge den Drehwinkeln des Einheitsvektors $\boldsymbol{r}/r$.

Demnach läßt sich als fixierter Standardzustand π_λ^0 ein solcher algebraischer Zustand wählen, daß bezüglich der Zahlenwerte $\pi_\lambda(\boldsymbol{r}, \boldsymbol{p})$ der Vektor $\boldsymbol{p}$ gleich Null, die Länge des Vektors $\boldsymbol{r}$ gleich Eins und der Vektor $\boldsymbol{r}$ eine wohlbestimmte Richtung, zum Beispiel die Richtung der OX-Achse haben wird. Die betrachteten Transformationen haben folgende physikalische Bedeutung: Elliptische ($H_0 < 0$) und hyperbolische ($H_0 > 0$) Bewegungen werden unter Erhaltung der Energie in Bewegungen längs eines Stücks der Geraden OX transformiert, das im Inneren bzw. Äußeren des Intervalls $(0, 1)$ liegt. Dem Standardzustand entspricht der Fall, daß der sich bewegende Punkt das Ende des Intervalls erreicht, die Richtung seiner Bewegung umkehrt und zu diesem Zeitpunkt die Geschwindigkeit Null hat.

Der Standardzustand könnte auch anders definiert werden; zum Beispiel kann man mittels einer geeigneten Transformation von dem oben betrachteten Standardzustand zu einem solchen zweiten fixierten Standardzustand übergehen, dem eine Bewegung auf einer Kreislinie ($H_0 < 0$) bzw. auf einer Geraden ($H_0 > 0$) entspricht.

Besonders wichtig an der von uns eingeführten Gruppe C_{15} ist, daß sie die Energie unverändert läßt. Doch verändert sie die gemäß (6.32) mit den Zahlenwerten $k = \langle \pi \mid K \rangle$ identische Konstante der Wechselwirkung. Es sei zum Beispiel $H_0 > 0$. Geht man dann von dem Standardzustand π_λ^0 zu einem Zustand über, für den die in die Transformation (6.91) eingehenden Parameter p_s der Bedingung

$$\boldsymbol{p}^2 = 2mH_0$$

genügen, so ergibt sich $k = 0$; dies entspricht einer Umwandlung der Konstanten der Wechselwirkung in Null und der Transformation der hyperbolischen Bewegung in eine gleichförmige Bewegung auf einer Geraden.

6.5. Algebraische Methode der Bestimmung des Spektrums des Wasserstoffatoms

Wir nutzen die invarianten Eigenschaften der nichtrelativistischen Coulombschen Wechselwirkung bezüglich der Gruppe C_{15} zur rein algebraischen Erforschung des Spektrums der stationären Zustände des nichtrelativistischen Wasserstoffatoms. Da wir nur eine Teilalgebra dritten Ranges der durch die Formeln (6.69)–(6.72) definierten Lieschen Algebra benötigen, wiederholen wir alle erforderlichen Beziehungen, um den ausschließlich an quantenmechanische Anwendungen interessierten Leser mit den Resultaten vertraut zu machen, ohne auf die im vorigen Abschnitt für den Fall der klassischen Theorie durchgeführte detailierte Untersuchungen aller Eigenschaften der Gruppe C_{15} einzugehen.

Die Ermittlung der stationären Zustände des Wasserstoffatoms führt im nichtrelativistischen Fall auf die Ermittlung der Eigenwerte $E_\varkappa$ und Eigenfunktionen $\psi_\varkappa$ der Gleichung

$$\left(\frac{p^2}{2m} - \frac{e^2}{r}\right)\psi = E\psi\,, \qquad E < 0\,. \tag{6.94}$$

Hierin sind $m = m_e m_p/(m_e + m_p)$ die reduzierte Masse, m_e und m_p die Massen eines Elektrons und eines Protons, e die Ladung eines Elektrons, und der Index $\varkappa$ numeriert die Eigenwerte und Eigenfunktionen der Gleichung (6.94). Die Observablen treten als Operatoren eines Hilbertraumes auf, wobei das Quadrat der Norm eines Vektors ψ des Hilbertraumes mit dem Symbol (ψ, ψ) bezeichnet wird. Die Poissonsche Klammer zweier Observabler A und B bezeichnen wir mit dem Symbol

$$[A, B] = \frac{i}{\hbar}(AB - BA)\,. \tag{6.95}$$

Insbesondere sind die Vertauschbarkeitsrelationen zwischen Funktionen von $r = \sqrt{\sum_{s=1}^{3} (r^s)^2}$ und $p^2 = \sum_{s=1}^{3} (p_s)^2$ aus

$$[p_{s_1}, r^{s_2}] = \delta_{s_1}^{s_2}\,, \qquad [r^{s_1}, r^{s_2}] = 0\,, \qquad [p_{s_1}, p_{s_2}] = 0 \tag{6.96}$$

zu bestimmen. Von den dynamischen Veränderlichen r^s und p_s gehen wir zu den neuen unabhängigen Veränderlichen $\varrho^s = \sqrt{-2mE}\,r^s$, $\pi_s = (\sqrt{-2mE})^{-1}\,p_s$ über.

Dann hat man

$$[\pi_{s_1}, \varrho^{s_2}] = \delta_{s_1}^{s_2}\,, \qquad [\varrho^{s_1}, \varrho^{s_2}] = 0\,, \qquad [\pi_{s_1}, \pi_{s_2}] = 0\,. \tag{6.97}$$

Beide Seiten von (6.94) von links mit $mr/\sqrt{-2mE}$ multiplizierend, erhält man aus (6.94)

$$\frac{1}{2}(\varrho\pi^2 + \varrho)\,\psi = \frac{me^2}{\sqrt{-2mE}}\,\psi = \lambda\psi\,, \tag{6.98}$$

worin $\lambda = me^2/\sqrt{-2mE}$ ist.

Gleichung (6.98) ist zu (6.94) äquivalent, d. h., haben wir die Eigenwerte $\lambda_\varkappa$ und Eigenfunktionen der Gleichung (6.98) ermittelt, so sind dadurch die Eigenfunktionen der Gleichung (6.94) bestimmt.

Wir führen die Operatoren

$$Y_3 = \frac{1}{2}(\varrho\pi^2 + \varrho)\,, \qquad Y_2 = \frac{1}{2}\varrho\left\{\pi_s\left(\frac{\varrho^s}{\varrho}\right) + \left(\frac{\varrho^s}{\varrho}\right)\pi_s\right\}, \qquad Y_1 = \frac{1}{2}(\varrho\pi^2 - \varrho) \tag{6.99}$$

ein, wobei über den unten und oben stehenden Index s von 1 bis 3 zu summieren ist. Aus (6.97) folgt, daß diese Operatoren den Vertauschbarkeitsrelationen

$$[Y_3, Y_1] = -Y_2\,, \qquad [Y_3, Y_2] = Y_1\,, \qquad [Y_1, Y_2] = Y_3 \tag{6.100}$$

genügen. Es sei bemerkt, daß die Beziehungen (6.100) unmittelbar aus den im vorigen Abschnitt hergeleiteten Vertauschbarkeitsrelationen (6.76) für die Generatoren K_4, L_4 und S der Gruppe C_{15} folgen.

Aus den sowohl für klassische wie für quantenmechanische Poissonsche Klammern geltenden Formeln (6.100) folgt ferner, daß Y_1, Y_2, Y_3 die Generatoren der Lieschen Algebra L der Drehgruppe $O_{2,1}$ des dreidimensionalen pseudoeuklidischen Raumes ist.

Setzt man

$$M^2 = M_1^2 + M_2^2 + M_3^2 \,, \qquad M_1 = r^2 p_3 - r^3 p_2 = \varrho^2 \pi_3 - \varrho^3 \pi_2, \dots \,, \tag{6.101}$$

wobei die Punkte Ausdrücke bezeichnen, die sich durch zyklische Vertauschung der Indizes 1, 2, 3 ergeben, so erhält man aus (6.99) mittels einfacher Rechnungen

$$Y_3^2 - Y_1^2 - Y_2^2 = M^2 \,. \tag{6.102}$$

Ausgehend von dem ursprünglichen Hilbertraum, in welchem das Skalarprodukt von Vektoren φ und ψ in der Form (φ, ψ) geschrieben wurde, führen wir wie folgt einen neuen Hilbertraum ein. Die Vektoren des ersten Hilbertraumes sind auch die Vektoren des zweiten, während das Skalarprodukt von Vektoren im zweiten Raum gemäß

$$\langle \varphi, \psi \rangle = \left(\varphi, \frac{1}{\varrho} \psi \right) \tag{6.103}$$

erklärt ist. Wie leicht einzusehen ist, erfüllt das neue Skalarprodukt alle von einem Hilbertraum geforderten Eigenschaften. Insbesondere ist das Quadrat $\langle \psi, \psi \rangle$ der neuen Norm, $\langle \psi, \psi \rangle \geqq 0$, wobei die Gleichheit nur im Fall $\psi = 0$ eintreten kann.

Aus (6.103) folgt mit Rücksicht auf (6.99), daß die Operatoren Y_1, Y_2, Y_3 bezüglich der neuen Norm hermitesch sind. Beispielsweise ist

$$\begin{aligned} \langle \varphi, Y_3 \psi \rangle &= \left(\varphi, \frac{1}{\varrho} Y_3 \psi \right) = \left(\varphi, \frac{1}{2} (\pi^2 + 1) \psi \right) = \left(\frac{1}{2} (\pi^2 + 1) \varphi, \varrho \frac{1}{\varrho} \psi \right) \\ &= \left(\frac{1}{2} (\varrho \pi^2 + \varrho) \varphi, \frac{1}{\varrho} \psi \right) = \langle Y_3 \varphi, \psi \rangle \,. \end{aligned} \tag{6.104}$$

Für $\varphi = \psi$ ergibt sich aus (6.104)

$$\langle \psi, Y_3 \psi \rangle = \tfrac{1}{2} (\pi \psi, \pi \psi) + \tfrac{1}{2} (\psi, \psi) \geqq 0 \,. \tag{6.105}$$

Wir wenden die eingeführten Beziehungen auf das Problem der Ermittlung von Vektoren $\psi_\varkappa$ des Hilbertraumes zu den Eigenwerten $\lambda_\varkappa$ als Lösungen der mit (6.98) übereinstimmenden Gleichung

$$Y_3 \psi_\varkappa = \lambda_\varkappa \psi_\varkappa \tag{6.106}$$

an. Im Hinblick auf (6.100) ist

$$[Y_3, Y_1 \pm i Y_2] = \pm i (Y_1 \pm i Y_2) \,, \tag{6.107}$$

woraus sich mit Rücksicht auf (6.95)

$$Y_3 (Y_1 + i Y_2) - (Y_1 + i Y_2) Y_3 = \hbar (Y_1 + i Y_2) \,, \tag{6.108}$$

$$Y_3 (Y_1 - i Y_2) - (Y_1 - i Y_2) Y_3 = -\hbar (Y_1 - i Y_2) \tag{6.109}$$

ergeben. Die Operatoren $Y_1 \pm iY_2$ von links auf beide Seiten von (6.106) anwendend, folgert man aus (6.108) und (6.109)

$$Y_3(Y_1 + iY_2)\,\psi_\varkappa = (\lambda_\varkappa + \hbar)\,(Y_1 + iY_2)\,\psi_\varkappa\,, \tag{6.110}$$

$$Y_3(Y_1 - iY_2)\,\psi_\varkappa = (\lambda_\varkappa - \hbar)\,(Y_1 - iY_2)\,\psi_\varkappa\,. \tag{6.111}$$

Wie aus (6.111) für den zum Eigenwert $\lambda_\varkappa$ gehörigen Eigenvektor $\psi_\varkappa$ des Operators Y_3 hervorgeht, ist $(Y_1 - iY_2)\,\psi_\varkappa$ entweder der zum Eigenwert $\lambda_\varkappa - \hbar$ gehörige Eigenvektor desselben Operators oder gleich Null. Doch ist für $\psi_\varkappa \neq 0$ nach (6.105) $\lambda_\varkappa > 0$, so daß die wiederholte Anwendung des Erniedrigungsoperators $Y_1 - iY_2$ auf $\psi_\varkappa$ nach einer endlichen Zahl von Schritten Null ergibt. Ist ψ_0 der letzte von Null verschiedene unter den sich in dieser Weise ergebenden Eigenvektoren des Operators Y_3, der zum kleinsten Eigenwert λ_0 gehört, so ist

$$Y_3\psi_0 = \lambda_0\psi_0\,, \qquad (Y_1 - iY_2)\,\psi_0 = 0\,. \tag{6.112}$$

Da das Quadrat M^2 des Moments der Bewegungsgröße mit den Operatoren Y_1, Y_2, Y_3 vertauschbar ist und die Eigenwerte, wie aus der Gruppentheorie des Bahndrehimpulses folgt, nur $\hbar^2 l(l+1)$ $(l = 0, 1, 2, \ldots)$ sein können, so kann man zugleich mit (6.112)

$$M^2\psi_0 = \hbar^2 l(l+1)\,\psi_0\,, \qquad l = 0, 1, 2, \ldots\,, \tag{6.113}$$

annehmen.

Multipliziert man die Gleichung $(Y_1 - iY_2)\,\psi_0 = 0$ von links mit $Y_1 + iY_2$ und berücksichtigt (6.100), (6.102), (6.112) und (6.113), so erhält man

$$\begin{aligned}(Y_1 + iY_2)\,(Y_1 - iY_2)\,\psi_0 &= \{Y_1^2 + Y_2^2 - i(Y_1Y_2 - Y_2Y_1)\}\,\psi_0\\ &= (Y_1^2 + Y_2^2 - Y_3^2 + Y_3^2 - \hbar Y_3)\,\psi_0 = \{\lambda_0^2 - \hbar\lambda_0 - \hbar^2 l(l+1)\}\,\psi_0 = 0\,.\end{aligned} \tag{6.114}$$

Da $\psi_0 \neq 0$ ist, muß der Ausdruck in der letzten geschweiften Klammer gleich Null sein, so daß

$$\lambda_0 = \hbar(l+1)\,, \qquad l = 0, 1, 2, \ldots\,, \tag{6.115}$$

gilt. (Die zweite Wurzel der quadratischen Gleichung für λ_0, die gleich $\hbar l$ ist, muß wegen der Bedingung $\lambda_0 > 0$ unberücksichtigt bleiben.) Nach Anwendung des Erhöhungsoperators $Y_1 + iY_2$ auf ψ_0 erhalten wir nacheinander die Eigenvektoren $\psi_1, \psi_2, \ldots$ zu den Eigenwerten

$$\lambda_1 = \hbar(l+2), \ldots, \qquad \lambda_x = \hbar(l + \varkappa + 1) = \hbar n\,, \qquad \varkappa = 0, 1, 2, \ldots\,. \tag{6.116}$$

Somit sind die Werte des Energieniveaus für das Wasserstoffatom im Hinblick auf (6.98):

$$E_\varkappa = -\frac{me^4}{2\lambda_\varkappa^2} = -\frac{me^4}{2\hbar^2(l + \varkappa + 1)^2} = -\frac{me^4}{2\hbar^2 n^2}\,, \qquad \varkappa = 0, 1, 2, \ldots\,. \tag{6.117}$$

Die Werte ψ_x bestimmen die Eigenfunktionen des Wasserstoffatoms in einer beliebigen Darstellung. So sind die $\psi_\varkappa$ in Koordinatendarstellung, wo $\pi_s = (\hbar/i)\,(\partial/\partial\varrho^s)$, Funktionen von ϱ^s, d. h., $\psi_\varkappa = \psi_\varkappa(\varrho^s) = \psi_\varkappa(\sqrt{-2mE_\varkappa}\, r^s)$ sind die als Funktionen von r^s ausgedrückten Eigenfunktionen des Energieoperators.

Aus der Darlegung ist zu ersehen, daß das von uns gelöste Problem der Ermittlung von $\psi_\varkappa$ und $\lambda_\varkappa$ dem Problem der Ermittlung der Eigenfunktionen und Eigenwerte des

Operators M_3 (die sich entsprechend den irreduziblen Darstellungen der Gruppe O_3 transformieren) sehr ähnlich ist. Der Unterschied beruht darauf, daß beim Übergang von O_3 zu $O_{2,1}$ die endlichdimensionalen unitären Darstellungen durch unendliche zu ersetzen sind.

6.6. Die Spinorenparametrisierung in der Gruppentheorie der nichtrelativistischen Coulombschen und Newtonschen Wechselwirkungen

Wir kehren zu den allgemeinen algebraischen Problemen aus der Theorie der Coulombschen und Newtonschen Wechselwirkungen zurück.

Die in 6.4 eingeführte Gruppe C_{15} mit den Generatoren (6.69)—(6.72) ist bestimmt durch: erstens, ihre Strukturkonstanten[1]) und zweitens, die Gleichungen zwischen den Generatoren, die in der klassischen Mechanik die Form (6.77)—(6.78) haben. Diese Gleichungen und diejenigen zwischen den zugehörigen Zahlenwerten sind bezüglich der Transformationen der adjungierten Darstellung der Gruppe mit den Matrizenelementen (6.35) invariant. Nochmals zu den Resultaten aus 6.4 zurückkehrend sei angemerkt, daß es möglich ist, die Problemstellung wie folgt umzuwandeln. Als Ausgangsgrößen wählen wir die den Gleichungen (6.77), (6.78) genügenden Generatoren der Gruppe C_{15}. Dann sind $\boldsymbol{r}$ und $\boldsymbol{p}$ gemäß (6.69)—(6.72) zu bestimmen, während die Dynamik der Bewegung in (6.81) enthalten ist. Dabei wird das Gesetz der nichtrelativistischen Coulombschen bzw. Newtonschen Wechselwirkung nicht nur eine Folgerung aus den Vertauschbarkeitsrelationen, sondern auch aus den algebraischen Gleichungen (6.77)—(6.78) zwischen den Generatoren der Gruppe C_{15}. Demgemäß wird das Studium der genauen Form der algebraischen Gleichungen den Schlüssel zur Erforschung der algebraischen Eigenschaften der elementaren Wechselwirkungen liefern. Bei der Betrachtung der bezüglich der adjungierten Darstellung invarianten algebraischen Gleichungen zwischen den X_λ werden wir uns zur Vereinfachung im wesentlichen auf den nichtquantisierten Fall beschränken.

Die Generatoren X_λ, die den Gleichungen

$$[X_{\lambda_1}, X_{\lambda_2}]\, x = c^{\lambda_3}_{\lambda_1\lambda_2} X_{\lambda_3} \tag{6.118}$$

genügen, definieren eine abstrakte Liesche Algebra. Durch die Y_λ sei irgendeine treue Darstellung Y dieser Lieschen Algebra gegeben, so daß

$$[Y_{\lambda_1}, Y_{\lambda_2}] = Y_{\lambda_1} Y_{\lambda_2} - Y_{\lambda_2} Y_{\lambda_1} = c^{\lambda_3}_{\lambda_1\lambda_2} Y_{\lambda_3} \tag{6.119}$$

gilt. Wir nehmen an, die X seien die Generatoren einer halbeinfachen Lieschen Algebra (die Gruppe C_{15} ist einfach und erfüllt daher diese Voraussetzung offensichtlich). Zu den gemäß (6.41) definierten Elementen $g_{\lambda_1\lambda_2}$ existieren dann die durch (6.41) bestimmten Elemente $g^{\lambda_1\lambda_2}$ der inversen Matrix. Die Poissonschen Klammern (6.118) und (6.119) sind in dem Sinne unabhängig, daß unter Bildung des direkten Produkts

[1]) Eine Liesche Algebra mit solchen Vertauschbarkeitsrelationen ist entsprechend der mathematischen Terminologie eine der reellen Formen der Lieschen Algebra A_3. Die zugehörige Liesche Gruppe ist zur 15-parametrigen Gruppe der konformen Transformationen des vierdimensionalen Raumes isomorph.

$G_X \times G_Y$ der assoziativen Algebren G_X und G_Y mit den Erzeugenden X_λ bzw. Y_λ (so daß $X_{\lambda_1} Y_{\lambda_2} = Y_{\lambda_2} X_{\lambda_1} \in G_X \times G_Y$)

$$[Y_\lambda X_{\lambda_1}, X_{\lambda_2}] = Y_\lambda [X_{\lambda_1}, X_{\lambda_2}]_X , \tag{6.120}$$

$$[X_\lambda Y_{\lambda_1}, Y_{\lambda_2}] = X_\lambda [Y_{\lambda_1}, Y_{\lambda_2}]_Y \tag{6.121}$$

gelten.

Wir betrachten die Größe

$$\Phi = g^{\lambda_1 \lambda_2} X_{\lambda_1} Y_{\lambda_2} = Y_{\lambda_1} X^{\lambda_1} ,$$

die ein Element aus $G_X \times G_Y$ ist. Für beliebige Elemente $F \in G_X \times G_Y$ setzen wir

$$[X_\lambda, F]_X = \widehat{X}_\lambda F , \qquad [Y_\lambda, F]_Y = \widehat{Y}_\lambda F . \tag{6.122}$$

Bezüglich Transformationen aus der adjungierten Gruppe gehen X_{λ_1} und $Y^{\lambda_1} = g^{\lambda_1 \lambda_2} Y_{\lambda_2}$ über in

$$\widetilde{X}_{\lambda_1} = (\exp \xi^\lambda \widehat{X}_\lambda)\, X_{\lambda_1} = u_{\lambda_1}^{\lambda_1'}(\xi)\, X_{\lambda_1'} , \tag{6.123}$$

$$\widetilde{Y}^{\lambda_1} = (\exp \xi^\lambda \widehat{Y}_\lambda)\, Y^{\lambda_1} = \{\exp \xi^\lambda Y_\lambda\}\, Y^{\lambda_1} \{\exp(-\xi^\lambda Y_\lambda)\} , \tag{6.124}$$

worin der rechte Teil der Beziehung (6.124) eine Folgerung aus (5.22) ist. Aus $X_{\lambda_1} Y^{\lambda_1} = \widetilde{X}_{\lambda_1} \widetilde{Y}^{\lambda_1}$ und

$$(\exp \xi^\lambda \widehat{X}_\lambda)\, \Phi = \widetilde{X}_{\lambda_1} Y^{\lambda_1} = X_{\lambda_1'} u_{\lambda_1}^{\lambda_1'} Y^{\lambda_1} \tag{6.125}$$

sowie unter Beachtung von (6.124) folgt

$$\widetilde{\Phi} = \widetilde{X}_{\lambda_1} Y^{\lambda_1} = \exp(-\xi^\lambda Y_\lambda)\, \Phi \exp(\xi^\lambda Y_\lambda) . \tag{6.126}$$

Die Formel (6.126) kann zur Auffindung und Erforschung invarianter algebraischer Zusammenhangsrelationen verwandt werden, denen die Generatoren X_λ unterworfen sind, d. h. solcher algebraischer Beziehungen, die sich bei Ersetzung von X_λ durch $\widetilde{X}_\lambda$ nicht ändern. In der Tat gilt: Da die Y_λ linear unabhängige Matrizen einer gewissen Ordnung sind, so ist Φ eine Matrix der gleichen Ordnung mit Elementen aus der Algebra G_X, und die Transformation (6.126) erhält man durch Multiplikation des Elementes Φ von rechts und links mit $\exp(\xi^\lambda Y_\lambda)$ bzw. der dazu inversen Matrix. Werden Φ Bedingungen auferlegt, die bezüglich derartiger Transformationen invariant sind, so werden damit den Generatoren X_λ selber invariante algebraische Verknüpfungsbedingungen auferlegt.

Vermöge der Resultate aus 5.5 führen wir Matrizen Y_λ ein, welche die einfachste treue irreduzible Darstellung der Gruppe C_{15} vermitteln. Dazu setzen wir in den ursprünglichen Vertauschbarkeitsrelationen (6.73)–(6.76) $H_0 = \varepsilon p_0^2/2m$, wo $\varepsilon = 1$ für $H_0 > 0$ und $\varepsilon = -1$ für $H_0 < 0$ ist. Aus diesen Relationen ergibt sich im Hinblick auf (6.40) und (6.46): Ist $\lambda_1 \neq \lambda_2$, so gelten $g_{\lambda_1 \lambda_2} = 0$, $g^{\lambda_1 \lambda_2} = 0$; ist aber $\lambda_1 = \lambda_2$, so sind $g_{\lambda_1 \lambda_2}$ und $g^{\lambda_1 \lambda_2}$ bis auf einen unwesentlichen gemeinsamen Faktor gleich $+1$ oder -1. Somit sind die durch (6.69)–(6.72) gegebenen Generatoren X_λ, die ihnen zugeordneten Generatormatrizen Y_λ sowie $g_{\lambda\lambda}$ und $g^{\lambda\lambda}$ durch die nebenstehende Formeltabelle bestimmt.

λ	X_λ	Y_λ	$g_{\lambda\lambda}$	$g^{\lambda\lambda}$	
1, 2, 3; $\varepsilon = \pm 1$	$(\boldsymbol{r} \times \boldsymbol{p})_s = M_s$	$\frac{1}{2} RR_s$	-1	-1	(6.127)
4, 5, 6; $\varepsilon = \pm 1$	$M_{4s} = -p_s r$	$\frac{1}{2} R_4 R_s$	1	1	(6.128)
7, 8, 9; $\varepsilon = 1$	$\frac{2m}{p_0} K_s = -\frac{1}{p_0}\left[p_s \cdot \left(\boldsymbol{p} \cdot \frac{\boldsymbol{r}}{r}\right)\right] r + \left(\frac{(p^2 - p_0^2)}{2p_0} \cdot \frac{r_s}{r}\right) r$	$\frac{1}{2} iJR_s$	-1	-1	(6.129)
10; $\varepsilon = 1$	$\frac{2m}{p_0} K_4 = \frac{p_0^2 - p^2}{2p_0} r$	$\frac{1}{2} iJR_4 = \frac{1}{2} iR$	1	1	(6.130)
7, 8, 9; $\varepsilon = -1$	$\frac{2m}{p_0} L_s = -\frac{1}{p_0}\left[p_s \cdot \left(\boldsymbol{p} \cdot \frac{\boldsymbol{r}}{r}\right)\right] r + \left(\frac{(p^2 - p_0^2)}{2p_0} \cdot \frac{r_s}{r}\right) r$	$\frac{1}{2} iJR_s$	-1	-1	(6.131)
10; $\varepsilon = -1$	$\frac{2m}{p_0} L_4 = \frac{p_0^2 - p^2}{2p_0} r$	$\frac{1}{2} iJR_4$	1	1	(6.132)
11, 12, 13; $\varepsilon = 1$	$\frac{2m}{p_0} L_s = -\frac{1}{p_0}\left[p_s \cdot \left(\boldsymbol{p} \cdot \frac{\boldsymbol{r}}{r}\right)\right] r + \left(\frac{(p^2 + p_0^2)}{2p_0} \cdot \frac{r_s}{\boldsymbol{r}}\right) \boldsymbol{r}$	$\frac{1}{2} R_s$	1	1	(6.133)
14; $\varepsilon = 1$	$\frac{2m}{p_0} L_4 = -\frac{p_0^2 + p^2}{2p_0} \boldsymbol{r}$	$\frac{1}{2} R_4$	-1	-1	(6.134)
11, 12, 13; $\varepsilon = -1$	$\frac{2m}{p_0} K_s = -\frac{1}{p_0}\left[p_s \cdot \left(\boldsymbol{p} \cdot \frac{\boldsymbol{r}}{r}\right)\right] r + \left(\frac{(p^2 + p_0^2)}{2p_0} \cdot \frac{r_s}{r}\right) r$	$\frac{1}{2} R_s$	1	1	(6.135)
14; $\varepsilon = -1$	$\frac{2m}{p_0} K_4 = -\frac{p_0^2 + p^2}{2p_0} r$	$\frac{1}{2} R_4$	-1	-1	(6.136)
15; $\varepsilon = \pm 1$	$S = \left(\boldsymbol{p} \cdot \frac{\boldsymbol{r}}{r}\right) r$	$-\frac{1}{2} iJ$	1	1	(6.137)

Die Tatsache, daß die für die Y_λ angegebenen Ausdrücke wirklich eine Darstellung der Lieschen Algebra von C_{15} vermitteln, kann unter Beachtung der in 5.5 betrachteten Eigenschaften der reellen Darstellung der Algebra ${}^3A_5$ nachgeprüft werden. Die Spuren aller Y_λ sind hier gleich Null, und es sind die aus (5.131) hervorgehenden Bedingungen

$$Y_\lambda^* R_4 + R_4 Y_\lambda = 0 \tag{6.138}$$

bzw. die mit $T_\xi = \exp(\xi^\lambda Y_\lambda)$ dazu äquivalenten Bedingungen

$$T_\xi^* R_4 = R_4 T_\xi^{-1} \tag{6.139}$$

erfüllt.

Die oben angegebene Tabelle besteht sowohl für klassische wie für quantenmechanische Generatoren X_λ. Bei der weiteren Untersuchung der algebraischen Beziehungen beschränken wir uns im folgenden einfachheitshalber auf den klassischen Fall. Im Einklang mit den Ergebnissen von 5.5 führen wir folgende Bezeichnungen ein:

$$Q = r^s R + r R_4 = r^\alpha R_\alpha\,, \qquad P = p^s R_s\,. \tag{6.140}$$

Algebraische Umformungen ergeben aus (6.127)–(6.137) im Hinblick auf die Formeln (6.140) und (5.105)–(5.107) für $\varepsilon = 1$

$$\begin{aligned}\Phi = 2X_\lambda Y^\lambda &= \frac{1}{2}(PQ - QP) + \frac{p_0}{2}(1 + iJ)\,Q + \frac{p^2}{2p_0}(1 - iJ)\,Q \\ &\quad - \frac{(PQ + QP)}{2p_0}(1 - iJ)\,P - \frac{1}{2}(PQ + QP)\,iJ \\ &= \frac{1}{2}P(1 + iJ)\,Q - \frac{1}{2}(1 + iJ)\,QP + \frac{p_0}{2}(1 + iJ)\,Q - \frac{P}{2p_0}(1 + iJ)\,QP \\ &= \exp\left[(1 - iJ)\frac{P}{2p_0}\right]\frac{p_0}{2}(1 + iJ)\,Q\exp\left[-(1 - iJ)\frac{P}{2p_0}\right];\end{aligned} \tag{6.141}$$

man beachte hierbei, daß aus

$$[\tfrac{1}{2}(1 - iJ)]^2 = \tfrac{1}{2}(1 - iJ)\,, \qquad (1 + iJ)(1 - iJ) = 0 \tag{6.142}$$

die Formel

$$\exp\left[\pm(1 - iJ)\frac{P}{2p_0}\right] = 1 \pm \frac{1}{2}(1 - iJ)\frac{P}{2p_0} \tag{6.143}$$

folgt. Für $\varepsilon = -1$ erhält man den gleichen Ausdruck. Somit gilt in beiden Fällen

$$\Phi = T^{-1}\Phi_0 T\,, \qquad \Phi_0 = \frac{p_0}{2}(1 + iJ)\,Q\,, \tag{6.144}$$

worin die Transformation T dem Übergang von einem allgemeinen algebraischen Zustand zu dem in Abschnitt 4 betrachteten algebraischen Standardzustand entspricht.

Mittels (6.144) zeigen wir, daß die algebraischen Gleichungen zwischen den Generatoren X_λ im Fall der Coulombschen und Newtonschen Wechselwirkungen zu folgenden bezüglich der Transformationen aus der adjungierten Gruppe invarianten algebraischen Gleichungen führen:

$$\Phi^2 = 0\,, \tag{6.145}$$

$$\Phi Y_\lambda \Phi = X_\lambda \Phi\,. \tag{6.146}$$

Die Beziehung (6.145) ist eine Folge von (6.144), wobei $(1 + iJ)\,Q(1 + iJ)\,Q = (1 + iJ)\,(1 - iJ)\,Q^2 = 0$ zu beachten ist, während ihre Invarianz bezüglich der Transformationen aus der adjungierten Gruppe auf (6.125) beruht.

Wir zeigen, daß sich die Gleichungen (6.146) bei der Ersetzung von X_λ durch $\tilde{X}_\lambda = u^{\lambda_1}_{\lambda} X_{\lambda_1}$ gemäß (6.123) nicht ändern. Multipliziert man beide Seiten von (6.146) mit $u^{\lambda}_{\lambda_1}$, summiert über λ und multipliziert danach beide Seiten von links mit $\exp(-\xi^\lambda Y_\lambda)$ und von rechts mit $\exp(\xi^\lambda Y_\lambda)$, so erhält man mit Rücksicht auf (6.123), (6.124) und (6.126)

$$\tilde{\Phi} Y_\lambda \tilde{\Phi} = \tilde{X}_\lambda \tilde{\Phi}\,, \tag{6.147}$$

womit die Invarianz von (6.146) bewiesen ist. Hiernach genügt es, die Richtigkeit von (6.146) im Spezialfall $\Phi = \Phi_0$, $X_\lambda = X^0_\lambda$ zu beweisen, da der allgemeine Fall daraus mittels Transformationen aus der adjungierten Gruppe hervorgeht. Wenn $\boldsymbol{p} = \boldsymbol{0}$, d. h. $\Phi = \Phi_0$ ist, so ist aus (6.127)–(6.137) zu entnehmen, daß nur die mit $c\dfrac{2m}{p_0} K_\alpha = -\dfrac{p_0}{2} r_\alpha$, $\dfrac{2m}{p_0} L_\alpha = \dfrac{p_0}{2} r_\alpha$ identischen Generatoren X^0 von Null verschieden sind. Berücksichtigt man

$$QR_\alpha = r^\beta R_\beta R_\alpha = r_\alpha + \tfrac{1}{2} r^\beta (R_\beta R_\alpha - R_\alpha R_\beta)$$

und $Q^2 = 0$, so hat man

$$QR_\alpha Q = r_\alpha Q + \tfrac{1}{2} QR_\alpha Q\,,$$

d. h.

$$QR_\alpha Q = 2r_\alpha Q\,. \tag{6.148}$$

Aus (6.144) erhält man

$$\Phi_0 Y_\lambda \Phi_0 = X^0_\lambda \Phi_0\,, \tag{6.149}$$

und infolge der Invarianz der Beziehung (6.146) ist Formel (6.149) in jedem Falle gültig.

Wir ziehen aus den erhaltenen Ergebnissen Schlußfolgerungen. Aus (6.127)–(6.137) folgt $\operatorname{Sp}(Y^{\lambda_1} Y_{\lambda_2}) = \delta^{\lambda_1}_{\lambda_2}$, wonach

$$\operatorname{Sp}(\Phi Y_\lambda) = X_\lambda \tag{6.150}$$

gilt. Weiter bilden die 15 Matrizen Y_λ zusammen mit der Einheitsmatrix E ein vollständiges System linear unabhängiger Matrizen vierter Ordnung über dem Körper der komplexen Zahlen. Daher gilt im Hinblick auf (6.145), (6.146) und (6.150)

$$\Phi M \Phi = \operatorname{Sp}(M\Phi)\,\Phi\,, \tag{6.151}$$

worin M eine beliebige komplexe Matrix vierter Ordnung oder allgemeiner eine Matrix mit Elementen aus der Algebra G_X ist. Geht man in (6.151) zur Komponentenschreibweise

$$\Phi^\alpha_\beta M^\beta_\gamma \Phi^\gamma_\delta = (\Phi^\gamma_\beta M^\beta_\gamma)\,\Phi^\alpha_\delta \tag{6.152}$$

über und setzt darin $M^\beta_\gamma = \delta^\beta_{\beta_1}\delta^{\gamma_1}_\gamma$, so ergibt sich für alle α, β, β_1, γ_1

$$\Phi^\alpha_{\beta_1} \Phi^{\gamma_1}_\delta = \Phi^{\gamma_1}_{\beta_1} \Phi^\alpha_\delta\,, \tag{6.153}$$

was nur möglich ist, wenn

$$\Phi^\alpha_\beta = \psi^\alpha \varphi_\beta \tag{6.154}$$

gilt. Hiernach geht der Spaltenvektor ψ mit den Komponenten ψ^α durch Transformationen aus der adjungierten Gruppe, welche Φ in $\tilde{\Phi} = S\Phi S^{-1}$ überführen, in

$$\tilde{\psi} = S\psi\,, \qquad S = \exp(\xi^\lambda Y_\lambda) \tag{6.155}$$

über. Wir setzen

$$\varphi_\alpha = \overline{\varphi^\beta}(R_4)_{\beta\alpha}\,, \qquad \psi_\alpha = \overline{\psi^\beta}(R_4)_{\beta\alpha} \tag{6.156}$$

und bezeichnen Spalten mit den Komponenten φ^α durch φ und die zugehörigen Zeilen mit den konjugiert komplexen Elementen durch φ^*. Dann hat man unter Beachtung von (6.139) und 6.154)

$$(\widetilde{\varphi^* R_4}) = \varphi^* R_4 S^{-1} = (S\varphi)^*\, R_4\,, \tag{6.157}$$

d. h., die Spalte φ geht über in

$$\tilde{\varphi} = S\varphi\,, \tag{6.158}$$

wobei nach (6.139) gilt

$$\tilde{\varphi}^* R_4 \tilde{\psi} = \varphi^* S^* R_4 S \psi = \varphi^* R_4 \psi = \text{inv}\,. \tag{6.159}$$

In dem Spezialfall, wo ξ^λ nur für $\lambda = 1, 2, 3, 4, 5, 6$ von Null verschieden ist, zeigen die Formeln (6.155), (6.158), daß sich ψ und φ bezüglich der Transformationen aus der eigentlichen Lorentz-Gruppe wie gewöhnliche Spinoren verhalten (wobei in den Formeln (5.96)—(5.98) für die Matrix R auch R_4 genommen werden kann). Da die Liesche Gruppe mit den Generatoren Y_λ zur fünfzehnparametrigen Gruppe der konformen Transformationen des vierdimensionalen pseudoeuklidischen Raumes isomorph ist, werden die gemäß (6.155), (5.168) zu transformierenden komplexen Spalten ψ, φ von uns im allgemeinen Fall *konforme Spinoren* genannt. Multiplizieren wir beide Seiten von (6.138) mit X^λ, summieren über λ und berücksichtigen $R_4^* = -R_4$, so erhalten wir

$$(R_4\Phi)^* = R_4\Phi \tag{6.160}$$

oder, mit Rücksicht auf (6.154) und (6.156), in Komponentenschreibweise

$$\overline{\psi_\alpha \varphi_\beta} = \overline{\varphi_\alpha} \psi_\beta\,. \tag{6.161}$$

Hiernach sind φ_α und ψ_α (bis auf einen unwesentlichen gemeinsamen reellen Faktor) identisch, so daß sich die Komponenten von Φ durch diejenigen eines komplexen Spinors ausdrücken lassen:

$$\Phi^\alpha_\beta = \psi^\alpha(\psi^* R_4)_\beta\,. \tag{6.162}$$

Dabei hat man gemäß (6.145)

$$\psi^* R_4 \psi = 0\,. \tag{6.163}$$

Ersetzen wir in (6.146) die Matrizenelemente Φ^α_β durch ihre Ausdrücke (6.162), so erhalten wir

$$X_\lambda = \psi_\alpha (Y_\lambda)^\alpha_\beta\, \psi^\beta = \psi^* R_4 Y_\lambda \psi\,. \tag{6.164}$$

Mittels (6.127)—(6.137) (worin das Jordansche Produkt im nichtquantisierten Fall durch das gewöhnliche Produkt zu ersetzen ist) läßt sich Formel (6.164) als System algebraischer Gleichungen folgender Form schreiben:

$$\lambda = 1, 2, 3, \varepsilon = \pm 1; \quad (\boldsymbol{r} \times \boldsymbol{p})_s = \tfrac{1}{2}\, \psi^* R_4 R R_s \psi = \tfrac{1}{2}\, \psi^* J R_s \psi \,, \tag{6.165}$$

$$\lambda = 4, 5, 6, \varepsilon = \pm 1; \quad -r p_s = -\tfrac{1}{2}\, \psi^* R_s \psi \,, \tag{6.166}$$

$$\lambda = 7, 8, 9, \varepsilon = \pm 1; \quad -\frac{(\boldsymbol{r}\boldsymbol{p})\, p_s}{p_0} + \frac{(p^2 - p_0^2)}{2p_0}\, r_s = -\frac{1}{2}\, i\psi^* R R_s \psi, \tag{6.167}$$

$$\lambda = 10, \varepsilon = \pm 1; \quad \frac{p_0^2 - p^2}{2p_0} = \frac{1}{2}\, i\psi^* J \psi \,, \tag{6.168}$$

$$\lambda = 11, 12, 13, \varepsilon = \pm 1; \quad -\frac{(\boldsymbol{r}\boldsymbol{p})\, p_s}{p_0} + \frac{(p^2 + p_0^2)}{2p_0}\, r_s = \frac{1}{2}\, \psi^* R_4 R_s R \psi \,, \tag{6.169}$$

$$\lambda = 14, \varepsilon = \pm 1; \quad -\frac{p_0^2 + p^2}{2p_0}\, r = -\frac{1}{2}\psi^* \psi \,, \tag{6.170}$$

$$\lambda = 15, \varepsilon = \pm 1; \quad (\boldsymbol{r}\boldsymbol{p}) = \tfrac{1}{2}\, i\psi^* R \psi \,. \tag{6.171}$$

Hierbei haben die Komponenten (auf Grund der speziellen Wahl des Proportionalitätsfaktors zwischen ψ und φ) die Dimension der Wurzel aus dem Produkt von Länge und Impuls. Die Komponenten des konformen Spinors ψ sind gemäß (6.163), (6.164) bis auf einen Phasenfaktor bestimmt.[1]) Dabei sind die Vertauschbarkeitsrelationen für die Generatoren X_λ eine Folge der Vertauschbarkeitsrelationen zwischen den Komponenten von ψ.

In der Tat erhält man aus (6.164), falls

$$[\psi^{\alpha_1}, \psi^{\alpha_2}]_X = 0 \,, \qquad [\psi_{\alpha_1}, \psi_{\alpha_2}]_X = 0 \,, \qquad [\psi^{\alpha_1}, \psi_{\alpha_2}]_X = \delta^{\alpha_1}_{\alpha_2} \tag{6.172}$$

gesetzt wird,

$$\begin{aligned} [X_{\lambda_1}, X_{\lambda_2}]_X &= [\psi_{\alpha_1} Y^{\alpha_1}_{\lambda_1 \alpha_2} \psi^{\alpha_2}, \psi_{\beta_1} Y^{\beta_1}_{\lambda_2 \beta_2} \psi^{\beta_2}] = \psi_{\alpha_1} Y^{\alpha_1}_{\lambda_1 \alpha_2} \delta^{\alpha_2}_{\beta_1} Y^{\beta_1}_{\lambda_1 \beta_2} \psi^{\beta_2} \\ &\quad - \delta^{\beta_2}_{\alpha_1} Y^{\alpha_1}_{\lambda_1 \alpha_2} \psi^{\alpha_2} \psi_{\beta_1} Y^{\beta_1}_{\lambda_2 \beta_2} = c^{\lambda_3}_{\lambda_1 \lambda_2} Y_{\lambda_3} \,, \end{aligned} \tag{6.173}$$

da $Y_{\lambda_1} Y_{\lambda_2} - Y_{\lambda_2} Y_{\lambda_1} = c^{\lambda_3}_{\lambda_1 \lambda_2} e Y_{\lambda_3}$ ist. Geht man aber von X_λ zu den Zahlenwerten π_λ über, so werden durch die Formeln (6.153)—(6.171) invariante Beziehungen zwischen den π_λ definiert, falls die Zahlenwerte der Komponenten von ψ (für welche wir die früheren Bezeichnungen beibehalten) nach wie vor gemäß der Formel (6.155) transformiert werden.

Auf diese Weise ist ein algebraischer Zustand in unserem Fall vollständig durch einen der invarianten Bedingung (6.163) genügenden konformen Spinor bestimmt. Im Hinblick darauf ermöglichen es die Formeln (6.163)—(6.171), alle Ergebnisse der gruppeninvarianten Theorie der nichtrelativistischen Coulombschen oder Newtonschen Wechselwirkungen in der Sprache der Spinortheorie auszudrücken.

[1]) Zur tatsächlichen Ermittlung von ψ bei bekannten X_λ kann man $\psi = \psi_{(1)} + i\psi_{(2)}$ verwenden und sich darauf stützen, daß mit den Größen (6.164) ein System von durch zwei reelle Spinoren $\psi_{(1)}$ und $\psi_{(2)}$ ausdrückbaren Tensoren bestimmt ist.

Wir betrachten einige Beispiele.

Wir nehmen an, der Spinor ψ sei ein Eigenvektor der Matrix $2Y_{15} = -iJ$ zum Eigenwert -1, d. h.,

$$iJ\psi = \psi\,. \tag{6.174}$$

Schreibt man ψ als einen Spinor vom Diracschen Typ (5.139), so ist (6.174) zur ersten Beziehung in (5.147) äquivalent. Wie in 5.5 gezeigt wurde, folgt hieraus, daß im Ausdruck (5.139) $\psi_{(1)} = 0$ ist und ψ sich durch einen reellen Spinor $\psi_{(2)}$ gemäß der Formel

$$\psi = \tfrac{1}{2}\,(1 + iJ)\,\psi_{(2)} \tag{6.175}$$

ausdrücken läßt. Nach (5.145) wird für $\hat{A}J = -J\hat{A}$ der Ausdruck $\psi^*\hat{A}\psi$ zu Null, und nach (6.165) und (6.166) hat man

$$\boldsymbol{r} \times \boldsymbol{p} = 0\,, \qquad \boldsymbol{r}\boldsymbol{p} = 0\,. \tag{6.176}$$

Demnach folgt aus (6.174)

$$\boldsymbol{p} = 0\,, \tag{6.177}$$

so daß die Beziehung (6.174) eine der Bedingungen dafür ist, daß sich das System im ersten algebraischen Standardzustand befindet. Auf Grund von (6.174) hat man im Hinblick auf (6.168) (worin $iJ\psi$ rechts durch ψ zu ersetzen ist) und (6.170)

$$p_0 r = \psi^*\psi\,, \qquad r = \frac{\psi^*\psi}{p_0}\,, \tag{6.178}$$

so daß im Ausdruck $p_0 = \sqrt{2m\varepsilon H_0}$ vor der Wurzel das Vorzeichen Plus zu nehmen ist. Ferner erhält man aus (6.167) (worin ψ rechts durch $iJ\psi$ zu ersetzen ist)

$$p_0 r_s = \psi^* R_4 R_s \psi\,. \tag{6.179}$$

Wird ψ neben (6.178) die zusätzliche Bedingung

$$R_4 R_1 \psi = \psi \tag{6.180}$$

auferlegt, so ist zufolge (6.179) $r_1 = r$, $r_2 = r_3 = 0$, d. h., der Vektor $\boldsymbol{r}$ hat entsprechend dem ersten algebraischen Standardzustand die Richtung von OX.

Eine analoge Analyse zeigt, daß ein Zustand mit

$$iJ\psi = -\psi \tag{6.181}$$

nicht mit den Beziehungen (6.165)—(6.171) verträglich ist und daher unmöglich ist. Daher kann bei einem aus zwei gemäß dem Coulombschen oder Newtonschen Gesetz wechselseitig aufeinander wirkenden nichtrelativistischen Teilchen bestehenden System kein algebraischer Zustand existieren, für welchen der aus (5.139) zu bestimmende Spinor $\psi_{(2)}$ gleich Null wäre.

Es sei ψ ein Eigenvektor der Matrix iR. Da das Quadrat dieser Matrix gleich der Einheitsmatrix ist, so kann der Eigenwert nur $+1$ oder -1 sein, d. h.

$$iR\psi = \pm\psi\,. \tag{6.182}$$

Ersetzt man $iR\psi$ in (6.71) durch $\pm\psi$, so ergibt sich

$$(\boldsymbol{r}\boldsymbol{p}) = \pm\,\tfrac{1}{2}\,\psi^*\psi\,. \tag{6.183}$$

Ferner erhält man aus (6.168) mit Rücksicht auf (6.182) und (6.163)

$$\frac{p_0^2 - p^2}{2p_0} r = 0 \, , \qquad p^2 = p_0^2 \, . \tag{6.184}$$

Daher ist im Fall $\varepsilon = 1$ im Zustand (6.182) $-K_0 = e_1 e_2 = 0$ (oder $-K_0 = \gamma m_1 m_2 = 0$), d. h., die Konstante der Wechselwirkung wird Null, und die Bewegung auf einer Hyperbel geht in eine Bewegung auf einer Geraden über. Dabei ist nach (6.170)

$$-p_0 r = -\tfrac{1}{2} \psi^* \psi \, . \tag{6.185}$$

Hieraus ergibt sich im Hinblick auf (6.183) und (6.184), daß die Vektoren $\boldsymbol{r}$ und $\boldsymbol{p}$ gleiche Richtung haben. Für $\varepsilon = -1$ hat man

$$H_0 = -\frac{p_0^2}{2m} = \frac{p^2}{2m} - \frac{K_0}{r} \, ,$$

und aus (6.184) und (6.185) erhält man

$$K_0 = \frac{r p_0^2}{2m} = \frac{p_0 \psi^* \psi}{m} \, , \qquad p_0 > 0 \, . \tag{6.186}$$

Schließlich ist ein algebraischer Zustand interessant, für welchen

$$\overline{\psi} = \psi \tag{6.187}$$

ist, d. h., für den ψ ein reeller Spinor ist. In diesem Fall ist gemäß (6.171) und (6.168)

$$(\boldsymbol{r}\boldsymbol{p}) = 0 \, , \qquad p^2 = p_0^2 \, . \tag{6.188}$$

Daher gilt $\boldsymbol{r} \perp \boldsymbol{p}$, und für $\varepsilon = 1$ ist $K_0 = 0$. Durch die Bedingung (6.187) ist so der zweite algebraische Standardzustand bestimmt.

Zum allgemeinen Fall zurückkehrend sei bemerkt, daß der algebraische Zustand bei gegebenen $\boldsymbol{r}, \boldsymbol{p}$ und $p_0 = \sqrt{2m\varepsilon H_0}$ sowohl im Fall der Bewegung auf einer Ellipse oder einem Kreis ($\varepsilon = -1$) wie im Fall der Bewegung auf einer Hyperbel oder einer Geraden ($\varepsilon = 1$) durch einen konformen Spinor ψ genau bestimmt ist. Darin spiegelt sich der Zusammenhang zwischen Bewegungen mit dem Betrag nach gleichen, aber dem Vorzeichen nach verschiedenen Zahlenwerten der Energie H_0 wider. Doch sind die Gesetze der zeitlichen Zustandsänderung in beiden Fällen verschiedene. Dem das dynamische Gesetz der Zustandsänderung mit τ bestimmenden Generator $K = -2K_4$ entspricht für $\varepsilon = -1$ gemäß (6.136) die Matrix $-\frac{p_0}{2m} R_4$, d. h.

$$\varepsilon = -1 \, , \qquad \psi = \exp\left(-\frac{p_0 \tau}{2m} R_4\right) \psi \, , \tag{6.189}$$

und für $\varepsilon = 1$ gemäß (6.130) die Matrix $-\frac{p_0}{2m} iJR_4$, d. h.

$$\varepsilon = 1 \, , \qquad \psi_\tau = \exp\left(-\frac{p_0 \tau}{2m} iJR_4\right) \psi \, . \tag{6.190}$$

Daher bleibt zum Beispiel für $\varepsilon = -1$ der zweite Standardzustand im Verlauf der Zeit ein Standardzustand (das Teilchen bewegt sich auf einem Kreis). Für $\varepsilon = 1$ trifft dies schon nicht mehr zu.

Aus den oben erhaltenen Resultaten geht hervor, daß die nichtrelativistische Coulombsche und Newtonsche Wechselwirkung zweier Teilchen durch 1) die Liesche Algebra der Gruppe C_{15} und 2) ihre Spinordarstellung bestimmt sind. Diese Tatsache verdient besondere Beachtung, da die in der heutigen Physik verwendete Theorie für klassische und Quantensysteme in dem Sinne überbestimmt ist, daß in der Natur keine zulässige Theorien für alle möglichen Potentiale elementarer Wechselwirkungen existieren. Ein System aus zwei gemäß dem Coulombschen oder Newtonschen Gesetz wechselseitig aufeinander wirkenden Teilchen diente stets als Testfall für die Einschätzung der Brauchbarkeit neuer allgemeiner Ansätze. In diesem Zusammenhang erhebt sich die Frage nach der Ausdehnung der dargelegten algebraischen Resultate auf kompliziertere Fälle, darunter auf den Fall von Systemen, die aus mehr als zwei Teilchen bestehen.

Nachwort zur deutschsprachigen Ausgabe

Algebraische Probleme der Physik und allgemeine Ideen der algebraischen Physik

Die Entwicklungsgeschichte der Physik und anderer Naturwissenschaften erlaubt die Aufstellung der *These, daß in der Wissenschaft das als Fortschritt anzusehen ist, was zum Auffinden allgemeinster, das Verhalten materieller Objekte beschreibender Gesetze führt.* Das Auffinden solcher Gesetze erfordert die Einführung neuer abstrakter Begriffe und die Verwendung abstrakter mathematischer Schemata von höchstem Allgemeinheitsgrad. Doch kann die Verwendung abstrakter Schemata höchsten Allgemeinheitsgrades der modernen Mathematik durch die Einbeziehung vieler in der Natur nicht realisierbarer Möglichkeiten eine naturwissenschaftliche Theorie überladen. Daher ist die Forderung nach der Ermittlung allgemeiner Gesetze durch *das Minimalprinzip* zu beschränken. *Der Allgemeinheitsgrad ist so zu beschränken, daß er nicht größer ist, als es für die Beschreibung realer Objekte notwendig ist.*

Eine der ganz charakteristischen Besonderheiten der heutigen Mathematik ist die fortschreitende Einbeziehung abstrakter algebraischer Methoden in viele ihrer Teilgebiete. Diese Einbeziehung ist mit der Eröffnung einer hinreichend hohen Allgemeinheitsstufe abstrakter mathematischer Schemata im Rahmen bereits bestehender mathematischer Theorien verbunden. Mit Hilfe dieser Schemata gelingt es, die Lösung spezieller mathematischer Probleme auf Aufgaben zurückzuführen, die unter Verwendung einfacher algebraischer Operationen gelöst werden können. Als Beispiel möge die Theorie des genialen Begründers der modernen Algebra, Evariste Galois, dienen, bei der die Untersuchung wichtiger Eigenschaften der Lösungen von Gleichungen n-ten Grades auf das Problem der algebraischen Untersuchung von Eigenschaften endlicher Galoisscher Gruppen zurückgeführt wird. Die Galoissche Theorie dient der Illustration eines neuen allgemeinen philosophischen Zugangs zu mathematischen und physikalischen Problemen, der sich in der Praxis von größter Wichtigkeit erweist. *Ist ein physikalisches Problem mittels vorhandener mathematischer Methoden nur unzureichend lösbar, so ist es notwendig, dieses Problem von einem allgemeineren, sich auf abstrakte mathematische Begriffe höheren Niveaus stützenden Gesichtspunkt aus zu betrachten.* Diese Auffassung erfuhr gegen Ende des 20. Jahrhunderts in der Mathematik breite Anerkennung und führte zu einer revolutionären Umordnung vieler Gebiete der Mathematik. Seitdem wuchs die Bedeutung abstrakter algebraischer Methoden kontinuierlich. Den Ursprung tiefgehender Abstraktionen von hohem Allgemeinheitsgrad bildet in erster Linie die allgemeine Algebra. Dieses läßt sich damit erklären, daß alte Probleme, die unter Ausnutzung moderner abstrakter mathematischer Schemata neu durchdacht wurden, letztlich mittels einer endlichen Anzahl einfacher mathematischer Operationen, für die elementare algebraische Operationen verwendet werden können, gelöst werden konnten. Das Prinzip der Beschränkung der Allgemeinheit bedeutet in diesem Fall: In einer anfänglich mittels willkürlich allgemeiner mathematischer Methoden herbeigeführten Lösung eines Problems werden unnötige Verallgemeinerungen ausgesondert, um ihrer Darlegung ein für die ökonomischste Lösung analoger Probleme notwendiges Allgemeinheitsniveau zu geben. Beispielsweise werden heute in rein algebraischen Arbeiten viele Konstruktionen für allgemeine Körper (oder Schiefkörper) durchgeführt. Doch bei der Anwendung auf die Physik genügt es, sich auf die Körper der reellen und der komplexen Zahlen (sowie auf den Quaternionenschiefkörper) zu beschränken.

Zur Formulierung algebraischer Probleme der Physik erscheint es notwendig, solche zentralen Probleme aus der gesamten Physik heranzuziehen, deren Lösung die Ausarbeitung geeigneter neuer mathematischer und insbesondere algebraischer Methoden verlangt. Gegenwärtig kann man die folgenden vier Probleme als die Fundamentalprobleme der Physik betrachten:

1. *Die Aufdeckung allgemeiner, das Verhalten und die individuellen Besonderheiten komplizierter materieller Systeme beschreibender Gesetze.* Dieses Problem schließt ein:
- die Ermittlung allgemeiner Gesetze, die das Verhalten von verschiedenen Klassen komplizierter physikalischer Systeme in der Atom- und Molekularphysik, der chemischen Physik, der Festkörperphysik usw. beschreiben; das heißt, überall dort, wo die statistische Quantenmechanik zugrunde gelegt werden kann;
- den Übergang zu noch komplizierteren physikalisch-kybernetischen und physikalisch-biologischen Systemen dort, wo die bekannten physikalischen Grundgesetze nur eine unzureichende Beschreibung der prinzipiell wichtigen Besonderheiten materieller Systeme zulassen.

2. *Die Schaffung einer tiefergehenden physikalischen Theorie der Elementarteilchen, darunter einer Theorie, die die gegenseitige Umwandlung von Teilchen im Bereich hoher und überhoher Energie beschreibt.* Das vorliegende Problem zerfällt wie andere Grundprobleme der Physik in eine Reihe eingeschränkterer Probleme, die möglicherweise zu einem besseren Verständnis elementarster Prozesse in der Mikrowelt führt.

3. *Die Koordinierung verschiedener Gebiete der Physik und die Formierung eines einheitlichen physikalischen Weltbildes.* Die prinzipielle Wichtigkeit dieses Problems beruht nicht nur auf der Notwendigkeit, die riesige Anhäufung physikalischer Experimente in kompakter Form zu registrieren und Widersprüche zwischen einzelnen physikalischen Theorien zu beseitigen. Sie tritt auch bei der Ausarbeitung neuer physikalischer Theorien unter indirekter Bezugnahme auf die Resultate schon bestehender, durch experimentelle Erfahrungen bestätigter physikalischer Theorien spezieller Form hervor.

4. *Die Schaffung einer tiefergehenden Theorie der Erscheinungen in kosmischem Maßstab.* Die vorliegende Form der allgemeinen Relativitätstheorie ist in dieser Beziehung aus folgenden Gründen als unbefriedigend anzusehen:
- der Schwierigkeit ihrer Einpassung in andere physikalische Vorstellungen (Quantentheorie);
- der Zuordnung exakter physikalischer Begriffe zu den in der Theorie auftretenden mathematischen Begriffen.

Im Zusammenhang mit der Anwendung mathematischer Methoden auf physikalische und andere (darunter kybernetische und biologische) Systeme führen die oben dargelegten, sich auf die Algebraisierung exakter Wissenschaften beziehenden Ideen zu der folgenden Auffassung.

Das Grundproblem der allgemeinen algebraischen Systemtheorie ist die Ermittlung und Untersuchung solcher mit Systemen abstrakter algebraischer Schemata korrespondierenden Systeme, die eine Reduktion der entstehenden Probleme auf Aufgaben ermöglichen, die ihrerseits mittels einer endlichen Anzahl algebraischer Operationen lösbar sind. Da der Lösungsalgorithmus aufeinanderfolgender algebraischer Operationen auf EDV-Anlagen programmierbar ist, erhöht die Einführung der EDV in starkem Maße die Anwendbarkeit und den praktischen Wert algebraischer Methoden.

Die Konkretisierung des Grundproblems der algebraischen Systemtheorie erlaubt in bezug auf die unterschiedlichen speziellen Systeme und physikalischen Aufgaben die Aussonderung einer großen Zahl von Fällen, in denen algebraische Methoden mit hoher Effektivität angewendet werden können und in denen sich für die weitere Arbeit außerordentlich breite Perspektiven auftun, die zur Lösung einer Vielzahl spezieller angewandter algebraischer Probleme führen. Mit vielen derartigen speziellen algebraischen Problemen kann sich der Leser unter Bezugnahme auf die angeführte Literatur vertraut machen. Wir verzichten hier auf eine ausführliche Betrachtung und beschränken uns im Zusammenhang damit lediglich auf die Formulierung zweier wichtiger algebraischer Fundamentalprobleme der mathematischen und theoretischen Physik, die ihre Aktualität in den letzten Jahrzehnten offensichtlich nicht verloren.

Bis zum Beginn des 20. Jahrhunderts bildeten die mathematische Analysis und die Theorie der Differentialgleichungen als Basis der mathematischen Physik den der Physik zugrunde gelegten mathematischen Apparat. In der Physik existieren einfache Aufgaben, deren konkrete mathematische Lösungen gewöhnlich in Form von speziellen Funktionen vorliegen. Die überwiegende Zahl aller restlichen Aufgaben wird nur näherungsweise gelöst. Die nullte Approximation ist dabei gewöhnlich eine Kombination entsprechender einfacher Aufgaben. In der letzten Zeit trat unerwartet zutage, daß man fast alle in den Aufgaben der mathematischen Physik auftretenden Funktionen durch die algebraischen Methoden der Darstellungstheorie endlichdimensionaler Liescher Algebren und Liescher Gruppen erhalten kann. Daher sollten zumindest einfachere physikalische Aufgaben einer algebraischen Überarbeitung unterworfen werden, bei der die Methoden der Theorien endlichdimensionaler Liescher Algebren oder der durch diese Algebren definierten Lieschen Gruppen den Platz der klassischen Analysis einnehmen. In dieser Hinsicht ist die gegenwärtige Situation in der mathematischen Physik ähnlich der Situation, die in der Algebra in der zweiten Hälfte des vergangenen Jahrhunderts nach der Entstehung der Galoisschen Theorie vorlag. Damals wurde der Wert endlicher Gruppen für die Theorie der Gleichungen zwar anerkannt, doch waren noch keine entsprechenden mathematischen Details ausgearbeitet. Analog zur klassischen Galoisschen Theorie, deren Ausgangspunkt die Auswahl von Teilkörpern des Körpers der komplexen Zahlen war, kann man in der mathematischen Physik folgendes Auswahlproblem formulieren:

Ein Übergang von der Untersuchung allgemeiner Observablenalgebren (oder in der Funktionalanalysis, von der Untersuchung allgemeiner Ringe von Operatoren sowie allgemeiner Hilbertscher Teilräume usw.) zur systematischen Erforschung spezieller, für unterschiedliche Aufgabenstellungen verschieden gewählter Observablenalgebren (bzw. spezieller Ringe von Operatoren) ist unerläßlich. Die Auswahl ist unter Berücksichtigung der Eigenart jeder Aufgabe vorzunehmen. Demzufolge entsteht in Analogie zur gewöhnlichen Galoisschen Theorie das Problem des Vergleichs verschiedener endlicher Liescher Algebren und ihrer Darstellungen mit verschiedenen Observablenalgebren. Das Ziel besteht letztlich in der Auswahl derjenigen Probleme der mathematischen Physik, deren Lösung auf Aufgaben zurückgeführt werden kann, die sich auf endliche Liesche Algebren beziehen. Auf dieser Grundlage führt die Lösung analytischer Probleme zur Lösung von Aufgaben mittels einer endlichen Anzahl algebraischer Operationen.

Hinsichtlich des Versuchs, dieses Fundamentalproblem zu lösen, wurden im Teil 3 des Buches neue Formen universaler Algebren, die Verbandoide, eingeführt. Weiterhin wurde dort die Galoiskorrespondenz der Verbandoide betrachtet, welche den Vergleich Liescher Algebren mit Observablenalgebren ermöglicht. Doch eine tiefergehende Lösung des Problems erfordert weitere neue Ideen. Das beweisen die Beispiele der algebraischen Lösung konkreter Aufgaben der mathematischen Physik, bei denen nicht nur die Struktureigenschaften abstrakter Liescher Algebren eine wichtige Rolle spielen, sondern auch die algebraischen Eigenschaften der Darstellungen Liescher Algebren.

Das zweite fundamentale, sich auf die Eigenschaften elementarer physikalischer Wechselwirkungen beziehende algebraische Problem der theoretischen Physik kann als eine typische Konkretisierung des oben angeführten ersten allgemeinen algebraischen Problems der mathematischen und theoretischen Physik dienen.

Im Apparat der klassischen Mechanik spiegelt sich die Vermutung über eine mögliche Existenz beliebiger, durch ein kontinuierlich sich veränderndes Potential charakterisierter Wechselwirkungen wider. Diese Vermutung wurde auch auf die Quantenmechanik übertragen. Z. B. kann dort die Schrödinger-Gleichung für beliebige Potentiale aufgeschrieben und untersucht werden. Bei der algebraischen Untersuchung allgemeiner Gleichungen der klassischen und der Quantenmechanik ist es aus Gründen der Nichtbeschränktheit des Potentials notwendig und unvermeidbar, mit Observablenalgebren unendlichen Ranges zu operieren. Doch in der Natur existiert nur eine stark eingeschränkte Zahl elementarer Wechselwirkungen, zu denen die elektromagnetische, die Gravitations- sowie die starke und schwache Wechselwirkung gerechnet werden. *Ein fundamentales algebraisches Problem der theoretischen Physik ist die Ermittlung solcher algebraischer Einschränkungen, welche zu einer Ausschließung von in der Natur nicht auftretenden Wechselwirkungen führen und die eine Rückführung von physikalischen Aufgaben auf Aufgaben der Theorie endlichdimensionaler Algebren, insbesondere auf Aufgaben der Theorie endlichdimensionaler Liescher Algebren und Liescher Gruppen, ermöglichen.*

Die Resultate der letzten Abschnitte von Teil 6 des Buches weisen darauf hin, daß eine algebraische Lösung dieses Problems für Spezialfälle möglich ist. Dabei ist die (wahrscheinlich prinzipiell bedeutungsvolle) Tatsache bemerkenswert, daß selbst in der klassischen Mechanik die Gestalt der nichtrelativistischen Coulombschen und Newtonschen Wechselwirkung nicht nur mit den strukturellen Eigenschaften der entsprechenden Lieschen Algebra, sondern auch mit den Eigenschaften ihrer speziellen Darstellung verbunden war.

Die Algebraisierung einer Reihe von Teilgebieten der Mathematik stützte sich auf die systematische Verwendung abstrakter mathematischer Schemata höchsten Allgemeinheitsgrades und war in dieser Beziehung mit einer inhaltlichen Vertiefung verbunden. Im Hinblick auf die Physik führten historische Gründe zu einer vorwiegend in die Breite gehenden Entwicklung dieser Wissenschaft, d. h., ihr Aufbau vollzog sich weitgehend ohne die Heranziehung abstrakter Begriffe tieferen Inhalts. Das führte zu einer Überladung der Physik mit halbempirischen Näherungsrechnungen. Ungeachtet der Kenntnis exakter Ausgangsgleichungen für komplizierte physikalische Systeme (z. B. solcher wie der Molekülsysteme), ist die Herleitung der restlichen unbekannten, exakten allgemeinen Beziehungen als spezielle physikalische Gesetze schwierig. Indessen sollte die Idee der abstrakten Mathematik die Herleitung einer großen Anzahl allgemeiner Gesetzmäßigkeiten aus genau ermittelten physikalischen Sachverhalten erlauben.

Diese Erwägungen dienten als eine der Anregungen für die Formierung *der algebraischen Physik als einer Disziplin, die Gebiete der Physik vereinigt, in denen algebraische Begriffe und algebraische Methoden eine grundlegende Rolle spielen.*

Das Grundproblem der algebraischen Physik besteht in der Ermittlung und detaillierten Untersuchung allgemeinster algebraisch-invarianter Begriffe und Beziehungen, die der Theorie physikalischer Systeme zugrunde liegen; ferner in der konsequenten Reorganisation physikalischer Theorien, deren durch Loslösung von weniger wesentlichen Details gewonnene, tiefgehende abstrakte Begriffe höheren Niveaus einem mathematischen Apparat dieser Theorien zugrunde gelegt werden.

Dieses Programm des Aufbaus der algebraischen Physik wurde 1968 als Grundproblem der mathematischen Physik der Gegenwart formuliert (vgl. [63], [64]). *Das Minimalprogramm der algebraischen Physik besteht in der Ermittlung verborgener algebraisch-invarianter Relationen im Rahmen der existierenden Theorien.* Wie man anhand der angegebenen Literatur ersehen kann, wurden bereits bedeutende Fortschritte bei der Realisierung dieses Programms erzielt.

Wir betrachten einige allgemeine Ideen der algebraischen Physik genauer.

Den ersten Grundbegriff der algebraischen Physik bildet der Begriff der Lieschen Fundamentalgruppe G, die die geometrisch-invarianten Eigenschaften einer physikalischen Theorie charakterisiert. Dabei ist in erster Linie *die Definition des Transformationsgesetzes für alle physikalischen Größen bezüglich Transformationen aus der Gruppe G erforderlich.* Ferner *charakterisiert die Gruppe G die geometrischen Eigenschaften der physikalischen Welt* im Sinne des Kleinschen Programms (vgl. 6.1). In Übereinstimmung damit *werden in der algebraischen Physik solche physikalisch-geometrischen Begriffe wie diejenigen der räumlichen Verschiebungen* (die im Spezialfall mit den räumlichen Koordinaten zusammenfallen), *der Zeit, der Geschwindigkeit eines Bezugssystems bezüglich eines anderen usw. rein gruppentheoretisch definiert.* Wir zeigen dies am Beispiel der gleichzeitigen Betrachtung einer Reihe physikalischer Theorien, deren Fundamentalgruppe eine der zehnparametrigen Gruppen (oder auch eine beliebige Erweiterung dieser Gruppen), die Galileische, Poincarésche oder de-Sitter-Friedmannsche Gruppe ist. In all diesen Fällen kann eine Transformation T aus der Gruppe G mit den Generatoren P_k, H, N_k, M_k $(k = 1, 2, 3)$ in Form der speziellen Zerlegung (vgl. (6.16))

$$T = T^{\mathbf{r},t} \cdot T^{\mathbf{u}} \cdot T^{\boldsymbol{\omega}} \tag{1}$$

dargestellt werden, wobei r^k, t, u^k, ω^k spezielle, durch

$$T^{\mathbf{r},t} = \exp\,(r^1P_1 + r^2P_2 + r^3P_3 + tH)\,, \tag{2}$$

$$T^{\mathbf{u}} = \exp\,(u^1N_1 + u^2N_2 + u^3N_3)\,, \tag{3}$$

$$T^{\vec{\omega}} = \exp\,(\omega^1M_1 + \omega^2M_2 + \omega^3M_3) \tag{4}$$

festgelegte Gruppenparameter sind.

Die Verbindung zu physikalischen Darstellungen wird mittels zweier Annahmen hergestellt, denenzufolge man die Transformation $T^{\boldsymbol{r}} = \exp(r^k P_k)$ mit der Transformation der räumlichen Verschiebung aller physikalischen Größen um den Vektor $\boldsymbol{r}$ und die Transformation $T^t = \exp(tH)$ mit der Transformation der zeitlichen Verschiebung aller Größen um die Größe t, d. h., mit dem Übergang zur Beschreibung aller physikalischer Größen in einem zukünftigen Zeitmoment, identifizieren kann. Aufgrund dieser Annahme wird sowohl den anderen Parametern der Fundamentalgruppe G als auch den speziellen, mit physikalischen Objekten vergleichbaren mathematischen Größen (deren Transformationsgesetz bez. Transformationen aus G gegeben ist) ein physikalischer Sinn erteilt. Insbesondere ergibt sich die physikalische Bedeutung der Parameter u^k gemäß 6.1 daraus, daß die Parameter $\boldsymbol{r}$ und t der speziellen Zerlegung im Falle der Galileischen Gruppe unter Anwendung der Transformation $T\boldsymbol{u}$ in

$$\boldsymbol{r}' = \boldsymbol{r} + \boldsymbol{v}t\,, \qquad t' = t\,, \tag{5}$$

übergehen, wobei die „Geschwindigkeit" $\boldsymbol{v}$ gleich $\boldsymbol{u}$ ist. Im Fall der Poincaréschen und der de Sitter-Friedmannschen Gruppen dagegen transformieren sich $\boldsymbol{r}$ und t nach der Formel der Lorentz-Transformation (6.27); der Vektor $\boldsymbol{u}$ ist proportional zum „Vektor der Geschwindigkeit" $\boldsymbol{v}$ mit dem Proportionalitätsfaktor $1/\beta \operatorname{arctan} \beta$, wobei $\beta = v/c$. Hieraus folgt, daß man die den Gruppenparametern u_k proportionalen Größen v^k mit den Komponenten einer zusätzlichen Geschwindigkeit identifizieren kann, die der Vektor der Verschiebung erhält. Äquivalent dazu ist die Interpretation der Transformation $T\boldsymbol{u}$ als Übergang zur Beschreibung aller physikalischen Größen in dem neuen, sich bezüglich des ursprünglichen Bezugssystems mit der Geschwindigkeit $-\boldsymbol{v}$ bewegenden Bezugssystem.

Hervorzuheben ist, daß die durchgeführten Betrachtungen über die physikalische Bedeutung von $T\boldsymbol{u}$ im gleichen Grade sowohl auf die klassische als auch auf die Quantenmechanik anwendbar ist und allgemeiner auf eine beliebige physikalische Theorie, in der die oben aufgeführten Annahmen über den physikalischen Sinn von $\boldsymbol{r}$ und t zutreffen und in der die Fundamentalgruppe die Galileische, die Lorentz- oder die de Sitter-Friedmannsche Gruppe enthält.

Die bestimmende Rolle der Fundamentalgruppe G für die Physik besteht in *der Postulierung der Invarianz grundlegender Gesetze und Gleichungen bezüglich der Transformationen aus der Gruppe G.* Darüberhinaus werden im Einklang mit dem Kleinschen Programm vom Gesichtspunkt des ersten Grundsatzes der algebraischen Physik aus *nur solche Gesetze und Gleichungen als wesentlich für die Physik* angesehen, die physikalische Größen Φ miteinander verknüpfen, *welche sich bei Transformationen aus der Fundamentalgruppe*, die alle Φ in $T\Phi$ überführen, *nicht ändern.* Daraus ist ersichtlich, daß *die Gestalt der Fundamentalgruppe G auf äußerst enge Weise an die Gestalt der grundlegenden Gesetze und Gleichungen der Physik anknüpft*; *d. h., die Fundamentalgruppe ist als eine der Grundlagen der physikalischen Weltanschauung aufzufassen.* Beispielsweise kann der Übergang von der nichtrelativistischen Physik zur relativistischen nur mit einer Änderung der Struktur der Fundamentalgruppe (mit dem Ersetzen der Galileischen durch die Poincarésche Gruppe) einhergehen.

Indem wir den ersten Grundsatz der algebraischen Physik anwenden, erhalten wir ein Auswahlkriterium für die in der Physik unterschiedlich ausgearbeiteten und untereinander konkurrierenden Raum-Zeit-Theorien. Wir betrachten von diesem Gesichtspunkt aus das vierte Fundamentalproblem der Physik, das sich auf die Schaffung einer tiefergehenden Theorie der Erscheinungen von kosmischem Maßstab bezieht. Das Herangehen an dieses Problem wird gewöhnlich im Rahmen der allgemeinen Relativitätstheorie betrachtet, in der das Gravitationsfeld durch den metrischen Tensor $g_{\alpha\beta}$ eines vierdimensionalen Pseudo-Riemannschen Raumes charakterisiert wird, wobei die $g_{\alpha\beta}$ nach EINSTEIN den Gleichungen

$$R_{\alpha\beta} - \tfrac{1}{2} g_{\alpha\beta} R = -\varkappa T_{\alpha\beta} \tag{6}$$

genügen.

Hier sind $R_{\alpha\beta}$ der verjüngte Riemann-Christoffelsche Krümmungstensor (der Tensor von RICCI), $T_{\alpha\beta}$ der Energie-Impuls-Tensor eines gravitationslosen Feldes und $\varkappa$ eine Konstante.

Bei Betrachtung kosmologischer Modelle ist zur linken Seite der Einsteinschen Gleichung (6) das Glied $\lambda g_{\alpha\beta}$ zu addieren, wobei λ konstant ist. Geometrische Verallgemeinerungen im Kleinschen Sinne, die mit einer Veränderung und Erweiterung der Fundamentalgruppe verbunden sind, sind völlig verschieden voneinander. Deshalb entstanden, wie noch E. CARTAN hervorhob, mit der Schaffung der allgemeinen Relativitätstheorie (ART) große Schwierigkeiten in der Geometrie. Die Antagonismen zwischen den Riemannschen und Kleinschen Prinzipien wurden sowohl auf die Physik als auch auf die Philosophie übertragen. Dies resultierte daraus, daß es in der ART nicht gelang, die physikalische Bedeutung einer großen Zahl der von einer Reihe von Autoren gefundenen speziellen Lösungen der Einsteinschen Gleichungen festzustellen. Aber auch die ein halbes Jahrhundert hindurch erfolglosen Versuche der Vereinigung von physikalisch-geometrischen Ideen und Ideen der gruppentheoretischen Invarianz, die sich auf andere physikalische Theorien und die Standardform der ART bezogen, waren Ursachen dieser Schwierigkeiten. Aus diesem Grund verwenden wir das Prinzip der physikalischen Zulässigkeit nur solcher Modifikationen der ART, die mit dem Begriff der die gruppentheoretisch invarianten Eigenschaften physikalischer Theorien charakterisierenden Fundamentalgruppe vereinbar sind.

Sich auf die Rotverschiebung beziehende kosmologische Probleme lassen sich nur auf dem Wege der Strukturänderung der Fundamentalgruppe (namentlich durch die Ersetzung der Poincaréschen Gruppe durch die de-Sitter-Friedmannsche Gruppe der Bewegungen des Raumes) erklären. Daher betrachten wir ein Beispiel der Anwendung des genannten Prinzips auf Lösungen der Einsteinschen Gleichungen für einen beschränkten Bereich, speziell auf die durch Versuche bestätigte Schwarzschildsche Lösung. In diesem Fall ist als obligatorische Zusatzbedingung die des Auffindens von Lösungen der Einsteinschen Gleichungen und deren physikalischem Sinn dienende asymptotische Bedingung

$$\lim_{r\to\infty} g_{\alpha\beta} = g^0_{\alpha\beta} \tag{7}$$

hinzuzufügen. Hier ist $g^0_{\alpha\beta}$ der metrische Tensor des Minkowski-Raumes. Faktisch bedeutet (7), daß sich eine Erklärung von Versuchsdaten in der ART indirekt auf die Verwendung nicht eines, sondern zweier metrischer Tensoren stützt: auf den metrischen Tensor des ebenen (asymptotischen) Raumes $g^0_{\alpha\beta}$, dem die Poincarésche Gruppe entspricht, und auf den metrischen Tensor des gekrümmten Riemannschen Raumes $g_{\alpha\beta}$. Eine derartige, auf die Postulierung der Existenz der zwei metrischen Tensoren $g^0_{\alpha\beta}$ und $g_{\alpha\beta}$ gegründete bimetrische Gravitationstheorie wurde 1940 von ROSEN dargelegt (und von KOHLER, PUGATSCHOW und anderen entwickelt).[1]) Sie ermöglicht die Beseitigung einer Reihe prinzipieller Schwierigkeiten bei der Bestimmung physikalischer Größen, darunter der Energie und des Impulses. Doch blieb die bimetrische Theorie mit Möglichkeiten überladen, deren physikalische Bedeutung nicht genügend erforscht wurde. Ist in der Tat der Raum mit der Metrik $g_{\alpha\beta}$ eben, d. h. der Krümmungsvektor $R_{\alpha\beta,\,\gamma\delta} = 0$, so folgt daraus

$$g_{\alpha\beta}(x) = \frac{\partial \tilde{x}^{\alpha_1}}{\partial x^\alpha} \frac{\partial \tilde{x}^{\beta_1}}{\partial x^\beta} \overset{0}{g}_{\alpha_1\beta_1}, \tag{8}$$

wobei $\tilde{x}^\alpha(x)$ gewisse Funktionen von x^α sind, die lediglich durch die asymptotische Bedingung (7) eingeschränkt sind. Daher tritt in der bimetrischen Gravitationstheorie, die bezüglich der Poincaréschen Gruppe invariant ist, sogar bei nichtvorhandener Gravitation ein Vektorfeld $\tilde{x}^\alpha(x)$ auf. Doch erweist sich dieser Umstand nicht als Mangel, sondern eher als ein Vorteil dieser Theorie, da es bisher in der Physik kein Prinzip gab, das es gestattete, die Existenz experimentell nicht nachweisbarer magnetischer Ladungen (magnetischer Monopole) auszuschließen und aufzudecken, warum der Tensor des elektromagnetischen Feldes nur durch das eine Vektorpotential $A^\alpha(x)$ charakterisiert wird. Indessen folgt aus dem oben formulierten Prinzip die Notwendigkeit der Modifikation der Einsteinschen Gravitationstheorie derart, daß bei nichtvorhandener Gravitation stets das Vektorfeld $\tilde{x}^\alpha(x)$ auftritt. Letzteres kann mit dem Vektorpotential $A^\alpha(x)$ zusammenhängen, was eine Erklärung der Abwesenheit magnetischer Ladungen erlaubt. Den Charakter eines derartigen Zusammenhanges werden wir hier nicht betrachten[2]), da eine verschiedenartige Auswahl von Möglichkeiten zu unterschiedlichen Elektromagnetismus und Gravitation verknüpfenden relativistischen Theorien führen würde. Eine Auswahl unter diesen Theorien kann man nur auf der Grundlage von Versuchsdaten vornehmen.

Der zweite Grundbegriff der algebraischen Physik ist der Begriff einer Algebra von Observablen. Der Leitsatz (oder, wenn man will, eines der Ausgangspostulate der algebraischen Physik), der ausdrückt, daß einem beliebigen physikalischen System eine Observablenalgebra zugeordnet werden kann, entspricht einer weitgehenden Verallgemeinerung des Prinzips der kleinsten Wirkung, welches in der Vergangenheit eine wichtige heuristische Rolle bei der Entwicklung der Physik spielte. Eine der algebraischen Operationen in einer Observablenalgebra ist die Bildung des Lieschen Produkts, durch die zwei beliebigen Elementen g_1 und g_2 einer Observablenalgebra ihr Liesches Produkt $[g_1, g_2]$ zugeordnet wird. Diese Operation gestattet die Betrachtung einer Observablenalgebra als einer im allgemeinen unendlichen Lieschen Algebra. Mit Hilfe der Lieschen Multiplikation lassen sich die dynamischen Bewegungsgleichungen

$$\frac{\mathrm{d}g}{\mathrm{d}t} = [H, g] \tag{9}$$

herleiten, die die zeitliche Veränderung von Observablen bestimmen. Die Beziehung zwischen Lieschen Algebren und Lieschen Gruppen führt zu einem Zusammenhang

[1]) Siehe auch Abschnitt 3 des Buches [109a], in dem sich einige Literaturhinweise finden.

[2]) Eine der möglichen Varianten wurde vom Autor in einer Arbeit dargelegt, deren kurze Zusammenfassung in [95a] veröffentlicht wurde.

mit der Fundamentalgruppe. Auf dieser Grundlage läßt sich die physikalische Bedeutung spezieller Observablen präzisieren.

Die Begriffe der Fundamentalgruppe und der Observablenalgebra ermöglichen es, von einem einheitlichen Gesichtspunkt aus an das dritte Grundproblem der theoretischen Physik heranzugehen, welches die übereinstimmende Betrachtungsweise verschiedener Gebiete der Physik betrifft. Sie können auch als eine Basis für eine Theorie physikalischer Theorien dienen. In der Tat klassifizieren sich physikalische Theorien im Sinne des verallgemeinerten Kleinschen Programmes nach Fundamentalgruppen, die die invarianten Eigenschaften einer Theorie charakterisieren. Bei gemeinsamer Betrachtung gewisser physikalischer Theorien, deren Fundamentalgruppen miteinander durch Ketten von Grenzübergängen verbunden sind, entsteht die gruppentheoretisch invariante Theorie physikalischer Theorien. Zum Beispiel ist der Übergang von nichtrelativistischen zu relativistischen Theorien nur mit einer Bedingung verbunden, mit der Ersetzung der zehnparametrigen Galileischen Gruppe durch die Poincarésche Gruppe. Demgemäß ist eine gruppentheoretische Klassifikation physikalischer Theorien die algebraische Klassifikation nach primitiven Klassen (siehe 1.5) oder, in anderer Terminologie, nach den Varietäten der Fundamentalgruppen. Ferner ist eine zweite algebraische Klassifikation physikalischer Theorien die Klassifikation nach den primitiven Klassen (d. h. nach den Struktureigenschaften) von Observablenalgebren. In Übereinstimmung mit Teil 2, Abschnitt 2, läßt sich somit der Übergang von physikalischen „Nicht-Quantentheorien" zu den Quantentheorien (d. h. mit anderen Worten, eine Quantifizierung) mit dem Übergang von Observablenalgebren einer primitiven Klasse, für die die Identität

$$g_1 \cdot (g_2 \cdot g_3) - (g_1 \cdot g_2) \cdot g_3 = 0 \tag{10}$$

erfüllt ist, zu Observablenalgebren einer anderen primitiven Klasse mit der anderen Identität

$$g_1 \cdot (g_2 \cdot g_3) - (g_1 \cdot g_2) \cdot g_3 = \frac{\hbar}{4} [g_2, [g_1, g_3]] \tag{11}$$

verbinden. Hierbei bezeichnet der Punkt das Jordansche Produkt von Observablen. Die aufgeführten Ideen der algebraischen Klassifikation physikalischer Theorien gestatten es, die bestehenden physikalischen Theorien unter einheitlichem Gesichtspunkt zu betrachten, und weisen den Weg für die Ausarbeitung neuer „Scheintheorien", die sich experimentell noch nicht beweisen lassen, analog der „Scheingeometrie" von Lobatschewski.

Im Zusammenhang mit dem zweiten Grundbegriff der algebraischen Physik erlangt das oben formulierte Problem der Aufstellung spezifischer Observablenalgebren eine besondere Bedeutung. Diese Algebren sind speziell für die Lösung unterschiedlicher physikalischer Aufgaben geeignet. In Analogie zu unserer algebraischen Behandlung der nichtrelativistischen Coulombschen und Newtonschen Wechselwirkung zeigen wir, wie sich unendlichdimensionale Observablenalgebren durch endliche Liesche Algebren L und ihre Darstellungen bestimmen lassen. Es seien X_λ die Generatoren der endlichen Lieschen Algebra L, deren Liesches Produkt sich mittels der Strukturkonstanten $C^{\lambda_3}_{\lambda_1\lambda_2}$ durch die Gleichungen

$$[X_{\lambda_1}, X_{\lambda_2}] = c^{\lambda_3}_{\lambda_1\lambda_2} X_{\lambda_3} \tag{12}$$

ausdrücken läßt. Wir betrachten die X_λ nicht nur als die Erzeugenden der Lieschen Algebra L, sondern auch der Lie-Jordanschen Algebra G_L über dem Körper der reellen Zahlen. Dies bedeutet, daß für die Erzeugenden X_λ gleichzeitig mit dem Lieschen Produkt (12) auch das Jordansche Produkt $X_{\lambda_1} \cdot X_{\lambda_2}$ definiert ist, wobei man ein allgemeines Element $g \in G_L$ aus den Erzeugenden mittels einer beliebigen Anzahl von in beliebiger Reihenfolge ausgeführten Multiplikationen mit reellen Zahlen und Additionen des Jordanschen und Lieschen Produkts erhalten kann. Für jedes Element der Algebra G_L gelten die für eine gegebene primitive Klasse Lie-Jordanscher Algebren von Observablen charakteristischen Identitäten. Beispielsweise unterscheiden sich in der klassischen und der Quantentheorie die Lie-Jordanschen Algebren G_L voneinander durch die Identitäten (10) und (11) und gehören daher zu verschiedenen primitiven Klassen. Die auf diese Weise konstruierte Algebra G_L ist eine freie Lie-assoziative Algebra einer gegebenen primitiven Klasse, welche durch die angegebene Liesche Algebra L aufgespannt wird. Im allgemeinen Fall sind die Erzeugenden X_λ aus L beim Übergang zu der Lie-Jordanschen Observablenalgebra $G_L(\Lambda)$ miteinander durch spezielle Identitäten Λ verknüpft:

$$\Lambda_i(X_1, X_2, \ldots, X_r) = 0 \ . \tag{13}$$

In (13) soll neben anderen algebraischen Operationen die Operation der Jordanschen Produktbildung enthalten sein. Den Identitäten (13) wird durch die Forderung der Invarianz dieser Beziehungen bezüglich Transformationen aus der zugehörigen Gruppe, die X_λ in

$$\tilde{X}_\lambda = X_\lambda + \frac{1}{1!}[\xi^{\lambda_1} X_{\lambda_1}, X_\lambda] + \frac{1}{2!}[\xi^{\lambda_1} X_{\lambda_1}, [\xi^{\lambda_2} X_{\lambda_2}, X_\lambda]] + \ldots \tag{14}$$

überführen, eine zusätzliche Beschränkung auferlegt. Hier sind ξ^λ kanonische Transformationsparameter. Ist L die Liesche Algebra der Fundamentalgruppe, wobei sich die physikalische Bedeutung der Transformationen aus Gleichung (1) ableiten läßt, so charakterisiert (14) eine Transformation in ein neues Bezugssystem. Im Einklang mit dem allgemeinen Fall, in welchem sich eine Observablenalgebra auf $G_L(\Lambda)$ zurückführen läßt, kann man die Gleichungen (14) physikalisch als Transformationen aus einem verallgemeinerten Bezugssystem in ein anderes interpretieren. (Zum Beispiel hängt für die relative Bewegung zweier Körper, die nach dem nichtrelativistischen Coulombschen oder Newtonschen Gesetz wechselseitig aufeinander einwirken, das verallgemeinerte Bezugssystem für die innere Bewegung von relativer Geschwindigkeit und Lage ab. Dieses System verändert sich beim Übergang von der relativen hyperbolischen Bewegung zweier Körper zur wechselwirkungsfreien Bewegung sowie auch beim Übergang von der kreisförmigen Bewegung zur elliptischen Bewegung mit derselben Energie.) Wie in Teil 6, Abschnitt 6, gezeigt, läßt sich das Identitätensystem Λ durch die irreduziblen Darstellungen der Lieschen Algebra L bestimmen. Ist ferner die Zahl der unabhängigen invarianten Identitäten (13) gleich l und die Zahl der Generatoren der Lieschen Algebra L gleich r, so lassen sich die Generatoren X_λ mittels dieser Identitäten durch die $r - l$ unabhängigen Erzeugenden der Observablenalgebra ausdrücken. Mit Rücksicht auf die Transformationseigenschaften der Transformationen (14) lassen sich diese Erzeugenden physikalisch deuten. Dies ermöglicht es, den Elementen der Observablenalgebra $G_L(\Lambda)$ einen physikalischen Sinn zuzuschreiben. So ist für die relative Bewegung zweier Teilchen, die nach dem nichtrelativistischen

Coulombschen oder Newtonschen Gesetz wechselseitig aufeinander einwirken, $r = 15$, $l = 8$, $r - l = 7$, und für die unabhängigen Erzeugenden der Observablenalgebra kann man die Observablen der relativen Lage und des relativen Impulses wechselseitig aufeinander einwirkender Teilchen sowie entweder die Konstante der Wechselwirkungen oder die vollständige innere Energie verwenden.

Eines der ganz aktuellen Probleme der algebraischen Physik ist die Übertragung des oben dargelegten, sich auf die Konstruktion von Observablenalgebren mittels endlicher Liescher Algebren und ihrer Darstellungen beziehenden Schemas (oder einiger seiner Modifikationen) auf den Fall anderer, darunter komplizierterer physikalischer Systeme. Anscheinend ist gerade das Fundamentalproblem der theoretischen Physik, die Ausschließung von in der Natur nicht vorkommenden Wechselwirkungen und die Rückführung physikalischer Aufgaben auf Aufgaben aus der Theorie endlichdimensionaler Liescher Algebren und Liescher Gruppen, mit diesem algebraischen Problem verbunden.

Der dritte Grundbegriff der algebraischen Physik ist der des algebraischen Zustands. Der algebraische Zustand π wird als Vektor des zum Vektorraum der Observablen dualen Vektorraumes definiert, wobei ein experimenteller Vergleich durch die Identifizierung des Skalarprodukts $\langle \pi \mid g \rangle$ der Vektoren π und g mit dem mittleren Wert der Observablen g im Zustand π realisiert wird. Dabei gelten für einen algebraischen Zustand die folgenden Beschränkungen (siehe 2.8):

$$\langle \pi \mid e \rangle = 1 ; \qquad \langle \pi \mid g^2 \rangle \geqq 0 , \tag{15}$$

wobei e die Eins der Observablenalgebra, g ein beliebiges Element der Observablenalgebra und g^2 das Jordansche Produkt des Elementes g mit sich selbst sind. Beispielsweise kann man einen Zustand π in den klassischen Theorien, bei denen die linke Seite der Identität (2) gleich Null ist, durch die Forderung beschränken, daß die Dispersion für alle Observablen gleich Null sein möge, d. h.

$$\langle \pi, g^2 \rangle = (\langle \pi \mid g \rangle)^2 . \tag{16}$$

Daher ist eine solche Theorie deterministisch. Doch in den Quantentheorien folgt aus dem Nichtverschwinden der rechten Seite von (2), daß eine Beschränkung durch (16) im allgemeinen Fall nicht möglich ist. Daher sind die Quantentheorien mit beliebigen Struktureigenschaften der Observablenalgebren im wesentlichen statistische Theorien.

Sind alle Elemente einer Observablenalgebra durch die Generatoren X_λ der Lieschen Algebra ausdrückbar, so kann man die Transformationen (14), die dem Übergang von einem Bezugssystem zu einem anderen entsprechen, zur Ermittlung der physikalischen Bedeutung der Zahlenwerte verwenden. Dabei kann man die Zahlenwerte durch bezüglich der Transformationen (14) aus der zugehörigen Gruppe invariante Bedingungen beschränken, die einer gruppentheoretisch invarianten Klassifikation physikalischer Systeme dienen können.

Die Aufnahme des dritten Grundsatzes der algebraischen Physik in die Grundlagen der Physik eröffnet vielversprechende Möglichkeiten für die Behandlung des zweiten Fundamentalproblems der Physik, das sich auf die Schaffung einer tiefergehenden Theorie der Elementarteilchen und insbesondere auf die Beseitigung der Schwierigkeiten in der modernen Quantentheorie der Wellenfelder bezieht. In der Tat treten Fälle auf, in denen es nicht möglich ist, die algebraischen Zustände in quantentheoretischen Systemen mit einer unendlichen Zahl von Freiheitsgraden mittels Matrizen einer Dichte- oder Wellenfunktion zu beschreiben und einen einheitlichen Hilbertraum für derartige Systeme zu verwenden. Im Hinblick darauf wurden die mathematischen Grundlagen für das übliche Herangehen in den letzten Jahren detaillierter analysiert und eine strenge algebraische Ordnung des Apparats der Theorie der Quantenfelder vorgenommen. Die Resultate zeigen, daß das althergebrachte abstrakte mathematische Schema der Quantentheorie für den Fall von Systemen mit einer unendlichen Zahl von Freiheitsgraden einen inneren Widerspruch aufwies, was zur Entstehung einer Vielzahl von Unstimmigkeiten verschiedenster Art führte. Ein auf dem Begriff des algebraischen Zustands beruhendes Herangehen ermöglicht es, unwahre Sachverhalte auszuschließen (siehe z. B. die Monographie von Emch [28]). Damit sind die Grundlagen einer neuen physikalischen Theorie verbunden, die die Eigenschaften von Quantensystemen mit unendlich vielen Freiheitsgraden beschreibt.

Bei einer weiteren Ausarbeitung der Grundlagen und Methoden der algebraischen Physik, die sich auf die drei oben betrachteten Grundsätze stützen, ist es wichtig, solche Zusatzbedingungen zu finden, die im Einklang mit dem Minimalprinzip die in der Natur nichtrealisierbaren Möglichkeiten ausschließen. Nur in diesem Fall kann man ernsthaft mit der Auffindung hocheffektiver algebraischer Methoden rechnen, die die reale Kompliziertheit physikalischer Systeme berücksichtigen. Als eine dieser Zusatzbedingungen betrachten wir eine solche, die den Observablenalgebren und den algebraischen Zuständen wichtige Beschränkungen auferlegt und zu dem zusätzlichen grundlegenden Postulat, *dem vierten Grundsatz der algebraischen Physik*, führt.

Wir nehmen an, daß *für eine Observablenalgebra ein spezieller algebraischer Zustand* π_0 *existiert, der der Eigenschaft genügt, daß für beliebige von Null verschiedene Elemente* g *der Observablenalgebra die strenge Ungleichung*

$$\langle \pi_0 \mid g^2 \rangle > 0 \tag{17}$$

erfüllt ist. Die Bedingung (17) bildet eine starke Beschränkung für eine Observablenalgebra; letztere muß eine Lie-Jordansche Algebra mit Zahlenwerten sein (siehe 2.8). Wird insbesondere die Lie-Jordansche Algebra mit Zahlenwerten nach den in Teil 2, Abschnitt 1 und 2 eingeführten Formeln durch eine assoziative Algebra definiert, so muß die entsprechende assoziative Algebra auch eine zahlenwertige Algebra sein (was beispielsweise unter der Minimalbedingung für Liesche Ideale, wie in Teil 4 des Buches gezeigt, zu ihrer Halbeinfachheit führt). Wir nehmen ferner an, daß *die algebraischen Zustände, als Elemente des dualen Vektorraumes, für Observablenalgebren mit der Bedingung* (17) *durch die algebraischen Elemente* ϱ *gemäß*

$$\langle \pi \mid g \rangle = \frac{\langle \pi_0 \mid \varrho g \rangle}{\langle \pi_0 \mid \varrho \rangle} \tag{18}$$

definiert werden. Die nach (18) definierten algebraischen Zustände können zwei Typen besitzen. Für gewöhnliche algebraische Zustände sind die Elemente ϱ gewöhnliche Elemente einer zahlenwertigen Observablenalgebra G_A. Für verallgemeinerte algebraische Zustände bilden die Elemente ϱ einen Vektorraum L mit den algebraischen Operationen, die die Elemente ϱ aus L in die Elemente $\varrho \cdot g$ und $[\varrho, g]$ aus L überführen, so daß für beliebige $g \in G_A$ gilt

$$\varrho \cdot g \in L\,, \qquad [\varrho, g] \in L\,. \tag{19}$$

Dabei wird die Gültigkeit der algebraischen Identitäten vorausgesetzt, die man aus den auf einer Observablenalgebra gegebenen homogenen Identitäten (z. B. vom Typ (10) oder (11)) durch Ersetzung eines Elements der Algebra G_A (z. B. des Elements g_1 in (10) oder (11)) erhält. Die auf obige Weise definierten Elemente ϱ sind eine algebraische Realisierung von Matrizen von Dichte- und Verteilungsfunktionen der klassischen und der Quantenmechanik. Dabei werden in letzterem Fall die verallgemeinerten algebraischen Zustände in der Eigenschaft von Verteilungsfunktionen verallgemeinerter Funktionen verwendet. *Die* der Bedingung (17) entsprechende *Forderung nach Beschränkung der Gestalt einer Observablenalgebra* und die mit ihr verbundene, der Bedingung (18) entsprechende *Forderung nach Beschränkung der Gestalt algebraischer Zustände sollen als der vierte Grundsatz der algebraischen Physik deklariert werden.*

Die oben dargelegten allgemeinen Ideen der algebraischen Physik lassen sich auf einigen im wesentlichen äquivalenten mathematischen Wegen streng fassen. Die Axiomatik der Aussagenlogik ist ein Beispiel einer anderen Formulierung der angeführten algebraischen Ideen. Die Aussagenlogik einer physikalischen Theorie wird als eine universale Algebra definiert, deren Elemente s solchen Elementen einer Observablenalgebra zugeordnet werden, für die $s^2 = s$ ist, wobei man hier die unäre algebraische Operation der Bildung des orthogonalen Elements sowie die binären algebraischen Operationen der Vereinigungs- und Durchschnittsbildung einführen kann. Die Zugrundelegung einer einfacheren universalen Algebra, der Aussagenlogik, anstelle einer Observablenalgebra ermöglicht es, die Untersuchung besonderer, mit der algebraischen Theorie physikalischer Theorien verbundener Fragen zu vereinfachen. So ist z. B. der Übergang von einer Quantenlogik zu einer klassischen Logik mit einer Ergänzung der Identitäten, die die Aussagenlogik in einen Booleschen Verband umwandeln, verbunden. Die Grundsätze der algebraischen Physik stellen wichtige, in älteren Arbeiten vernachlässigte Forderungen an die mathematischen und physikalischen Eigenschaften von Aussagenlogiken. So führt der erste Grundsatz zur Forderung der Invarianz einer Aussagenlogik bezüglich der Transformationen aus der unabhängig gegebenen Fundamentalgruppe. Eine ganz wesentliche Rolle spielt der vierte Grundsatz der algebraischen Physik, gemäß dem die Existenz von gewissen Eigenschaften genügenden reellen Funktionen $\langle \pi_0 \mid s \rangle$, $\langle \pi_0 \mid s_1 \cdot s_2 \rangle$ auf einer Aussagenlogik postuliert und anschließend das prinzipiell wichtige Postulat über die Relativwahrscheinlichkeiten eingeführt wird. Nach dem letzten Postulat ist $\langle \pi_0 \mid s_1 \cdot s_2 \rangle / \langle \pi_0 \mid s_1 \rangle$ zahlenmäßig gleich der Wahrscheinlichkeit dafür, daß bei wahrer Aussage s_1 auch Aussage s_2 wahr sei.

Der vierte Grundsatz der algebraischen Physik in seiner verallgemeinerten Form und das Postulat über die Relativwahrscheinlichkeiten markieren einen Weg für die Verallgemeinerung des Apparats physikalischer Theorien im Fall komplizierter kybernetischer Systeme. Für kybernetische Systeme hängt die Wahrscheinlichkeit verschiedener Verhaltensweisen eines Systems von den in diesem System einlaufenden Informationen ab. Daher sollte sich eine Verallgemeinerung physikalischer Theorien für derartige Systeme auf eine solche Verallgemeinerung des Postulats über die Relativwahrscheinlichkeiten stützten, welche die Rolle der Informationen berücksichtigt.

Abschließend läßt sich sagen, daß es die allgemeinen Ideen der algebraischen Physik gestatten, an viele die prinzipiellen Grundlagen und den mathematischen Apparat physikalischer Theorien betreffende Probleme neu heranzugehen. Sowohl die Effektivität algebraischer Methoden bei der Behandlung einer Vielzahl konkreter Aufgaben wie die Schönheit und Befriedigung eines verbildlichten abstrakten algebraischen Schemas, das es gestattet, alle wichtigen physikalischen Theorien zu umfassen, fesseln die Aufmerksamkeit. Die weitere Entwicklung der algebraischen Physik macht es erstens notwendig, skizzierte allgemeine Ideen detaillierter auszuarbeiten und auf dieser Grundlage anschließend eine Reihe physikalischer Theorien zu reorganisieren, und zweitens, die oben formulierten konkreten physikalisch-algebraischen Probleme zu lösen, was eine Vereinigung von physikalischer Intuition und hoher algebraischer Kultur verlangt.

Der Verfasser

Literaturhinweise[1])

Teil 1

Das Besondere der gegenwärtigen Mathematik, die Trennung aller abstrakten Begriffe von ihren konkreten Realisierungen, spiegelt sich in zahlreichen mathematischen Arbeiten wider. Insbesondere nähert sich die Formulierung der Grundidee der heutigen Mathematik in 1.1 derjenigen von BOURBAKI [7]. Der Begriff „Mathematisches Schema" wird von uns als gleichberechtigt mit dem Begriff „Struktur" verwendet. Gemäß der russischen BOURBAKI-Übersetzung ([9], S. 396) „... sind die Strukturen der Gattung T durch das Schema der Bildung der Menge M aus den Mengen E, F, G und durch die T definierenden, die Axiome dieser Strukturen genannten Eigenschaften gegeben". Daher wäre es auch vom Standpunkt der BOURBAKIschen Abhandlung völlig gerechtfertigt, „Struktur" und „Schema" (oder abstraktes mathematisches Schema) in gleichem Sinne zu verwenden. Demgegenüber wird in der übrigen russischsprachigen mathematischen Literatur, in der früher das Wort „структура" oft im Sinne des Begriffs „Verband" auftrat, heute zur Vermeidung eventueller Verwechslungen für „Verband" das Wort „решетка" benutzt. Was eine andere neue BOURBAKIsche Terminologie (siehe zum Beispiel [9—11]) betrifft, so scheint sie ohne Rücksichtnahme auf Anwendungen ausgearbeitet worden zu sein, und ihre Zweckmäßigkeit ist in einigen Fällen fraglich. Daher ziehen wir die Verwendung der üblichen algebraischen Terminologie, wie zum Beispiel in den Büchern von KUROSCH [52, 53], vor, die einen größeren wissenschaftlich-methodischen Wert hat. Für weitere Einzelheiten über universale Algebren verweisen wir auf die Lehrbücher von KUROSCH [52, 53] und COHN [19]; im letzteren findet man eine umfangreiche Bibliographie. Eine detaillierte Zusammenfassung über Gruppen von Automorphismen algebraischer Systeme findet sich in der Monographie PLOTKINS [73]. Mit den Grundbegriffen der mathematischen Logik kann man sich z. B. in [60] vertraut machen, wo weitere bibliographische Hinweise zu finden sind. Von allen oben zitierten Werken unterscheidet sich unsere Darlegung durch ihre Tendenz nach der Seite der physikalischen Anwendungen hin; insbesondere werden von uns die Ideen der allgemeinen Theorie universaler Algebren angewandt, um an besonderen Beispielen die physikalischen Systemen eigenen allgemeinen Gesetzmäßigkeiten studieren zu können.

Teil 2

2.1. Das beste Buch, welches es ermöglicht, eine klare Vorstellung von Ringen und anderen von uns betrachteten algebraischen Systemen zu gewinnen, ohne mit für den Physiker un-

[1]) Beim Studium des Stoffes ist es anfangs bedeutend bequemer, nicht Artikel, sondern Lehrbücher und Monographien zu benutzen. Daher wird in den Hinweisen in erster Linie auf Bücher verwiesen, in denen man auch Hinweise auf eine Vielzahl von Originalarbeiten finden kann. Hinweise werden nur auf solche Arbeiten gegeben, die im Text erörtert wurden und dessen Inhalt beeinflußt haben.

nötigen Details belastet zu sein, ist der Vorlesungskursus von Kurosch [52, 53]. Weitere detaillierte Resultate über mathematische Eigenschaften assoziativer, Liescher und Jordanscher Ringe und Algebren findet man in den Monographien [18], [46–48], [112], [117]. Dort findet sich auch eine umfangreiche Bibliographie.

2.2. In physikalischen Arbeiten fand der Begriff „observabel" im Sinne von Dirac [22] eine breite Anwendung; dieses Werk ist bis heute ein klassischer Leitfaden geblieben, dessen Geist modernen algebraischen Ideen nahesteht. Der damit im Zusammenhang stehende algebraische Apparat war Dirac nicht in hinreichendem Umfange bekannt. Obwohl er in Wirklichkeit Algebren untersuchte, nannte er sie nicht so und nutzte feinere und tiefere algebraische Begriffe und Ergebnisse nicht aus. Zu der Zahl solcher von Dirac und anderen Physikern übersehenen Begriffe kommt die in 2.2 betrachtete Möglichkeit hinzu, eine einwandfreie algebraische Erklärung der Planckschen These dadurch zu geben, daß der Übergang von der klassischen Mechanik zur Quantenmechanik mit dem Wechsel einer primitiven Klasse von algebraischen Observablen zusammenhängt. Diese Idee eröffnet die Möglichkeit der Bildung einer algebraischen Theorie von physikalischen Theorien, wobei weitere Änderungen primitiver algebraischer Klassen im Prinzip zu anderen möglichen physikalischen Theorien führen können, die sich sowohl von der klassischen wie der Quantenmechanik unterscheiden.

2.3–2.4. Die Theorie der Körper und Schiefkörper kann man sich anhand einer Vielzahl algebraischer Lehrbücher (siehe z. B. [52, 53], [55]) aneignen. In der Physik wurden größtenteils nur Körper reeller und komplexer Zahlen betrachtet, doch wuchs in letzter Zeit das Interesse für Quaternionen in Verbindung mit ihrer Anwendung in der Relativitätstheorie und der Quantenmechanik (siehe z. B. [49]; dort findet man weitere Literaturhinweise). Eine gemeinsame Betrachtung von Körpern reeller und komplexer Zahlen und Quaternionenschiefkörpern ist auch aus allgemeinen theoretischen Erwägungen heraus notwendig, da es nur so möglich wird, wichtige allgemeine Theoreme zu formulieren, die sich auf Algebren von Observablen beziehen (siehe z. B. die im weiteren bewiesenen Theoreme über zahlenwertige Algebren).

Die Definition verallgemeinerter Funktionen als Elemente eines dualen Vektorraums oder als Funktionale, bezüglich eines beliebigen Vektorraums von Grundfunktionen, entspricht der Einführung verallgemeinerter Funktionen (Distributionen), wie sie in vielen modernen Darstellungen (siehe [19–22]) angewandt wird. Es ist zu erwähnen, daß der Übergang von endlichdimensionalen zu unendlichdimensionalen Vektorräumen in einzelnen Fällen topologische Überlegungen erfordert, die mit der Notwendigkeit verbunden sind, die Konvergenz unendlicher Reihen in Betracht zu ziehen. Wir berühren jedoch topologische Fragen nicht, um die Darlegungen nicht zu komplizieren. Die Kombination zweier algebraischer Methoden – der Methode der Endomorphismen eines Vektorraums und der Methode des Übergangs zum dualen Vektorraum – die uns zur Definition verallgemeinerter Funktionen verschiedenen Grades führt, wurde in der Literatur, soweit uns bekannt ist, bisher nicht betrachtet.

2.5. Das ausführlichste Lehrbuch der Theorie der Verbände ist dasjenige von Birkhoff [4] (dessen letzte englische Ausgabe bisher noch nicht ins Russische übersetzt wurde). Für ein erstes Eindringen genügt es, sich auf die Bücher von Kurosch [52, 53] zu beschränken, welche man zu den sowohl für breiter profilierte Mathematiker wie für Physiker geeignetsten zählen kann. Zur Illustration der Bedeutung der Formeln (2.36)–(2.38) kann die endliche projektive Geometrie über einem Körper oder Schiefkörper Q dienen. Projektive Geometrien, die alle möglichen linearen Mannigfaltigkeiten einschließen, bilden, wie in der algebraischen Geometrie bewiesen wird (siehe [43], Kap. 6), einen Dedekindschen komplementären Verband, der durch die Beziehungen (2.36)–(2.40) charakterisiert ist, wobei umgekehrt die Angabe dieses abstrakten Verbandes die Dimension der projektiven Geometrie und den Schiefkörper Q, über dem sie betrachtet wird, bestimmt. Dieses

Resultat wurde von VON NEUMANN und anderen ([68], siehe auch [106]) verallgemeinert, um eine tiefere strukturelle Klassifikation solcher Teilalgebren von Algebren beschränkter linearer Operatoren eines Hilbertraumes zu erhalten, deren Zentrum mit dem Grundkörper zusammenfällt. Das Buch [52] von KUROSCH stellt in seiner Art einen zweckmäßigen Standard bezüglich der russischen algebraischen Terminologie dar (vgl. auch [53]).

2.6. Weitere Aussagen über Algebren, die von ringtheoretischen Spezialfällen herrühren, findet man in den schon zitierten Lehrbüchern [2], [6], [10—13]. Der in diesem Paragraphen betrachtete Übergang von Algebren über dem Körper der komplexen Zahlen und über dem Quaternionenschiefkörper zu Algebren über dem Körper der reellen Zahlen und die damit verbundene Erweiterung der Automorphismengruppen der Algebren beruht auf der Idee des Verfassers, daß man in der relativistischen Quantenmechanik Operatoralgebren über dem Körper der reellen Zahlen betrachten muß, da es zweckmäßig ist, die Zahl i nicht in den Körper, sondern in die Algebra einzubeziehen. Angewandt auf die relativistische Gleichung für Teilchen mit dem Spin 1/2 ([84], [86]; auch [89]), führt diese Idee dazu, daß sich die Gruppe der Automorphismen von Algebren quantenmechanischer Operatoren erweitert. Es erweist sich nämlich als notwendig, die antilinearen Transformationen der Wellenfunktionen zu berücksichtigen, womit es möglich wird, die Teilchen mit dem Spin 1/2 mit Hilfe der relativistischen Wellenfunktionen zweier Komponenten vollständig zu beschreiben, welche die Wellenfunktionen für vier Komponenten von DIRAC ersetzen. Dies führt zur Ersetzung der Diracschen Gleichung für vier Komponenten durch die Gleichung für zwei Komponenten des Verfassers [84], [86], die FEYNMAN und GELL-MANN [30] im Zusammenhang mit der universalen Theorie der schwachen Wechselwirkungen wiederentdeckten. Bezüglich des Übergangs von der Quantenmechanik über dem Körper der komplexen Zahlen zu derjenigen über dem Körper der reellen Zahlen siehe auch [108].

2.7. Die Forderung, daß die Algebra der Observablen ein endliches Erzeugendensystem besitzen soll, bedeutet in algebraischer Terminologie [73], daß die Algebra Noethersch sein muß. Das Postulat über die endliche Zahl der Erzeugenden führt, wie aus dem betrachteten Beispiel mit dem Drehimpuls hervorgeht, zu einem grundlegenden Unterschied zwischen der von uns ausgearbeiteten Theorie und der Theorie von SOPHUS LIE [57], [27], [56] über Funktionalgruppen und Tangentialtransformationen.

Den Übergang von (2.80) zu (2.81) kann man nicht nur auf dem Wege der Induktion über n vollziehen, sondern auch mit Hilfe spezifischer Methoden der Gruppentheorie und der Theorie Liescher Algebren (siehe z. B. [87], Formel (28)), die durch FEYNMAN und andere Physiker (siehe z. B. [107] und die dort zitierten Arbeiten) auf den Fall komplizierterer Operatorausdrücke teilweise verallgemeinert wurden.

Der Darlegung der Theorie nichtkanonischer Transformationen und der darauf aufbauenden Methode des Übergangs von einem Zeitparameter zu einem anderen ist der Artikel [91] des Verfassers gewidmet.

2.8. Die von uns eingeführte Definition eines π-Zustandes vereinigt und verallgemeinert die Definitionen von Zuständen physikalischer Systeme in der klassischen Mechanik, der Quantenmechanik und der statistischen Stabilitäts- und Instabilitätsmechanik (siehe z. B. [22], [6], [32], [33], [79], [103]). Unsere Definition von zahlenwertigen Algebren stützt sich auf die Verwendung des dualen Raums und ist auf beliebige Algebren mit einer beliebigen Zahl binärer algebraischer Operationen anwendbar. In funktionalanalytischen Arbeiten wurde der zu zahlenwertigen assoziativen Algebren analoge Begriff in der Theorie der Hilbertschen Ringe über H^*-Algebren (siehe [69]) eingeführt. Für den Übergang zum unendlichdimensionalen Fall ist es allgemein gesagt notwendig, über endlichdimensionale algebraische Konstruktionen hinausgehende Festlegungen zu treffen, die mit der Notwendigkeit, topologische Begriffe heranzuziehen, verbunden sind (siehe z. B. [6], [69]). Um die Ausführungen nicht zu komplizieren, beschränken wir uns indessen auf die

Betrachtung grundlegender algebraischer Ideen, die sich auf die Theorie der π-Zustände physikalischer Systeme beziehen.

In einer Reihe neuerer Arbeiten (siehe z. B. [28], wo „algebraische Zustände" einfach „Zustände" bedeuten) wurde gezeigt, daß die sich auf den Begriff der π-Zustände stützende algebraische Behandlung nicht einfach eine andere Darstellung bekannter Resultate ist, sondern daß damit im wesentlichen eine grundlegend neue physikalische Theorie verbunden ist, so wie es auch der Fall ist, daß algebraische Zustände in der Quantentheorie nicht mittels Dichte-Matrizen oder Wellenfunktionen beschrieben werden können und daß sich in der Quantentheorie für ein System mit einer unendlichen Zahl von Freiheitsgraden die Verwendung eines einzigen Hilbertraumes als unmöglich erweist.

2.9. Als Ausgangspunkt der Richtung, die in diesem Paragraphen charakterisiert wird, dient eine Arbeit von BIRKHOFF, VON NEUMANN [5]. Der mathematische Apparat der Quantenmechanik wird im Sinne BIRKHOFFS und VON NEUMANNS in enger Verbindung mit der Theorie der Verbände in der fundamentalen Monographie NIKODYMS [71] dargelegt. Eine kurze Behandlung von Fragen, die mit der „Logik der Quantenmechanik" verbunden sind, kann man in russischer Sprache in [61] finden. Unsere Terminologie lehnt sich mehr an [111] an.

2.10. Gegenüber den oben zitierten, sich auf die Logik der Quantenmechanik beziehenden Arbeiten, wird im vorliegenden Abschnitt die Verbandsgruppe G_u (in der klassischen und der Quantenmechanik die Gruppe der kanonischen Transformationen) in den Vordergrund gerückt und eine Präzisierung der Gestalt der Elemente der Logik $\mathscr{L}$ gemeinsam für die klassische und die Quantenmechanik durchgeführt. Eine Motivierung des in der Fachliteratur schon eingebürgerten Terminus „Logik" ist dadurch gegeben, daß hier, erstens, ein Zusammenhang mit der klassischen Aussagenlogik besteht (vgl. [20]) und, zweitens, der Terminus „algebraische Logik" selbst neue Möglichkeiten der Modifizierung der dargelegten Theorie schafft. Der logisch-algebraische Zugang gestattet ferner den Ausschluß einer Reihe von in der Natur nicht realisierbaren Möglichkeiten. Während die in Abschnitt 2.8 (oder in [28]) untersuchte allgemeine Theorie algebraischer Zustände diese über der vollen Algebra von Observablen einführt, folgt aus den Resultaten in Abschnitt 2.10, daß es genügt, algebraische Zustände nur über Booleschen Verbänden B entsprechenden kommutativen Teilalgebren zu betrachten. Damit ist man hinsichtlich des Ausschlusses überflüssiger Möglichkeiten weit vorgedrungen.

Eine andere wichtige Charakterisierung algebraischer Zustände ist mit der Forderung an eine Logik verbunden, ein zahlenwertiger Verband zu sein. Hieraus folgt insbesondere die Existenz spezieller algebraischer Zustände (vgl. Abschnitt 2.8) und die Möglichkeit der Einführung einer Norm nach Gleichung (2.110). Die vier am Ende des Abschnitts 2.10 formulierten Postulate der Theorie physikalischer Theorien können als Grundlage dienen, von der bei der als Rahmen vorhandenen Theorie ausgegangen wird. Wir wenden unsere Aufmerksamkeit dem wichtigsten und nichttrivialen Postulat über die Relativwahrscheinlichkeiten zu, das sich auf die Beschreibung von im allgemeinen Fall komplizierten physikalischen Systemen mittels relativer Charakteristika bezieht. In [59] erfolgte die Deutung der Quantenmechanik im Geiste der sich auf dieses Postulat beziehenden Ideen. Neben quantenmechanischen Systemen kann es jedoch auch für kybernetische Systeme wesentliche Bedeutung besitzen. Wir merken an, daß die Relativwahrscheinlichkeiten mit den in die klassische Additionsformel für Wahrscheinlichkeiten (Bayessche Formel) eingehenden bedingten Wahrscheinlichkeiten nur dann übereinstimmen, wenn die Aussagenlogik ein Boolescher Verband ist. Im allgemeinen Fall führt die Nichtdistributivität (in der Quantenmechanik ist die rechte Seite von (2.129) ungleich Null) zu der in der Quantentheorie bekannten (vgl. z. B. [13]) Verletzung des klassischen Bayesschen Additionstheorems für Wahrscheinlichkeiten.

Teil 3

3.1—3.2. Mit der in 3.1 erwähnten Methode des Operierens mit Teilmengen von Algebren G, die den definierenden Eigenschaften genügen, kann man sich anhand einer Reihe algebraischer Lehrbücher und Monographien [46—48], [112] bekanntmachen. In diesen Darstellungen wurde das Operieren mit den betrachteten Teilmengen noch nicht als selbständiges Teilgebiet der Algebra angesehen. Die Einführung des Begriffs der Algebren von Verbandoiden eröffnet die Möglichkeit, eine solche Verselbständigung endgültig vorzunehmen. Die Bezeichnung „Verbandoid" hängt damit zusammen, daß wir es hier gleichzeitig mit einem „Verband" und einem „Gruppoid" zu tun haben. Würden wir die Terminologie Bourbakis benutzen, so würde der dazu äquivalente Ausdruck das Wort „LATTICOID" (vom Wort „LATTICE"-Verband (Gitter)) sein; ferner wäre „l-Gruppoid" möglich.

Den Begriff der Verbandoide, der zuerst die Möglichkeit gibt, allgemeinere Eigenschaften von Algebren aus verschiedener Sicht zu studieren und sodann auch speziellere Algebren zu betrachten, könnte für eine methodische Umgestaltung der oben erwähnten algebraischen Lehrkurse verwendet werden. Doch besitzt das Studium der Verbandoide eine selbständige Bedeutung, da ihre Eigenschaften bezüglich der Wahl der sie erzeugenden universalen Algebren invariant sind und daher tiefere Eigenschaften von Algebren widerspiegeln.

3.3—3.4. Erstmalig traten die Begriffe Liescher und Lie-assoziativer Verbandoide im Zusammenhang mit dem Problem der Übertragung der abgewandelten Galoisschen Ideen auf die Aufgaben auf, die sich bei der Algebraisierung physikalischer Aufgaben und Theorien ergeben (siehe z. B. [90], [93]). Wenn die Algebren von Observablen, wie im Fall der Coulombschen Wechselwirkung zweier Teilchen [91], Liesch-erzeugt sind, so gelingt es, die vollständige Lösung der physikalischen Aufgaben in Aufgaben der Theorie endlicher Liescher Algebren zu überführen.

Die Frage nach dem Zusammenhang mit der analytischen Mechanik (ohne Verwendung des algebraischen Zugangs) wird z. B. in dem Buch von Lánczos [54] genauer untersucht. In der Quantentheorie der Felder wird die Notwendigkeit der Herstellung von Verbindungen besonders in den Arbeiten Diracs unterstrichen. Dirac selbst benutzt den algebraischen Apparat nicht (insbesondere bezeichnet er die Elemente der Algebren von Observablen als q-Zahlen usw.), doch enthalten seine Bücher [23, 24] eine Reihe interessanter Ideen, die im wesentlichen algebraischen Charakter tragen. Obwohl sich unser Zugang von dem Diracs unterscheidet (z. B. in Verbindung mit Formel (3.31)), ist die Beziehung zu den Resultaten Diracs feststellbar.

Teil 4

4.1—4.4. Mit der allgemeinen Theorie der endlichdimensionalen assoziativen Algebren und der Theorie ihrer Darstellungen kann man anhand der Monographien [112], [21] und [38] vertraut werden. Die im Text betrachtete Anwendung der Theorie der Verbandoide gestattet eine merkliche Vereinfachung der Beweise einer Reihe von Sätzen (das gilt z. B. für [38]). Das in 4.3 bewiesene Theorem bezieht sich zusammen mit den Formeln (4.13) und (4.16) auf das Theorem von Wedderburn-Noether (siehe [112], Seite 159), gemäß dem einfache Ringe mit Minimalbedingung für Links- und Rechtsideale (d. h. Ringe, die links und rechts Artinsch sind) vollständig die Matrizenringe über Körpern ausschöpfen. Doch führen die obigen Beziehungen auch zu einer Präzisierung dieses Theorems, die mit einer Klärung der Gestalt des Elements $e_{\beta_1}^{\beta_1}$ und mit der Formel (4.17) zusammenhängt, die es gestattet, durch eine gegebene Algebra einen Körper zu definieren, über den im Theorem von Wedderburn-Noether Aussagen gemacht werden.

Es bleibt zu bemerken, daß, obwohl im Text einfachheitshalber nur zahlenwertige Algebren endlichen Ranges betrachtet werden, sich viele der erhaltenen Ergebnisse auch direkt auf Algebren unendlichen Ranges übertragen lassen (siehe [96], [69]).

4.5–4.6. Der Ausdruck „Algebren von Alternionen" und das zugehörige Bezeichnungssystem wurden von B. A. ROSENFELD vorgeschlagen, dessen Monographie [78] eine Reihe wertvoller Resultate über ihre Eigenschaften und geometrischen Anwendungen enthält. Der Spezialfall der Cliffordschen Algebren über dem Körper der komplexen Zahlen wird z. B. in [76], [16] betrachtet.

Seit langem wurde in der Theorie der Lieschen Algebren die Methode der Auswahl normaler reeller Formen verwendet (siehe z. B. [108]). Diese Auswahl einer Basisalgebra reeller Spinoren als normale reelle Form einer assoziativen Algebra von Alternionen wurde von uns entsprechend durchgeführt, im Hinblick auf die besondere Bedeutung dieser Algebra für die Relativitätstheorie [84], [89] und die Theorie der Quantenfelder [77], [88]. Die Identifikation der Alternionen-Algebren mit den zahlenwertigen Algebren gestattet es, den Beweis des Theorems über Struktur und Darstellungen dieser Algebren zu vereinfachen und gibt uns die Möglichkeit der Aufstellung von Resultaten, die mit der algebraischen Theorie physikalischer Systeme zusammenhängen. Dabei erweist es sich als möglich, die in einem Bereich (wie z. B. der Spinoren-Theorie) ausgearbeiteten intuitiven Vorstellungen für die Lösung von Aufgaben eines anderen Bereichs (z. B. der Theorie der Quantenfelder) zu verwenden.

Dabei können für Systeme mit einer unendlichen Zahl von Freiheitsgraden auch zusätzliche mathematische Besonderheiten entstehen (siehe [28]), die die beim Aufbau einer exakten algebraischen Theorie der Quanten-Wellen-Felder unbedingt zu berücksichtigen sind.

Teil 5

5.1–5.3. Mit den Grundtatsachen der Gruppentheorie und der Theorie der Lieschen Gruppen kann man sich anhand der Monographien [17], [27], [42], [66], [74], [104], [110] vertraut machen. Die klassische Theorie der Lieschen Gruppen beruht auf drei Fundamentalsätzen von SOPHUS LIE (siehe z. B. [110], [27]). Ein ernster Mangel der klassischen Theorie ist jedoch, daß sie sich nur auf den Spezialfall bezieht, in welchem die Generatoren X_λ Differentialoperatoren erster Ordnung sind. Unsere mit den Ideen von CAMPBELL-HAUSDORFF verbundene Darlegung berücksichtigt den in der Physik häufig eintretenden Umstand, daß man es auch mit Generatoren allgemeinerer Art zu tun hat. Die in 5.1 und 5.2 betrachtete einfache Methode der Begründung der Theorie der Lieschen Gruppen, die sich auf das grundlegende Theorem über den Zusammenhang der Lieschen Algebren mit den Lieschen Gruppen stützt, wurde ursprünglich in [87] und [94, 95] angegeben.

Das Material von 5.3 beruht auf dem Eindringen der Methoden der Theorie der assoziativen Algebren in die Gruppentheorie. Bezüglich eines Überblicks über Gruppen siehe z. B. [113], [51]. Ergänzende Details und eine Bibliographie findet man in [114], [75]. Die am Ende von 5.3 betrachtete Verbindung der Theorie der Kugelfunktionen mit der Darstellungstheorie der Rotationsgruppe wird ausführlicher in [114] untersucht (siehe auch die dort zitierte Literatur, z. B. [34]). Die Formel (5.73) kann als ein Beispiel einer engen Beziehung zwischen der Darstellungstheorie Liescher Gruppen und der Theorie spezieller Funktionen dienen. Als ein alternativer, doch in einer Reihe von Fällen auch allgemeinerer Zugang zu der sich unabhängig entwickelnden Gruppentheorie spezieller Funktionen dient die Methode der endlich- und unendlichdimensionalen Darstellungen Liescher Algebren, die in Spezialfällen, wie von MILLER [63, 64] gezeigt, zu der unter Physikern populären Methode der Faktorisierung [44] führt, und mit ihrer Hilfe kann man gemäß [67] auch eine Methode der Faktorisierung für den Fall solcher Funktionen entwickeln, die von gewissen Variablen und gewissen Quantenzahlen abhängen. Überhaupt ist heutzutage klargeworden, daß sich fast alle speziellen Funktionen, die durch Punktlösungen von Aufgaben der theoretischen Physik entstehen, mittels der Methoden der Darstellungstheorie Liescher Gruppen und Algebren gewinnen lassen.

5.4. Der Begriff der Spinoren-Gruppe wurde von Rosenfeld [78] betrachtet. Unsere Methode zeichnet sich durch das Herausstellen grundlegender algebraischer Theoreme, in erster Linie von Theoremen über Automorphismen einfacher Algebren aus. Darüberhinaus wird der Frage, die auf den Begriff des reellen Spinors für die Algebra $B_n = {}^nA_{2n+1}$ führt, besondere Aufmerksamkeit gewidmet. Da B_n isomorph zur Algebra der quantisierten Fermionenfelder ist, sind im Hinblick auf [88] reelle Spinoren im mehrdimensionalen Raum Objekte, die den Wellenfunktionen in der Quantenfeldtheorie analog sind.

5.5. Die algebraische Methode der Beschreibung des elektromagnetischen Feldes wird in [83] dargelegt, wo auch Details ins einzelne gehender Rechnungen zu finden sind. In praktischer Hinsicht finden die Anwendungen dieser Methode, die mit der im Text betrachteten verallgemeinerten Theorie der Funktionen einer komplexen Veränderlichen und mit elektromagnetischen Anwendungen der Bedingung der Monogenizität im Sinne von Moisil [65] und Fedorow [29] in Zusammenhang steht, anscheinend großes Interesse. Weitere Details sind in [99] enthalten. Die Gruppe der Oberflächentransformationen elektromagnetischer Größen berühren wir nur flüchtig. Ihre wichtigste Anwendung fand diese Gruppe in Verbindung mit der Untersuchung der elektrodynamischen Gleichungen durch die Existenz hypothetischer magnetischer Ladungen [92], [97, 98]; da indessen solche Ladungen bis heute in der Erfahrung nicht nachweisbar waren, berühren wir diese Fragen im Text nicht.

5.6. Die Annahme, daß der Vierervektor des Impulses ein allgemeiner Vektor ist, wurde unabhängig von vielen Verfassern gemacht (siehe z. B. [81], wo eine andere Terminologie verwendet wird). Die im Text erwähnte Möglichkeit der Schreibung der zweikomponentigen Weylschen Gleichung als Tensorgleichung spezieller Form wird in [82] dargelegt. Eine allgemeine Methode der Schreibung von Gleichungen, die zwei reelle Spinoren enthalten, in Tensorform wird in [85] betrachtet. Die Gleichungen (5.157) und (5.158) wurden erstmalig in [84] eingeführt und untersucht; in [86] wurden sie auf den Fall des Vorliegens eines anomalen magnetischen Moments bei Teilchen verallgemeinert, und in [89] wurden sie mit der universalen Theorie der schwachen Wechselwirkungen [30] in Einklang gebracht und in eine präzise, allgemeine Form umgeschrieben. Nach Bildung der universalen Theorie der schwachen Wechselwirkungen trat der Vorschlag, in allen Fällen nicht vierkomponentige, sondern zweikomponentige Wellenfunktionen für Teilchen mit dem Spin 1/2 zugrunde zu legen, unmittelbar nach [89], [30] auch in anderen Arbeiten auf (siehe z. B. [45]). Der Frage, die mit den zweikomponentigen Gleichungen verbunden ist, wurde auch eine beträchtliche Zahl anderer Arbeiten gewidmet, die in einer Reihe von Überblicken beleuchtet werden (von ihnen kann besonders [116] empfohlen werden), doch berücksichtigt man in ihnen gewöhnlich nicht die besonderen im Text betrachteten feineren mathematischen Details, die mit dem Antilinearitätsgesetz der Transformationen zweikomponentiger Wellenfunktionen bezüglich Spiegelungen verbunden sind.

Teil 6

Der mathematische Apparat, der mit den Eigenschaften der homogenen und inhomogenen Lorentz-Gruppe verbunden ist, wird in zahlreichen Büchern wiedergegeben (siehe z. B. [51], [34], [39], [41], [58], [70], [102]), und verschiedene Details sind in vielen speziellen Arbeiten eingehend untersucht worden. Bezüglich der üblichen Ableitung der Formeln der Lorentz-Transformation (ohne Anwendung der Gruppentheorie) siehe z. B. [109]. Das Material in 6.2—6.5 betrifft das Problem der konsequenten algebraischen Formulierung der Theorie physikalischer Systeme. Die Abschnitte 6.4 und 6.5 enthalten eine ausführliche Darstellung der Ideen, die in [91] formuliert wurden. Der algebraische Übergang zur Aufgabe der gruppentheoretischen Ermittlung des Spektrums des Wasserstoffatoms beruht auf der Methode der Faktorisierung [63, 64], [44] und auf der Gruppentheorie des Wasserstoffatoms [72], [2], [31], [62], [91]. Die prinzipielle Möglichkeit der rein gruppentheoretischen Ableitung aller Eigenschaften des Wasserstoffatoms, die in [91] dargestellt ist (siehe auch [1], [25]), gestattet es, das Auftreten des diskreten Spektrums beim nichtrelativistischen Wasserstoffatom als eine der Fragen zu betrachten, die bei der konsequenten algebraischen Beschreibung eines Systems aus zwei Teilchen entstehen. Dabei verlaufen alle Rechnungen analog und ebenso einfach wie im Fall der gewöhnlichen algebraischen Theorie des Drehimpulses.

Die Resultate in 6.6 sind eine konsequente Entwicklung der in [91] und [85] enthaltenen Ideen und wurden hier zum ersten Mal publiziert. Die vierdimensionale Darstellung der 15-parametrigen Gruppe der konformen Transformationen wird in der Literatur mehrfach betrachtet, jedoch ohne Beziehung zur Theorie der Coulombschen und Newtonschen Wechselwirkungen. Vom Standpunkt der physikalischen Standardwerke, die den physikalischen Anwendungen der Darstellungen Liescher Gruppen gewidmet sind, es ist wahrscheinlich am überraschendsten, daß die Darstellungstheorie Liescher Gruppen und Algebren eine zuvor unbekannte wichtige Anwendung auch in der klassischen Theorie gestattet.

Literaturverzeichnis

AMALDI, U., siehe LEVI-CIVITA, T.

[1] BACRY, H.; RICHARD, J. L., Group theoretical treatment for the relativistic hydrogen atom, Preprint, Inst. Advanced Study, Princeton, N.J., 1966.

[2] BARGMANN, V., Zur Theorie des Wasserstoffatoms, Z. Physik **99** (1936), 576–582.

[3] BERESIN, F. A. (Березин, Ф. А.), Метод вторичного квантования, Физматгиз, Москва 1965.

[4] BIRKHOFF, G., Lattice theory, 3. Aufl., Providence, R.I., 1967. Russ. Übersetz.: Биркгоф, Г., Теория структур, ИЛ, Москва 1962.

[5] BIRKHOFF, G.; VON NEUMANN, J., The logic of quantum mechanics, Ann. of Math. **37** (1936), 823–843.

[6] BOGOLJUBOW, N. N.; LOGUNOW, A. A.; TODOROW, I. T. (Боголюбов, Н. Н.; Логунов, А. А.; Тодоров, И. Т.), Основы аксиоматического подхода в квантовой теории поля, «Наука», Москва 1969.

[7] BOURBAKI, N., L'architecture des mathématiques, in: [8].

[8] BOURBAKI, N., Éléments d'histoire des mathématiques (Histoire de la pensée. IV), 2. Aufl., Paris, 1969. Russ. Übersetz.: Бурбаки, Н., Очерки по истории математики, ИЛ, Москва 1963.

[9] BOURBAKI, N., Théorie des ensembles (Éléments de mathématique. Part 1: Les structures fondamentales de l'analyse, Livre I). Fascicule de résultats, 3. Aufl., Paris, 1958. Chap. 1: Description de la mathématique formelle, Chap. 2: Théorie des ensembles; 3. Aufl., Paris, 1966. Chap. 3: Ensembles ordonnés cardinaux, Nombres entiers, 2. Aufl., Paris, 1963. Chap. 4: Structures, 2. Aufl., Paris, 1966. Rus. Übersetz.: Бурбаки, Н., Теория множеств, «Мир», Москва 1965.

[10] BOURBAKI, N., Algèbre (Éléments de mathématique. Part 1: Les structures fondamentales de l'analyse, Livre II). Chap. 1: Structures algébriques, Paris, 1942, Chap. 2: Algèbre linéaire, 3. Aufl., Paris, 1962. Chap. 3: Algèbre multilinéaire, Paris, 1958. Chap. 1 à 3, Paris, 1970. Russ. Übersetz.: Бурбаки, Н., Алгебра. Алгебраические структуры, линейная и полилинейная алгебра, Физматгиз, Москва 1962.

[11] BOURBAKI, N., Algèbre (Éléments de mathématique. Part 1: Les structures fondamentales de l'analyse, Livre II). Chap. 7: Modules sur les anneaux principaux, Paris, 1952. Chap. 8: Modules et anneaux semi-simples, Paris, 1958. Chap. 9: Formes sesquilinéaires et formes quadratiques, Paris, 1959. Russ. Übersetz.: Бурбаки, Н., Алгебра. Модули, кольца, формы, «Наука», Москва 1966.

[12] BOURBAKI, N., Théories spectrales (Éléments de mathématique). Chap. 1: Algèbres normées, Chap. 2: Groupes localement compacts commutatifs; Paris, 1967. Russ. Übersetz.: Бурбаки, Н., Нормированные алгебры, «Мир», Москва 1972.

[13] DE BROGLIE, L., La statistique des cas purs en mécanique ondulatoire et l'interférence des probabilités, in: [14], S. 151–166.

[14] De Broglie, L., Recherches d'un demi-siècle, Paris, 1976.

[15] Campbell, J. E., Introductory treatise on Lie theory of finite continuous transformation groups, Oxford, 1903.

[16] Cartan, É., Leçons sur la théorie des spineurs, Bd. 1 und 2, Paris, 1938. Russ. Übersetz.: Картан, Э., Теория спиноров, ИЛ, Москва 1947.

[17] Chevalley, C., Theory of Lie groups, Bd. 1, Princeton, N.J., 1946. Russ. Übersetz.: Шевалле, К., Теория групп Ли, т. 1, ИЛ, Москва 1948.

[18] Chevalley, C., Théorie des groupes de Lie, Tome III: Théorèmes généraux sur les algèbres de Lie, Paris, 1955. Russ. Übersetz.: Шевалле, К., Теория групп Ли, т. 3, ИЛ, Москва 1958.

[19] Cohn, P. M., Universal algebra, New York, Evanston, and London, 1965. Russ. Übersetz.: Кон, П., Универсальная алгебра, «Мир», Москва 1968.

[20] Curry, H. B., Foundations of mathematical logic, New York, San Francisco, Toronto, London, 1963. Russ. Übersetz.: Карри, Х., Основания математической логики, «Мир», Москва 1969.

[21] Curtis, C. W.; Reiner, I., Representation theory of finite groups and associative algebras, New York, London, 1962. Russ. Übersetz.: Кэртис, Ч.; Райнер, И., Теория представлений конечных групп и ассоциативных алгебр, «Наука», Москва 1969.

[22] Dirac, P. A. M., Principles of quantum mechanics, 3. Aufl., Oxford, 1947. Russ. Übersetz.: Дирак, П., Принципы квантовой механики, Физматгиз, Москва 1960.

[23] Dirac, P. A. M. (Дирак, П.), Лекции по квантовой механике, «Мир», Москва 1968.

[24] Dirac, P. A. M. (Дирак, П.), Лекции по квантовой теории поля, «Мир», Москва 1971.

[25] Dmitriew, W. F.; Rumer, Ju. B. (Дмитриев, В. Ф.; Румер, Ю. Б.), Алгебра O (2, 1) и атом водорода, Теор. и матем. физ. **5** (1970), 276—280.

[26] Dynkin, E. B. (Дынкин, Е. Б.), О представлении ряда log ($e^x e^y$) для некоммутирующих x, y через коммутаторы, Матем. сб. **25** (1949), 155—162.

[27] Eisenhart, L. P., Continuous groups of transformations, Princeton, N.J., 1933 Russ. Übersetz.: Эйзенхарт, Л. П., Непрерывные группы преобразований, ИЛ, Москва 1947.

[28] Emch, G. G., Algebraic methods in statistical mechanics and quantum field theroy, New York, 1972.

Engel, F., siehe Lie, S.

[29] Fedorow, W. S. (Федоров, В. С.), О моногенности в пространстве, Изв. АН СССР, серия матем. **9**, № 4 (1945), 257—274.

[30] Feynman, R.; Gell-Mann, M., Theory of Fermi interaction, Phys. Rev. **109**, Nr. 1 (1958), 193—198.

[31] Fock, V., Wasserstoffatom und nicht-euklidische Geometrie, Z. Physik **98** (1935), 145—154.

[32] Fujita, S., Introduction to non-equilibrium quantum statistical mechanics, Philadelphia, London, 1966. Russ. Übersetz.: Фудзита, С., Введение в неравновесную квантовую статистическую механику, «Мир», Москва 1969.

[33] Gantmacher, F. R. (Гантмахер, Ф. Р.), Лекции по аналитической механике, Физматгиз, Москва 1960.

[34] Gelfand, I. M.; Minlos, R. A.; Schapiro, S. Ja. (Гельфанд, И. М.; Минлос, Р. А.; Шапиро, З. Я.), Представления группы вращений и группы Лоренца, Физматгиз, Москва 1958.

[35] Gelfand, I. M.; Schilow, G. E. (Гельфанд, И. М.; Шилов, Г. Е.), Пространства основных и обобщенных функций, Физматгиз, Москва 1958.
Deutsche Übersetz.: Verallgemeinerte Funktionen, Bd. 1: Verallgemeinerte Funktionen und das Rechnen mit ihnen, Berlin, 1960.

[36] Gelfand, I. M.; Schilow, G. E. (Гельфанд, И. М.; Шилов, Г. Е.), Обобщенные функции и действия над ними, Физматгиз, Москва 1958.
Deutsche Übersetz.: Verallgemeinerte Funktionen, Bd. 2: Lineare topologische Räume, Räume von Grundfunktionen und verallgemeinerten Funktionen, Berlin, 1962.
Gell-Mann, M., siehe Feynman, R.

[37] Green, H. S., Matrix mechanics. With a foreword by Max Born, Groningen, 1965. Russ. Übersetz.: Грин, X., Матричная квантовая механика, «Мир», Москва 1968.

[38] Hall, M., The theory of groups, New York, 1959. Russ. Übersetz.: Холл, М., Теория групп, ИЛ, Москва 1962.

[39] Hamermesh, M., Group theory and its application to physical problems, Reading, London, 1962. Russ. Übersetz.: Хамермеш, М., Теория групп и ее применение к физическим проблемам, «Мир», Москва 1966.

[40] Hausdorff, F., Ber. Sächs. Ges. **58** (1906), 19.

[41] Heine, V., Group theory in quantum mechanics: An introduction to its present usage, New York, London, Oxford, Paris, 1960. Russ. Übersetz.: Хейне, В., Теория групп в квантовой механике, ИЛ, Москва 1963.

[42] Helgason, S., Differential geometry and symmetric spaces, New York, London, 1962. Russ. Übersetz.: Хелгасон, С., Дифференциальная геометрия и симметрические простванства, «Мир», Москва 1964.

[43] Hodge, W. V. D.; Pedoe, D., Methods of algebraic geometry, Bd. 1, Cambridge, 1947. Russ. Übersetz.: Ходж, В.; Пидо, Д., Методы алгебраической геометрии, т. 1, ИЛ, Москва 1954.
Hull, T. E., siehe Infeld, L.

[44] Infeld, L.; Hull, T. E., The factorization method, Rev. Mod. Phys. **23** (1951). Russ. Übersetz.: сб. «Математика» **10**, № 3 (1966), 39.

[45] Ionescu-Pallas, N. J., A relativistic wave equation for 1/2 spin particle, Rev. roumaine phys. **13** Nr. 5 (1968), 461–469.

[46] Jacobson, N., Structure of rings, Providence, R.I., 1956. Russ. Übersetz.: Джекобсон, Н., Строение колец, ИЛ, Москва 1961.

[47] Jacobson, N., Lie algebras, New York, London, 1962. Russ. Übersetz.: Джекобсон, Н., Алгебры Ли, «Мир», Москва 1964.

[48] Jacobson, N., Structure and representations of Jordan algebras, Providence, R.I., 1968.

[49] Jauch, J. M., Projective representation of the Poincaré group in a quaternionic Hilbert space, in: [115], S. 131–182.

[50] Jauch, J. M., Foundations of quantum mechanics, Reading, Mass., London, Don Mills, Ont., 1968.

[51] Kahan, T., Théorie des groupes en physique classique et quantique, Bd. 1, Paris, 1960.

[52] Kurosch, A. G. (Курош, А. Г.), Лекции по общей алгебре, Физматгиз, Москва 1962.

[53] Kurosch, A. G. (Курош, А. Г.), Обшая алгебра (лекции 1969—1970 года), Наука, Москва 1974.

[54] LÁNCZOS, C., The variational principles of mechanics, 2. Aufl., Toronto, 1962. Russ. Übersetz.: Ланцош, К., Вариационные принципы механики, «Мир», Москва 1965.

[55] LANG, S., Algebra, Reading, Mass., 1965. Russ. Übersetz.: Ленг, С., Алгебра, «Мир», Москва 1968.

[56] LEVI-CIVITA, T.; AMALDI, U., Lezioni di meccanica razionale, Bd. 2: Russ. Übersetz.: Леви-Чивита, Т.; Амальди, У., Курс теоретической механики, т. 2, гл. 10, ИЛ, Москва 1951.

[57] LIE, S.; ENGEL, F., Theorie der Transformationsgruppen, Leipzig, 1888.

[58] LJUBARSKII, G. JA. (Любарский, Т. Я.), Теория групп и ее применение к физике, Физматгиз, 1957.
Engl. Übersetz.: Lyubarskii, G. Ya., The application of group theory in physics, New York, Oxford, London, Paris, 1960.
LOGUNOW, A. A., siehe BOGOLJUBOW, N. N.

[59] LUDWIG, G., Einführung in die Grundlagen der Theoretischen Physik, Bd. 3: Quantentheorie, Braunschweig, 1976.

[60] LYNDON, R. C., Notes on logic, Princeton, N.J., New York, London, Toronto, 1966. Russ. Übersetz.: Линдон, Р., Заметки по логике, «Мир», Москва 1968.

[61] MACKEY, G. W., The mathematical foundations of quantum mechanics: A lecture-note volume, New York, Amsterdam, 1963. Russ. Übersetz.: Макки, Дж., Лекции по математическим основам квантовой механики, «Мир», Москва 1965.

[62] MALKIN, I. A.; MANKO, W. I. (Малкин, И. А.; Манько, В. И.), Симметрия атома водорода, ЯФ **3** (1966), 372—382; Письма в ЖЭТФ **2** (1965), 230.
MANKO, W. I., siehe MALKIN, I. A.

[63] MILLER, W., jr., On Lie algebras and some special functions of mathematical physics, Mem. Amer. Math. Soc. **5** (1964), 1—43.

[64] MILLER, W., jr., Lie theory and special functions, New York, 1968.
MINLOS, R. A., siehe GELFAND, I. M.

[65] MOISIL, G. C., Sur les quaternions monogènes, Bull. Sci. Math. **55** (1931), 168—174.

[66] MONTGOMERY, D.; ZIPPIN, L., Topological transformation groups, New York, 1955.

[67] MOROSOW, E. W.; SAIZEW, G. A.; SAIZEW, A. A. (Морозов, Е. В.; Зайцев, Г. А.; Зайцев, А. А.), Обобщенный метод факторизации и возникновение факторизуемых уравнений, Труды ИХТИ **12** (1971), 63—68, Иваново.

[68] MURRAY, F. J.; VON NEUMANN, J., On rings of operators, Ann. of Math. **44** (1943), 716—800.

[69] NAIMARK, M. A. (Наймарк, М. А.), Нормированные кольца, «Наука», Москва 1968. Deutsche Übersetz.: NEUMARK, M. A., Normierte Algebren, Berlin, 1959.

[70] NAIMARK, M. A. (Наймарк, М. А.), Линейные представления группы Лоренца, Москва 1968.
VON NEUMANN, J., siehe MURRAY, F. J.

[71] NIKODYM, O. M., The mathematical apparatus for quantum theories, Berlin, 1966.

[72] PAULI, W., Über das Wasserstoffspektrum vom Standpunkt der neuen Quantenmechanik, Z. Physik **36** (1926), 336—363.

[73] PLOTKIN, K. M. (Плоткин, К. М.), Группы автоморфизмов алгебраических систем, «Наука», Москва 1966.

[74] PONTRJAGIN, L. S. (Понтрягин, Л. С.), Непрерывные группы, Гостехиздат, Москва 1954. Deutsche Übersetz.: Topologische Gruppen, Bd. 1, Leipzig, 1957, Bd. 2, Leipzig, 1958.

[75] POZZI, G. A., Continuous unitary representations of locally compact groups, Application to quantum dynamics, Nuova Cim., Suppl. **4**, Nr. 1 (1966), 37—171.
PSCHENITSCHNIKOW, O. W., siehe SAIZEW, G. A.

[76] Raschewskii, P. K. (Рашевский, П. К.), Теория спиноров, УМН **10**, вып. 2 (64) (1955), 3—110.
Richard, J. L., siehe Bacry, H.
[77] de Rocha, A. L. B.; Schönberg, M., On the Clifford and Jordan-Wigner algebras, Rev. Union mat. argent. Asoc. fis. argent. **20** (1962), 239—258.
[78] Rosenfeld, B. A. (Розенфельд, Б. А.), Неевклидовы геометрии, Гостехиздат, Москва 1965.
[79] Ruelle, D., Statistical mechanics of quantum systems of particles, Helv. Phys. Acta **36** (1963), 789—799.
[80] Ruelle, D., Rigorous results in statistical mechanics, Lectures in Theoretical Physics, Bd. 6 (Summer Inst. Theoret. Phys., Univ. Colorado, Boulder, Colo., 1963), S. 73—111, Boulder, Colo., 1964. Russ. Übersetz.: Рюэль, Д., Статистическая механика, Строгие результаты, «Мир», Москва 1971.
Rumer, Ju. B., siehe Dmitriew, W. F.
[81] Rzewuski, J., Field theory, Part 1, Warszawa, 1958.
Saizew, A. A., siehe Morosow, E. W.
[82] Saizew, G. A. (Зайцев, Г. А.), Применение действительных спиноров для описания электромагнитного поля, ЖЭТФ **25**, вып. 6 (1953), 657—678.
[83] Saizew, G. A. (Зайцев, Г. А.), Описание электромагнитного поля при помощи матриц, ЖЭТФ **28**, вып. 5 (1955), 524—529.
[84] Saizew, G. A. (Зайцев, Г. А.), Релятивистски инвариантные уравнения для электрона, заменяющие систему уравнений Дирака, ЖЭТФ **28**, 5 (1955), 530—540.
[85] Saizew, G. A. (Зайцев, Г. А.), Тензоры, характеризуемые двумя действительными спинорами, ЖЭТФ **29**, вып. 2 (1955), 166—175.
[86] Saizew, G. A. (Зайцев, Г. А.), К вопросу об основном релятивистски инвариантном уравнении для частицы со спином 1/2, ДАН СССР **113**, № 6 (1957), 1248—1250.
[87] Saizew, G. A. (Зайцев, Г. А.), О связи теории относительности с теорией групп, В кн. [109], перев. с францч. Г. А. Зайцева — дополнение переводчика, стр. 445—475.
[88] Saizew, G. A. (Зайцев, Г. А.), Основные формулы для многомерного действительного спинора и алгебраическая модель квантованных волновых полей, ДАН СССР **156**, № 2 (1964), 294—297.
[89] Saizew, G. A. (Зайцев, Г. А.), Связь усовершенствованного группового варианта двухкомпонентной теории с проблемой несохранения четности и с универсальной теорией слабых взаимодействий, Труды ИХТИ, Юбилейный выпуск, Иваново, 1968, стр. 30—36.
[90] Saizew, G. A. (Зайцев, Г. А.), Rezension über das Buch: Нееман, Ю., Алгебраическая теория физики частиц (англ.), «Новые кинги за рубежом», Серия А, № 2 (1968), 66—69.
[91] Saizew, G. A. (Зайцев, Г. А.), Неканонический переход от одного гамильтониана к другому, ЖЭТФ **56**, 1 (1969), 186—199.
[92] Saizew, G. A. (Зайцев, Г. А.), Уравнения Максвелла общего вида и группа внешних преобразований электромагнитных величин, Изв. вызов, Физика, № 12 (1969), 19—23.
[93] Saizew, G. A. (Зайцев, Г. А.), Алгебры наблюдаемых и их изучение с помощью теории структуроидов. Тезисы докладов по алгебре, математич. логике и вычислит. матем., Конференция пед. вузов центральной зоны РСФСР, Иваново, 1970, стр. 145—147.

[94] Saizew, G. A. (Зайцев, Г. А.), Проблема инвариантно-группового изучения множеств предельных геометрий и специальные подалгебры Ли, В сб. «Первая Всесоюзная геометрическая конференция, Тезисы и аннотации обзорных докладов и кратких сообщений», Киев, 1962, Труды ИвТИ, Иваново, 1972.

[95] Saizew, G. A. (Зайцев, Г. А.), Абстрактные схемы физики и теория физических теорий, В сб. «Философия и физика», Изд-во Воронежск. ун-та, 1972, 5—19.

[95a] Saizew, G. A. (Зайцев, Г. А.), [118], стр. 72.

[95b] Saizew, G. A. (Зайцев, Г. А.), Алгебраические проблемы математической и теоретической физики. II: Приложения, Иваново 1972.

[96] Saizew, G. A.; Pschenitschnikow, O. W. (Зайцев, Г. А.; Пшеничников, О. В.), О полупростоте алгебр бесконечного ранга с числовыми значениями, применяемых для квантовомеханического описания физических систем, Труды ИХТИ **13**, Иваново, 1972, 123—126.

[97] Saizew, G. A.; Solunin, A. M. (Зайцев, Г. А.; Солунин, А. М.), О некоторых свойствах внешнеинвариантных уравнений Максвелла и физическом смысле группы внешних преобразований, Изв. вызов, Физика, № 11 (1969), 53—57.

[98] Saizew, G. A.; Solunin, A. M. (Зайцев, Г. А.; Солунин, А. М.), К вопросу о внешней инвариантности уравнений Максвелла в пространстве со средой, В сб. «Некоторые дифференциальные уравнения математической физики и теории колебаний», Иваново 1970, 91—97.

[99] Saizew, G. A.; Solunin, A. M. (Зайцев, Г. А., Солунин, А. М.), Об алгебраическом методе релятивистского решения уравнений Максвелла, Ивз. вызов, Физика, № 6 (1972), 14—18.
Saizew, G. A., siehe Morosow, E. W.
Schapiro, S. Ja., siehe Gelfand, I. M.

[100] Schilow, G. E. (Шилов, Г. Е.), Математический анализ, Второй специальный курс, «Наука», Москва 1965.
Schönberg, M., siehe de Rocha, A. L. B.

[101] Schwartz, L., Méthodes mathématiques pour les sciences physiques, Enseignement des Sciences, Paris, 1961. Russ. Übersetz.: Шварц, Л., Математические методы для физических наук, «Мир», 1965.

[102] Schweber, S. S., An introduction to relativistic quantum field theory, Evanston, Elmsford, 1961. Russ. Übersetz.: Швебер, С., Введение в релятивистскую квантовую теорию поля, «Мир», Москва 1963.

[103] Segal, I. E., Mathematical problems of relativistic physics, With an appendix by George W. Mackey, Lectures in Applied Mathematics (Proceedings of the Summer Seminar, Boulder, Colorado, 1960), Vol. II, Amer. Math. Soc., Providence, R.I., 1963. Russ. Übersetz.: Сигал, И., Математические проблемы релятивистской физики, «Мир», Москва 1968.

[104] Shelobenko, D. P. (Желобенко, Д. П.), Компактные группы Ли и их представления, «Наука», Москва 1970.

[105] Sirota, A. I.; Solodownikow, A. S. (Сирота, А. И.; Солодовников, А. С.), Некомпактные полупростые группы Ли, УМН **18**, вып. 3 (111) (1963), 87—144.

[106] Skornjakow, L. A. (Скорняков, Л. А.), Дедекиндовы структуры с дополнениями и регулярные кольца, Физматгиз, 1961.
Engl. Übersetz.: Skornyakov, L. A., Complemented modular lattices and regular rings, Edinburgh, London, 1964.

[107] Sokolik, G. A. (Соколик, Г. А.), Групповые методы в теории элементарных частиц, Атомиздат, Москва 1965.
Solodownikow, A. S., siehe Sirota, A. I.
Solunin, A. M., siehe Saizew, G. A.
[108] Stuekelberg, E. S., Quantum theory in real Hilbert space, Helv. phys. acta **33**, Nr. 8 (1960), 727—752.
Todorow, I. T., siehe Bogoljubow, N. N.
[109] Tonnelat, M.-A., Les Principes de la théorie électromagnétique et de la relativité. Paris 1960. Russ. Übersetz.: Тоннела, М. А., Основы электромагнетизма и теории относи тельности, ИЛ, Москва 1962.
[109a] Treder, H.-J., Gravitationstheorie und Äquivalenzprinzip Berlin 1971. Russ. Übersetz.: Тредер, Г., Теория гравитации и принцип эквивалентности, М., Атомиздат, 1973.
[110] Tschebotarew, N. G. (Чеботарев, Н. Г.), Теория групп Ли, Гостехиздат, Москва 1940.
[111] Varadarajan, V. S., Geometry of quantum theory, Bd. 1, Princeton, N.J., 1968.
[112] Van der Waerden, B. L., Algebra, Teil II, 3. Aufl. der Modernen Algebra, Berlin, Göttingen, Heidelberg, 1955. Russ. Übersetz.: Ван дер Варден, Б. Л., Современная алребра, ч. 2, Гостехиздат, Москва 1947.
[113] Weil, A., Intégration dans les groupes topologiques et ses applications. Paris 1940. Russ. Übersetz.: Вейлъ, А., Интегрирование в топологических группах и его применения, ИЛ., Москва 1950.
[114] Wilenkin, N. Ja. (Виленкин, Н. Я.), Специальные функции и теория представлений групп «Наука», Москва 1965.
Zippin, L., siehe Montgomery, D.
[115] Group theory and its applications, Ed. E. M. Loebl, New York, London, 1968.
[116] «Теоретическая физика 20 века», ИЛ, Москва 1962.
[117] «Теория алгебр Ли». Топология групп Ли, ИЛ, Москва 1962.
[118] Тезисы докладов V Всесоюзной конференции по современным проблемам геометрии, Самарканд, 1972.

Symbolverzeichnis

0	3, 31
1	2
$(^{-1})$	2
$(_{+})$	14, 30
$(^{+})$	31, 76
$(^{\cdot})$	8
$(^{-})$	87, 89
$(^{*})$	27, 50
$(+)$	7, 16
$(\circ)$	1
$(\times)$	16
$[\ ]$	9, 59, 80
$\|\rangle$	11
$\langle\|\rangle$	11
(ψ, ψ), $\langle\psi, \psi\rangle$	106, 107
(φ, ψ), $\langle\varphi, \psi\rangle$	107
$\cap$, $\cup$	14, 31
$\subseteqq$	14
∇	80
$\mathrm{ad}\,H$	21
${}^{l}A_{2n+1}$	56
B_n	56, 59
B_u	32
c	23, 91
C	10, 78
C_λ	69
C_ξ	64
C_{15}	102, 109
∂	8, 64, 80
δ	12, 77
δ_σ^ϱ	12
e	2, 106
e_σ^ϱ	18, 53, 54, 60, 61
exp	63
$\{E\}$	3
E_k	80
F	80
$F_{\|k\|}$	74
f_{el}	81
$g_{\alpha\beta}$, $g_{\alpha\beta}$	73
G_A	28
G_B	37
G_e	69
G_u	31
G/ϱ	5
$\hbar$	9
H_k	80
i, j, k	10
L	70, 74
L_0	70, 74
$\mathcal{L}$	28, 30
$L(O_3)$	20
$L(O_{2,1})$	107
O_3	20, 109
$O_{2,1}$	107
q^k, p_k	9
P_a, P_x	10
P_s	29
π_0	26, 27
π^0	97, 104, 105
Q	10, 15
$Q_{(n)}$	18, 57
R	10
$R_{(n)}$	18, 57
Re	11, 25, 26, 27, 28, 35
ϱ_{el}	80
Sp	26
$\int_x$	12
T_E	6
T^ξ	64, 66, 73
$U(\xi)$	64
X_λ	62

Sachverzeichnis

Abbildungen „auf" bzw. „in" 4
Abschließung 3, 29
adjungierte Elemente 17
Algebra, assoziative 16
—, Boolesche 32
—, Cliffordsche 56
— der Alternionen 56, 73
— der Observablen 16, 19, 25
— der quadratischen Matrizen der Ordnung n 18
—, einfache 43, 52, 61
—, halbeinfache 43, 52
— mit Bewegungsbeschränkungen (mit Bindungen) 46
— mit Identitäten 3
—, normierte 26
—, spezielle zahlenwertige 27
— über einem Schiefkörper 15
—, zahlenwertige 27
algebraische Methode, erste 12, 26
— —, zweite 13
Alternionen 56
analytische Funktionen, strukturelle 67
Analytizitätsbedingungen 82
Anfangswerte von Observablen 27
Antiautomorphismus, involutorischer 17
Antiteilchen 84, 89
Äquivalenzklasse 4
Assoziativgesetz 2
Atomphysik 120
Aussagenlogik 28
— der Quantenmechanik 38
Automorphismen des Verbandes der klassischen Mechanik 32
— einfacher Algebren 58
Automorphismengruppe 16
Automorphismus 4
—, innerer 17

Bahndrehimpuls 108
Basisalgebra der Quantenfelder 79
— der quantisierten Bosonenfelder 60
— — — Fermionenfelder 58
— — reellen Spinoren 56, 57
Basiselemente 11, 37, 63, 73, 80
Beobachtungswert 25
Beta-Zerfall 75
Bewegung zweier Teilchen, relative 24
Bewegungsgruppe des Friedmannschen Raumes 93
Bewegungsintegral, involutives 31
Bezugssystem 94
Birkhoff 28, 29
Borelsche Menge 28
Bosonen 60
Brennpunkte 104

Cartansche Strukturgleichungen 68
Cauchy-Riemannsche Differentialgleichungen, algebraische, Verallgemeinerungen der 82
charakteristische Gleichung 98

Darstellung, adjungierte 69
—, antilineare 16
—, äquivalente 54
—, irreduzible 54
—, treue 54, 63
—, unitäre 109
—, zweideutige 78
Dedekindsche Bedingung 14, 31
definierende Gleichungen 5
— Relationen 5
Dichtematrix 26
Differentialgeometrie 68
Dimension einer Algebra 15
—, unendliche 15
Dirac 84, 85, 88, 90

Diracsche Bezeichnungsweise 11
– Delta-Funktion 12, 13
– Gleichung, vierkomponentige 89
direkte Summe 16
– – von Idealen 43
direktes Produkt 16
Dispersion physikalischer Größen 25
Distributivgesetz 7, 31
Drehgruppe, allgemeine 74
– des dreidimensionalen pseudoeuklidischen Raumes 107
–, eigentliche 74
Drehimpulsmoment 19, 20
Drehung, unendlich kleine 77
Dualitätsprinzip 15
Durchschnitt 14, 28, 31
dynamische Aufgabe 21, 27, 29, 49
– Gleichungen 21

Ebene 14
EDV-Anlagen 121
Eigenfunktionen eines Operators 34
Eigenmoment 100
Eigenschaften eines physikalischen Systems, dynamische 21
Eigenwert 24, 61, 84, 106, 107
–, diskreter 34
Eigenzeit eines Teilchens 22, 24, 83
Einselement 2
Einsetzen von Zahlenwerten, teilweises 46
Einstein 93
Einsteinsche Gleichungen für g 125
– Summationskonvention, verallgemeinerte 11
Elektrodynamik, klassische 79
Elektron 89
Elementarprozeß 120
Emch 130
Endomorphismus 4, 12, 17
Energie-Impulsoperator 84
Energie-Impulstensor 81
Energie-Impuls-Vierervektor 99
Energie, kinetische 8
–, potentielle 8
Energieerhaltungssatz 47
Energieniveau des Wasserstoffatoms 108
Energieoperator 24, 61, 108
Engel 31
Ereignis 36, 39
Erfahrung 25, 27
Erhöhungsoperator 61, 108
Erniedrigungsoperator 61, 108
Erzeugendensystem 3
–, freies 5
Erzeugungsoperator 21
Eulerscher Winkel 73
Experiment 34, 38, 40

Faktor 35
Faktoralgebra 5
Feld, elektromagnetisches 81
Fermionen 58
Festkörperphysik 120
Feynman 84, 90
Frequenz 84
Fundamentalprobleme der mathematischen und theoretischen Physik, vier 120
Funktion, analytische 66
Funktional 13
Funktionalanalysis 26
Funktionen, spezielle 73

Galois 119
Galois-Korrespondenz 44, 45
Galoissche Gruppe 10, 19
Gell-Mann 90
Generatoren der Darstellung einer Lieschen Algebra 63
geometrische Anschauung 14
Gerade 14
Gesamtraum 14
Geschwindigkeit eines Teilchens 22
Gibbssche Verteilung 26
Gleichung n-ten Grades 10, 19
Grundbegriffe der algebraischen Physik, drei 123, 126, 129
Grundfunktionen 12, 13
Grundzustand eines klassischen Systems 29, 37, 38
Gruppe 2
–, abelsche 3
–, abstrakte Poincaresche 92
–, de-Sitter-Friedmannsche 123
– der äußeren Transformationen 82
– – Drehungen 6, 69, 73, 89
– – Drehungen des dreidimensionalen Raumes 20
– – ganzrationalen Zahlen, additive 3
– – kanonischen Transformationen 31, 34, 35
– – konformen Transformationen des vierdimensionalen pseudoeuklidischen Raumes, 15-parametrige Liesche 102 109, 114

Gruppe, Galileische 92
—, Poincarésche 91
Gruppenalgebra 71
Gruppenparameter, spezielle 94
Gruppoid 2

Halbgruppe 2
— der Endomorphismen 13
— mit Eins 2
Hamilton-Funktion 8, 31, 46
Hamilton-Operator 21
HEISENBERG 21
Hermitesche Operatoren 8, 9, 24
Hilbertraum 29, 32, 34, 36, 38, 107
Homomorphiesatz 5
Homomorphismus 4
Hyperebene 14

Ideal 42, 48
— nilpotentes 50
Impulse, verallgemeinerte 8, 9, 30
Inklusion 14
Integration 11
— auf einer Gruppe 71
Interpretation einer Logik 32
Invarianz bezüglich einer Gruppe 93
— der Maxwellschen Gleichungen 82
— physikalischer Größen, Prinzip der vollen 83
inverses Element 2
Inversion, räumliche 70
involutorische Adjunktion 17, 27, 56, 59, 76
Isomorphie universaler Algebren 4

Jordansche Multiplikation 7
Jordanscher Ring 8

kanonische Parameter einer kontinuierlichen Transformation 66, 68
Kinematik 96
KLEIN 93
Kleinsches Prinzip 125
Kleinsches Programm 93
Koeffizientenkörper 10
Körper 10
— der komplexen Zahlen 10, 15, 16
— — reellen Zahlen 10
KOHLER 126
komplementärer Teilraum 14, 15
— Verband 14
Kongruenz 5
konjugiert-komplexe Zahl 16
Konnektive, logische 32
Koordinaten, verallgemeinerte 8, 9, 30
kosmische Erscheinungen 120
Kraft, harmonische 104
Kraftdichte 81
Kroneckersymbol 12, 18
Krümmung, negative 92
Kugelfunktionen 73
Kultur, algebraische 132
Kurve zweiter Ordnung 104

$\mathcal{L}$ 28, 30
Ladung, elektrische 81
Ladungsoperator 84
Lage eines Teilchens 22
Lagrangesche Funktion 8
— Gleichungen 8
LÁNCZOS 47
Lichtgeschwindigkeit 23, 92
LIE 31, 68
Lie, drittes Theorem von 69
Lie, erstes Theorem von 68
Lie-Jordansche Algebra 19
Lie-Jordanscher Ring 9
Liesche Algebra der Drehgruppe $O_{2,1}$ 107, 109
— Algebra, halbeinfache 109
— Algebren, nichtkompakte 73
— Fundamentalgruppe 123
— Gruppe, endliche 72
— Gruppe im Großen 69
— Gruppe, lokale 67, 69
— Multiplikation 7
— Teilalgebra, spezielle 93
Liescher Ring 7
linear unabhängige Vektoren 13
lineare Funktion 11
linearer Raum der unendlich oft differenzierbaren Funktionen 12
— Teilraum 14
— Teilraum, abgeschlossener 29
LOBATSCHEWSKI 127
Löcher 84
Logik 28
—, algebraische 39
— der klassischen Mechanik 32
— einer dynamischen Aufgabe 29
—, zahlenwertige 39
Lorentz-Bedingung 81
Lorentz-Gruppe, allgemeine 70, 79, 83, 91
—, eigentliche 70, 79, 83

Lorentz-Gruppe, inhomogene (10-parametrige) 91
Lorentz-Transformation 96

Mannigfaltigkeit, lineare 14
Maß eines Projektionsoperators 35
Masse, reduzierte 24
Massenmittelpunkt 100
Matrix 12, 17
Matrizen, Diracsche 85
Matrizenalgebra 17
Maurer-Cartansche Gleichungen 68
Maxwellsche Gleichungen 80
Mechanik, analytische VIII
—, klassische 8, 9, 21, 22, 26, 30, 34
—, Lagrangesche VIII
—, relativistische Verallgemeinerungen der klassischen 22
Meßwert 25
Mikrowelt 120
Minimalbedingung für Linksideale 52
Minimale Lie-Jordansche Algebra von Observablen 21, 49
Minimalprinzip (Prinzip der Beschränkung der Allgemeinheit) 119
Minimalprogramm der algebraischen Physik 123
Minkowski-Raum 79
Mittelwert, beobachteter 25
— eines Operators (einer Observablen) 26
Modularitätsbedingung 14
Molekularphysik 120
Molekülsysteme 123
Moment 19
Moment der Bewegungsgröße 108
Monogenizitätsgleichungen 81, 82
Monoid 2
Münzwurf 36
MURRAY 35

Nablaoperator 80
Näherungsrechnungen, halbempirische 123
Negation einer Aussage 32
Neutrino 88
nichtkanonische lineare Abbildung 22
nichtkanonischer Übergang 24
Norm 24, 26, 27, 106
Normalform, Jordansche 71
—, reelle 56
Normalteiler, diskreter 70
Normierungsbedingung 25, 37
Nullelement 3, 10
Nullraum 14

Observable 8
Operation, binäre algebraische 1
—, n-äre 3
—, n-stellige 3
—, nulläre 2
—, unäre 2
Operator, selbstadjungierter 32, 34
orthonormierte Vektoren (Funktionen) 29
Oszillator, harmonischer 61

Pauli-Matrizen 86
Paulische Gleichung, zweikomponentige 90
Phasenfaktor 78
Phasenraum 26, 28, 31, 32, 36
Physik, algebraische VIII
—, chemische 120
physikalische Theorien, Klassifizierung der 39
physikalisches Weltbild, einheitliches 120
Pi-Zustand 25, 26
Plancksche Konstante 9
Poissonsche Klammer 9
Positron 84
Prädikat, n-stelliges 6
primitive Klasse 3
— — von Observablenalgebren 30
— — — Verbänden 39
— Menge 3
Projektionen 34
Projektionsoperatoren 29
projektive Geometrie 15
projektiver Raum 15
Projektor, minimaler 51, 59, 62
Projektoren 34
Pseudoskalar 75
—, allgemeiner 75
Pseudovektor 75
—, allgemeiner 75
Punkttransformation 66

Quantenmechanik, nichtrelativistische 9
—, relativistische 21
—, statistische 26, 30
Quantentheorie der Wellenfelder 21
Quaternion, adjungierte 11
Quaternioneneinheiten 10
Quaternionenfunktion 81, 82

Radikal 51
Rang einer Algebra 15
Raum, euklidischer 74

Raum, pseudoeuklidischer 74, 107
Realteil 11, 16
Relation, n-stellige 6
Relativitätstheorie, allgemeine 22
—, spezielle 22, 93, 96
Relativwahrscheinlichkeiten 38
Reorganisation physikalischer Theorien 123
Riemann-Christoffelscher Tensor, verjüngter 125
Riemannsches Prinzip 125
Ring 7
—, assoziativer 7
—, kommutativer 8
— von Observablen 9
— — Operatoren 121
Rosen 125
Rotverschiebung 125
Ruhmasse eines Teilchens 23
Runge-Lenz, Vektor von 103

Saizew 90
Schema, abstraktes mathematisches 1
Schiefkörper 10
— der Quaternionen 10
Schrödinger-Gleichung 122
Schwartz 12
Schwarzschildsche Lösung 125
Skalar 75
—, allgemeiner 75
—, einfacher 75
Skalarprodukt 74, 107
Sobolew 12
Spektralzerlegung 34, 37
Spektrum der Eigenwerte 25
—, diskretes 36
—, stetiges 36
Spiegelung, räumliche 16
Spin 58
Spinor, konformer 114, 115, 117
—, mehrdimensionaler 79, 84, 115
— vom Diracschen Typ 87, 116
Spinoren, reelle 56, 86
Spinorgruppe, allgemeine 77
—, eigentliche 77
Spinortheorie 79, 84, 115
Spur 26, 36, 38
Standardlogik 29, 33
Standardzustand 104, 105, 112
—, erster algebraischer 116
—, zweiter algebraischer 117
statistische Mechanik, klassische 26, 30
Stromdichte, elektrische 80
Struktur 1
Strukturformen 61
Strukturkonstanten 15, 61, 69
symmetrische Polynome 10
System, algebraisches 3, 13, 15
—, materielles 120
—, physikalisch-biologisches 120
—, physikalisch-kybernetisches 120
Systemtheorie, allgemeine algebraische 121

Teilalgebra 3, 15
Teilchen in Bereichen hoher und überhoher Energie 120
—, nichtrelativistisches 19, 24
Teilring 7
Tensor, antisymmetrischer 73, 79, 80
— des mittleren Eigenmoments, antisymmetrischer 100
— — — Spins, antisymmetrischer 100
— k-ter Stufe, antisymmetrischer 74
—, metrischer 91
Theorie der Elementarteilchen 120
— — Funktionalgruppen 31
— — Funktionen einer komplexen Veränderlichen 82
— — Geometrie, physikalische 93
— — kontinuierlichen Gruppen 67
— — Lieschen Gruppen 63
— — Lieschen Gruppen, lokale 63
— — Logiken, algebraische Verallgemeinerung der 29
— — normierten Algebren 26
— — Positronen 84
— — quantisierten Fermionen-Bosonenfelder 60
— — quantisierten Fermionenfelder 58
— — schwachen Wechselwirkungen, universale 88, 90
— — Teilchen, relativistische 83
—, Galoissche 119
— mathematischer Theorien 2
— physikalischer Theorien 1
Trajektorie 104
Transformation 6
—, kanonische 31
—, kontinuierliche 66
Transformationen, infinitesimale 63, 97

Überlagerungsgruppe, universale 70
Umkehrtransformation 6
Unabhängigkeit 5

universale Algebra 3
— —, freie 5
Unterkörper 10

VARADARAJAN 28
Vektor, allgemeiner 75
—, einfacher 75
—, Lenzscher 103
Vektoranalysis 80
Vektoren, unendlichdimensionale 11
Vektorpotential, vierdimensionales 81, 89
Vektorprodukt 80
Vektorraum 11
—, dualer 11
—, normierter 27
verallgemeinerte Funktionen 12, 13
— — n-ter Stufe 13
Verband 14
—, Boolescher 32, 36
—, Dedekindscher 14, 31
— der linearen Mannigfaltigkeiten 14, 15
— — linearen Teilräume 14
—, distributiver 31
—, komplementärer 14
—, schwach Dedekindscher 40
—, schwach modularer 40
—, vollständiger 35
—, — Boolescher 37
—, zahlenwertiger 35
Verbandoid 41
— über einer universalen Algebra 42
Verbandsgruppe 40
Vereinigung 14, 28, 31
Vernichtungsoperatoren 21
Verschiebungstransformation 92, 94
Vertauschungsregeln 20
Verteilungsdichte 26
Vielfachheit einer Wurzel 10
Vierervektor 10
—, allgemeiner 83
—, einfacher 83
Volumen 35, 38
VON NEUMANN 28, 29, 35

Wahrscheinlichkeit 36
Wahrscheinlichkeitsdichte 26
Wahrscheinlichkeitsmaß 36
Wahrscheinlichkeitstheorie, algebraische Motivierung der 39
Wasserstoffatom 108
Wechselwirkung, Coulombsche 24
—, elektromagnetische 89
—, Newtonsche 24
—, universale schwache 88
Wellenfelder 21
Wellenfunktion 24, 26, 88
Weylsche Gleichung, zweikomponentige 87
WILENKIN 73
Wurzelkörper 10

Zahlenwert in einem Zustand 25
Zahlkörper 10
Zeitabhängigkeit der Observablen 22
zeitliche Veränderung von Aussagen 40
Zentrum eines Ringes 7, 35, 69
Zusammenhangskomponenten 69
Zusammenhangsrelationen für Generatoren, invariante algebraische 110
Zustand einer Lieschen Algebra, invarianter algebraischer 97
— eines physikalischen Systems 11
— — physikalischen Systems, algebraischer 25, 28, 39, 98
—, korrespondierender 38
—, quantenmechanischer 62
—, spezieller algebraischer 26, 27